环境在线监测技术与运营管理实例

主编 张 毅 王瑞强

中国环境出版集团·北京

图书在版编目（CIP）数据

环境在线监测技术与运营管理实例 / 张毅，王瑞强主编.
—北京：中国环境出版集团，2013.4（2022.7 重印）
ISBN 978-7-5111-1096-1

Ⅰ．①环… Ⅱ．①张…②王… Ⅲ．①环境监测设备—
运营管理 Ⅳ．①X85

中国版本图书馆 CIP 数据核字（2012）第 194915 号

出 版 人	武德凯
责任编辑	殷玉婷
责任校对	唐丽虹
封面设计	金 喆

出版发行	中国环境出版集团
	（100062　北京市东城区广渠门内大街 16 号）
	网　　　址：http://www.cesp.com.cn
	电子邮箱：bjgl@cesp.com.cn
	联系电话：010-67112765（编辑管理部）
	发行热线：010-67125803，010-67113405（传真）
印　　刷	北京中科印刷有限公司
经　　销	各地新华书店
版　　次	2013 年 4 月第 1 版
印　　次	2022 年 7 月第 2 次印刷
开　　本	787×1092　1/16
印　　张	19.75
字　　数	460 千字
定　　价	59.00 元

中国环境出版集团郑重承诺：
中国环境出版集团合作的印刷单位、材料单位均具有中国环境标志产品认证。

编委会名单

主　编　张　毅　王瑞强

编　委　（按姓氏笔画排列）

王　磊　王继鹏　王增梅　刘允旺

史倩倩　闫　磊　陈　凯　李公君

李秀玲　张荣明　岳秋霞　强　鹤

序

　　环境是人类赖以生存和发展的基础。党的十八大将生态文明建设纳入中国特色社会主义建设"五位一体"总体布局，提出建设美丽中国，实现中华民族永续发展。加强生态文明建设、追求环境提升是实现中国梦的动力源泉之一，没有良好的生态环境，就没有中国梦的真正实现。

　　环境提升离不开环境监测这项基础性工作，在线监测是适应新形势下环境监测工作的具体要求，将传统手段与现代信息技术相结合，利用在线监测仪器及设备对其监测指标进行连续监测，并通过网络传输和数据处理设备对监测信息进行分析、处理和管理，实现环境要素实时、动态监控。"十一五"以来，我省不断加大投入力度，建立了省、市、县三级环境监控中心，并实现全省联网，形成了"三级五大方面"自动监控系统。2008年4月起，对全省重点企业、城镇污水处理厂、城市环境空气、主要河流断面和饮用水源地进行全天候监控，并坚持有序推进自动监控数据在全省环境管理工作中的应用。济宁市是全省安装自动在线监测设备较早的地区之一，济宁市委、市政府对环境在线监控工作高度重视，投入很大财力物力建设环境监控体系，积极引导规范环境在线设施运行维护，取得了宝贵的实践经验和良好的应用效果。

　　在各级环保部门的监督指导下，济宁同太环保科技服务中心作为第三方运营单位，自觉总结第三方运营的经验，编辑出版了《环境在线监测技术与运营管理实例》这本书。目前国内有关在线监测运营管理领域的实例和资料较少，虽然本书还不尽成熟完善，但作者很好地把理论和实践有机结合，实例丰富，叙述简明，图文并茂，特别是总结了运营维护的经验教训比较难得，具有较高的实用性和针对性，值得广大环境管理工作者、自动在线监测设施运营管理和技术人员学习借鉴。

山东省环境保护厅厅长　张波

二〇一三年四月

前　言

地球是人类生活的家园，是一个有机整体。人类是地球系统的核心，已经成为地球环境变化的主要驱动力。人类的每一项活动对地球造成的影响，将会通过地球各圈层之间的物理、化学、生物过程对其他圈层产生作用，针对某一全球环境问题的治理措施，也会对其他圈层产生影响。自 20 世纪以来，随着社会和经济的快速发展，具有全球性影响的环境问题日益严重，不仅发生了区域性的环境污染和大规模的生态破坏，而且出现了全球气候变暖、臭氧层的耗损与破坏、生物多样性减少、酸雨蔓延、森林锐减、土地荒漠化、大气污染、水污染、海洋污染和危险性废物越境转移全球十大环境问题（摘自《科技知识讲座文集》，中共中央党校出版社 2003 年 3 月版）。全球环境问题日益突出，严重威胁着全人类的生存与发展。

我国实行改革开放以来，经济建设取得了巨大的成就，人民生活水平日益提高，但是也付出了巨大的资源和环境代价，经济发展与资源环境的矛盾日趋尖锐，群众对环境污染问题反应强烈，环境形势相当严峻。我国是世界上人口最多的发展中国家，发达国家上百年工业化过程中，分阶段出现的环境问题在中国集中出现，环境与发展的矛盾日益突出。资源相对短缺、生态环境脆弱、环境容量不足等问题，逐渐成为中国发展中的重大问题。因此，如何改进环境治理，建设"资源节约型、环境友好型"社会，就成为中国现代化进程中所要面临的重大问题。

党和国家高度重视环境保护工作，将环境保护制定为基本国策。落实环境保护是实施我国可持续发展战略的重要组成部分，是构建和谐社会和资源节约型社会的一个重要组成部分。环境监测作为环境保护的一项重要工作内容和手段，可为污染度量、环境决策与管理提供各种科学可靠的环境数据及分析结果，建立长效环境监督与预警机制，成为环境执法体系的重要组成部分，在应对环境污染方面起到未雨绸缪的作用，将环境污染造成的损失和对人民生命财产的威胁降到最低。环境监测是环境管理的基础和技术支持，随着我国环境保护工作的发展，我国环境监测技术也取得了较大的进步，环境监测仪器生产形成了一定的规模。

环保在线自动监测在我国是新生事物，它的出现为有效地利用现代科技提高环保工作的效率提供了可能，在线监测与监控是一项涉及机械电子、信息技术、分析化学等多门学科专业性很强的工作，它的运营具有非常高的专业要求。环保部门由于要承担环境保护相关的各项监督管理和执法工作，人力有限，同时也缺乏相关专业的技术人才，因此自行管理力不从心。由于经济发展状况、国民素质、环保意识等方面的原因，排污企业出于自身利益的考虑，偷排现象时有发生；一些企业对污染源自动监控系统有抵触，对已安装的设施采取消极管理，消极维护的态度；因此，从主观上讲，排污企业不具备积极主动、客观公正地进行运营管理的动机。因此，第三方运营管理应运而生。

第三方运营是指环保部门委托从事环保技术服务的专业公司对辖区内的在线监控系统进行统一的维护和运营管理，是一种有效实施环境在线监控管理的运营模式。第三方运营单位一般是独立于被监测企业和环保部门的第三方实体，依据《环境污染治理设施运营资质许可管理办法》的规定，获取了环境污染监控、治理设施运营的资格，受环保部门的委托并对环保部门负责，为政府、企业及公众提供客观公正、准确可靠、实时连续的环境监测数据。

第三方运营的管理模式具有诸多的优点：首先，它能够充分发挥在线自动监测设备的作用，克服了监控设备由企业自身管理的弊端，从根本上改变了过去设施安装后无人管理、基本处于停运或半停运状态的局面；其次，第三方运营可以通过集约化的管理降低运行维护成本；再次，作为环保部门的科技助手，运营单位可以提供专业化的服务，让环保部门有限的人力从琐碎、繁杂的运营工作中解放出来，集中投入到行政管理、监督、监察和行业指导的本职工作中。

第三方运营单位应有必要的运营资源并建立健全运营管理机制和技术规范，从而使污染源在线监测管理规范化、有效化，充分发挥在线监测系统的作用。运营单位必须具有环境污染治理设施运营资质，具备足够的技术力量，保证在线监测设备的正常运行。

常见的第三方运营模式有部分托管运营和全面托管运营。部分托管运营指运营商只负责用户仪器设备的日常维护、维修、校准、管理工作，确保用户仪器设备正常运转、数据准确可靠。仪器运行过程中需要更换的耗材及配件由用户负责购买，运营商负责更换。全面托管运营指运营商全面负责用户仪器的日常维护、维修、校准、管理工作，负责仪器设备的耗材、配件供应及更换。企业只需调取数据，其他工作由运营商负责完成。运营商确保用户仪器设备的正常运转和数据的及时、准确、可靠上报。

济宁市自 2004 年开始陆续安装在线监测设备，先期安装后由于缺乏有效的运营维护管理，设备基本处于闲置状态。随着国家环保事业的发展和南水北调工程的需要，2006 年开始，济宁地区大批量安装自动在线监测设备，为有效管理好、运行好、应用好在线监测设备，第三方运营公司全面接手在线监测设备运营维护，为淮河流域污染治理核查、环境统计、总量核查等做了大量的迎查工作，为济宁市环保工作作出了积极贡献。该书总结了多年来运营维护管理工作的经验和教训，供大家相互交流。

目 录

第一章　环境保护形势以及环境保护政策

第一节　国内环境保护形势

环境为人类提供生存空间，人类要依赖自然环境才能生存和发展；人类又是环境的改造者，通过社会性生产活动来利用和改造环境，使其更适合人类的生存和发展。《中华人民共和国环境保护法》中把环境定义为"影响人类生存和发展的各种天然和经过人工改造的自然因素的总体，包括大气、水、海洋、土地、矿藏、森林、草原、野生生物、自然遗迹、人文遗迹、自然保护区、风景名胜、城市和乡村等"。环境问题是指，由于人类活动或自然原因使环境条件发生不利于人类的变化，以致影响人类的生产和生活，给人类带来灾害。

在经济实现工业化和现代化的进程中，环境资源面临着严峻的挑战，极大地影响和制约着经济的快速发展。人和环境之间的辩证关系：人类不仅是环境的产物，而且环境是人类生存和发展的必需条件。主要表现在，环境为人类提供生产和生活所必需的各种生活资料和生产资料；环境能够吸纳生产和生活所排出的废料（废气、废水、废渣）等；环境为人类生产和生活提供空间场所，所以，在某种程度上，人类发展的好与坏、快与慢是与环境有着密切联系的。人在环境面前也不是消极被动的，而是充分发挥主观能动性，积极地利用和改造自然使之更加适合人类经济社会发展的需要，促进人类文明进步。自从工业革命以后，人类为了发展经济和改善物质生活水平，在长期工业化进程中，大量消耗环境资源，造成了环境污染问题，在全球、现今无论是发达国家还是发展中国家都把解决环境污染问题提到了重要议程上来。

中国环境问题是全球环境问题的一部分，但具有与发达国家、其他发展中国家很大的不同特点是一个复杂的社会问题，最根本的就是人口、资源、环境交织在一起，由于人口过多、资源有限引起的一系列的问题，经济发展过程中会大量消耗自然资源，继续增加环境负荷。中国经济的高速发展，遇到经济和环境冲突的时候，导致了严重的水污染、大气污染和土壤污染，中国环境污染问题将更加严重。

一、国内环境污染现状

改革开放以来，中国的经济持续高速增长，经济指标总能超额完成任务。但是，环境指标却年年欠账。换句话说，中国经济发展是建立在资源大量消耗，环境严重污染的基础上的。

1. 大气污染现状

中国的资源消耗主要以煤炭为主，随着煤炭消耗量的增加，SO_2、NO_x、烟（粉）尘排放总量急剧上升，严重危害大气环境，对人民身体健康将造成严重威胁。

20 世纪 60 年代中期以后，随着工业的发展和民用煤量的加大，大气环境质量逐年下降，引起卫生界的重视并开展一些研究，发现我国煤炭占能源结构的 70%，城市冬季 TSP（总悬浮颗粒物）、CO 日均浓度普遍超标，NO_2 浓度较低，呈典型燃煤型污染。

20 世纪 80 年代以后，工业和交通运输业迅猛发展，空气污染日趋严重。近年来，随着城市机动车辆的迅速增加，我国一些城市的大气污染正向燃煤和汽车废气并存的混合型转化。汽车尾气排出的细颗粒物（$PM_{2.5}$）在燃烧中易产生烃类有机颗粒物，进入人的呼吸道深部而引起更大的危害，而推广使用无铅汽油以后汽车尾气中产生的挥发性有机物，特别是苯系物的含量大大增加，使得大气污染变得更加复杂。

大气污染对工农业生产的危害十分严重，可以影响经济发展，造成大量人力、物力和财力的损失。

大气污染物对工业的危害主要有两种：一是大气中的酸性污染物和 SO_2、NO_2 等，对工业材料、设备和建筑设施的腐蚀；二是飘尘的增多给精密仪器、设备的生产、安装调试和使用带来的不利影响。大气污染对工业生产的危害，从经济角度来看就是增加了生产的费用，提高了成本，缩短了产品的使用寿命。

大气污染对农业生产也造成巨大危害。酸雨可以直接影响植物的正常生长，又可以通过渗入土壤进入水体，引起土壤和水体酸化、有毒成分溶出，从而对动植物和水生生物产生毒害。严重的酸雨会使森林衰亡和鱼类绝迹。

大气污染物质还会影响天气和气候。颗粒物使大气能见度降低，减少到达地面的太阳光辐射量。尤其是在大工业城市中，在烟雾不散的情况下，日光比正常情况减少 40%。高层大气中的氮氧化物、碳氢化合物和氟氯烃类等污染物使臭氧大量分解，引发的"臭氧洞"问题，成为全球关注的焦点。

2．室内空气污染现状

随着经济不断发展，人民生活水平的提高，室内装修热、空调的使用和居室密闭程度的增加，多种化学物质进入居室造成的室内空气质量不断恶化，人们对室内空气卫生给予更多的关注。室内空气污染不仅破坏人们的工作和生活环境，而且直接威胁着人们的身体健康。这主要是因为：

① 每天大约有 80%以上的时间是在室内度过的，所呼吸的空气主要来自于室内，与室内污染物接触的机会和时间均多于室外。

② 室内污染物的来源和种类日趋增多，造成室内空气污染程度在室外空气污染的基础上更加重了一层。

③ 为了节约能源，现代建筑物密闭化程度增加，建筑设计缺陷以及中央空调换气设施不完善，致使室内污染物不能及时排出室外，造成室内空气质量的恶化。

室内空气污染包括物理、化学和生物污染，主要来源于建筑和装饰材料、个人活动、化学品的应用和室外污染气体的进入。目前我国生产的建筑装修材料仍存在较多的卫生质量问题，室内装修大量使用木质人造板、涂料、黏合剂和各种塑料制品等材料，会释放出甲醛和各种挥发性有机物，通过呼吸道、皮肤、眼睛等对室内人群的健康产生危害。

3．水体污染现状

造成水体污染的因素是多方面的：向水体排放未经过妥善处理的城市生活污水和工业废水；施用的化肥、农药及城市地面的污染物，被雨水冲刷，随地面径流进入水体；随大气扩散的有毒物质通过重力沉降或降水过程而进入水体等。其中第一项是水体污染的主要因素。

20 世纪 70 年代后，随着全球工业生产的发展和社会经济的繁荣，大量的工业废水和城市生活污水排入水体，水体污染日益严重。

目前中国正面临的不得不解决的最可怕的环境危机之一是缺水和水污染。中国水资源总量居世界第六位，但人均水资源占有量仅为世界平均水平的 1/4，在世界银行连续统计的 153 个国家中居第 88 位。我国江河湖泊普遍遭受污染，全国 75%的湖泊出现了不同程度的富营养化；90%的城市水域污染严重，南方城市总缺水量的 60%～70%是由于水污染造成的；对我国 118 个大中城市的地下水调查显示，有 115 个城市地下水受到污染，水污染降低了水体的使用功能，加剧了水资源短缺，未来我国水资源紧缺的形势依然严峻。

4．土壤污染状况

我国人口众多，人均农田仅占世界人均的 1/4，我们拥有世界 7%的土地，却要养活占世界 22%的人口。由于荒化、沙化和建设用地，我国平均每年净减土地 500 万亩。土地使用面积逐年减少，却要在仅有的土地上收获更多的粮食，于是大量使用化肥、农药、杀虫剂、除草剂，使土壤微生物遭到破坏，土地质量不断下降，造成对环境的巨大压力，与此同时，工业和城市废水、工业废渣、冬小麦垃圾、人畜粪尿施肥、化肥和农药以及大气污染的沉降等都可污染土壤，直接或间接地影响人体健康。

5．电磁辐射及危害

电磁辐射是以一种看不见、摸不着的特殊形态存在的物质。人类生存的地球本身就是一个大磁场，它表面的热辐射和雷电都可产生电磁辐射，太阳及其他星球也从外层空间源源不断地产生电磁辐射。围绕在人类身边的天然磁场、太阳光、家用电器等都会发出强度不同的辐射。电磁辐射所衍生的能量，取决于频率的高低——频率愈高，能量愈大。频率极高的 X 光和 γ 射线可产生较大的能量，能够破坏合成人体组织的分子。

电磁辐射的来源有多种。人体内外均布满由天然和人造辐射源所发出的电能量和磁能量；闪电便是天然辐射源的例子之一。人造辐射源除了电台、电视台的各种发射塔、雷达、卫星通信系统、变电站，还有各种电子设备。随着科技的发展，各种电器不断走近我们的工作和生活，办公室的电脑、电话、复印机、传真机，家庭的电视机、电冰箱、微波炉、电磁炉，以及随身携带的通讯设备等使我们随时可能处于电磁辐射的不良环境。

电磁辐射对机体的影响与其频率、场强、波的性质、暴露时间长短和个体差异等因素有关，可对中枢神经系统、心血管系统、血液系统产生危害，并可影响机体的免疫系统。电磁辐射主要有 6 大危害：

① 极可能是造成儿童患白血病的原因之一。医学研究证明，长期处于高电磁辐射的环境中，会使血液、淋巴液和细胞原生质发生改变。意大利专家研究后认为，该国每年有 400 多名儿童患白血病，其主要原因是距离高压线太近，因而受到了严重的电磁污染。

② 能够诱发癌症并加速人体的癌细胞增殖。电磁辐射污染会影响人类的循环系统、免疫、生殖和代谢功能，严重的还会诱发癌症，并会加速人体的癌细胞增殖。瑞士的研究资料指出，周围有高压线经过的住户居民，患乳腺癌的概率比常人高 7.4 倍。美国得克萨斯州癌症医学基金会针对一些遭受电磁辐射损伤的病人所做的抽样化验结果表明，在高压线附近工作的工人，其癌细胞生长速度比一般人要快 24 倍。

③ 影响人类的生殖系统，主要表现为男子精子质量降低，孕妇发生自然流产和胎儿畸形等。

④ 可导致儿童智力残缺。据最新调查显示，我国每年出生的 2 000 万儿童中，有 35 万为缺陷儿，其中 25 万为智力残缺，有专家认为电磁辐射也是影响因素之一。世界卫生组织认为，计算机、电视机、移动电话的电磁辐射对胎儿有不良影响。

⑤ 影响人们的心血管系统，表现为心悸、失眠、部分女性经期紊乱、心动过缓、心搏血量减少、窦性心律不齐、白细胞减少、免疫功能下降等。如果装有心脏起搏器的病人处于高压电磁辐射的环境中，会影响心脏起搏器的正常使用。

⑥ 对人们的视觉系统有不良影响。由于眼睛属于人体对电磁辐射的敏感器官，过高的电磁辐射污染会引起视力下降、白内障等。高剂量的电磁辐射还会影响及破坏人体原有的生物电流和生物磁场，使人体内原有的电磁场发生异常。值得注意的是，不同的人或同一个人在不同年龄阶段对电磁辐射的承受能力是不一样的，老人、儿童、孕妇属于对电磁辐射的敏感人群。

二、国内环境污染的主要特征

① 化学性污染大大增加。WHO 环境规划署登记的化学品在 500 万种以上，进入环境的已有 10 万种，而且在每年递增。有许多具有潜在毒性的物质已渗透到我们的学习、生活和工作各个领域。人类从胚胎到死亡始终处在环境化学物的包围之中。

② 环境污染通常是多因子联合作用，健康效应表现综合性环境中有害因子有很多种类，它们可能同时进入人体，产生相互作用，这些因子的联合作用将使人体产生的效应更加复杂。

③ 污染表现为低浓度、长时间、慢效应生活环境中的污染因子浓度通常比生产环境中浓度低得多，但由于人群长期生活在这种环境下，因此作用面广，机体内累积剂量大，累积损伤大，表现为低剂量、长时间的慢性中毒。

④ 进入环境的化合物高度稳定。许多化合物的半衰期极长，甚至不能被生物降解，它们对机体乃至下一代都构成了严重威胁。例如六六六在土壤中的半衰期为 6.5 年，DDT 为 10 年。Hg 进入机体很难降解，生物半衰期都在 5 年以上。

第二节　国内环境保护政策的发展趋势

一、我国环境保护发展历程

（一）20 世纪 80 年代以前的中国环保政策

我国实行改革开放以前，实施的经济发展战略大体上是一种赶超战略，即在经济、军事及社会发展水平等方面赶上和超过西方发达国家，其中主要的发展目标就是尽快实现工业化。由于在经济发展战略上采取了上述赶超发展战略，尽管改革开放前的中国就已经制订了比较详细的环境规划和政策，但由于种种原因，有关部门一直缺乏完全地、成功地执行这些环境政策的能力。

但随着国际形势的不断发展变化，尤其是中国恢复联合国席位后，受世界环境保护思潮的影响，环境保护在中国也越来越受到重视。1972 年中国派代表团参加斯德哥尔摩联合国人类环境大会，是新中国环境保护事业发展的一个新起点。在这次会议上，中国代表在发言中提出中国环境政策的指导方针是"全面规划、合理布局、综合利用、化害为利、依靠群众、大家动手、保护环境、造福人民"。随后在 1973 年召开的第一次全国环境保护会议上被正式确立为我国环境保护工作的基本方针，并在《关于环境保护和改善环境的若干规定（试行草案）》和 1979 年颁发的《中华人民共和国环境保护法（试行）》中以法律形式肯定了下来。

1973 年中国成立了国务院环境保护领导小组及其办公室，并在全国推动工业"三废"（废水、废气、废渣）的治理。1982 年，建设部改名城乡建设环境保护部，下设环境保护局。1983 年在国务院第二次全国环境保护会议上，规定把环境保护作为中国的一项基本国策，并提出环境政策的基本战略方针是"三同步、三统一"的方针，即经济建设、城乡建设和环境建设要同步规划、同步实施、同步发展，做到经济效益、社会效益和环境效益的统一。1984 年城乡建设环境保护部所辖的环境保护局更名为国家环境保护局。1988 年国家环保局隶属国务院直属机构。1998 年，升格为国家环境保护总局。2008 年，升格为环境保护部，是国务院的组成部门。

中国环境保护的发展

在 20 世纪 80 年代，中国的环境保护逐渐形成了预防为主原则、明确责任原则和强化环境监督管理三项原则，并由此衍生了一系列制度或政策（《中国的环境保护》白皮书）。

（1）预防为主的原则，主要是强调环境政策要注重从环境问题产生的源头上解决问题，预防环境问题的产生，把消除污染、保护生态环境的措施实施在经济开发和建设过程之前或之中，从根本上消除环境问题得以产生的根源，从而减轻事后治理所要付出的代价。其内容可概括为"预防为主、防治结合、综合治理"。由此衍生的环境政策具体包括：把环境保护纳入国民经济计划与社会发展计划中去，进行综合平衡；实行城市环境综合整治；实行建设项目环境影响评价制度；实行"三同时"制度。

（2）明确责任原则目的是通过明确环境保护的责任促使相关主体采取保护环境的行动，具体包括地方政府对辖区环境质量负责的原则；环境保护方面的"谁污染谁治理"的原则、谁开发谁保护原则和自然保护方面的"自然资源开发、利用与保护、增殖并重"的原则。其中由"谁污染谁治理"的原则衍生出来的政策包括：结合技术改造防治工业污染；实施污染物排放许可证制度和征收排污费；对工业污染实行限期治理；环境保护目标责任制；企业环保考核等。

（3）强化环境监督管理的原则。中国是一个发展中国家，既不能像日本那样提出"环境优先"的原则，也不能像西方国家那样依靠高投资、高技术，只能在当前一定时期内把政策的重点放在强化环境管理上。因此当前保护和改善环境最重要的是通过适当的政策安排而改变人的行为，特别是在经济发展和治理环境方面的决策行为，而不仅仅是增加投入和提高技术的问题。具体的政策包括：加强环境保护立法和执法；建立环境管理机构和全国性环境保护管理网络；动员民众和民间组织参与环境保护的监督管理，例如实施绿色标志制度。

20 世纪 80 年代以前，中国的环境政策主要是强制性环境政策或命令控制性政策。强制性环境政策是指国家对社会所实行的有强制约束力的环境政策，各经济主体必须无条件地遵守。如环境影响评价制度、"三同时"制度、环境保护目标责任制度、环境保护规划和计划制度、城市综合整治定量考核制度、排放污染物许可制度、污染物集中控制制度、限期治理制度、污染物总量控制、区域限期达标或限期关停企业的命令等。这些制度是我国环境保护工作中长期经验的总结，大部分已通过环境立法的形式获得了正式的法律制度地位，小部分如限期达标与限期关停企业的制度则以政府命令的形式出现。

（二）20 世纪 90 年代以来的环保政策

20 世纪 90 年代初，随着社会主义市场经济体制的逐步形成，中国的经济增长加速，中国国内环境问题的日益突出，同时国际环境问题也日益受到关注，中国的环境政策发生了一些变化。政策变化体现了三个特点：生态环境良好成为中国发展的重要目标；环境制度尤其是环境法制建设得到加强；国际环境合作得到加强。

1. 中国的环境保护进一步得到重视

1992 年在里约热内卢会议两个月后，中国在《环境与发展十大对策》中，明确提出了"实施可持续发展战略"。中国环境政策开始注重与国家发展战略，特别是经济发展战略相结合，环境政策在整个国家的政策体系中也逐渐占有较高的地位。1994 年中国公布了《中国 21 世纪议程》，这是全球第一部国家级的《21 世纪议程》，是中国实施可持续发展战略的一部指南。1996 年，全国人大审议通过了 2000 年和 2010 年的环境保护目标；制定了《国民经济与社会发展"九五"计划和 2010 年远景目标纲要》，第一次在国家中长期发展计划中正式将实施可持续发展战略和科教兴国战略一起确立为两个重大的国家发展战略；并发布了《关于环境保护若干问题的决定》。随后，国家环境保护总局（正部级）于 1998 年成立，职权有所加强。2002 年中共十六大报告提出全面建设小康社会的目标，强调了经济、政治、文化和社会（可持续发展）的全面发展。2005 年《国务院关于落实科学发展观　加强环境保护的决定》（国发[2005]39 号）进一步指出，加强环境保护是落实科学发展观的重要举措，是全面建设小康社会的内在要求，是坚持执政为民、提高执政能力的实际行动，是构建社会主义和谐社会的有力保障。为全面落实科学发展观，加快构建社会主义和谐社会，实现全面建设小康社会的奋斗目标，必须把环境保护摆在更加重要的战略位置。

2006 年制定的《国民经济和社会发展第十一个五年规划纲要》提出，要落实节约资源和保护环境基本国策，建设低投入、高产出，低消耗、少排放，能循环、可持续的国民经济体系和资源节约型、环境友好型社会。强调要发展循环经济，加大节能力度；从多方面加强节水政策；节约用地；节约材料；加强资源综合利用；并强化促进节约的政策措施。2006 年 10 月召开的十六届六中全会审议通过了《中共中央关于构建社会主义和谐社会若干重大问题的决定》。该《决定》明确提出了到 2020 年构建社会主义和谐社会的目标和主要任务，其中包括资源利用效率显著提高和生态环境明显好转。为此，要以解决危害群众健康和影响可持续发展的环境问题为重点，加快建设资源节约型、环境友好型社会。优化产业结构，发展循环经济，推广清洁生产，节约能源资源，依法淘汰落后工艺技术和生产能力，从源头控制环境污染。实施重大生态建设和环境整治工程，有效遏制生态环境恶化趋势。

2007 年 10 月召开的十七大提出，要将"建设生态文明"作为全面建设小康社会目标的更高要求，要"基本形成节约能源资源和保护生态环境的产业结构、增长方式、消费模式"。

2008 年，根据十一届人大一次会议批准的《国务院机构改革方案》，国务院组建"中华人民共和国环境保护部"，中国的环境保护官方机构成为名正言顺的部级单位，反映了最高决策者贯彻党的十七大精神，落实科学发展观，加强环境保护的姿态和决心。

2. 环境制度尤其是法制建设得到加强

20 世纪 90 年代以来，中国污染防治开始从"末端治理"向全过程控制转变，从分散治理向分散与集中治理相结合转变，从简单的企业治理向调整产业结构、清洁生产和发展循环经济转变，从浓度控制向总量和浓度控制相结合转变，从点源治理向流域和区域综合治理转变。

2003 年国务院颁布了《排污费征收使用管理条例》规定，自 2003 年 7 月 1 日起开始实施新的排污收费征收办法，以污染当量为核定依据，根据排污者污染排放总量征收排污费，同时对排放浓度超标者加倍收费。这一规定改变了原来按浓度超标收费的单一方式，增强了对排污者的激励效应。

2005 年 10 月 27 日，为贯彻和落实科学发展观，加快推进循环经济发展，促进经济增长方式转变，按照《国务院关于做好建设节约型社会近期重点工作的通知》、《国务院关于加快发展循环经济的若干意见》（国发[2005]21、22 号）要求，国家发展改革委会同原国家环保总局、科技部、财政部、商务部、统计局等有关部门和省级人民政府，在重点行业、重点领域、产业园区和省市组织开展了第一批全国循环经济试点工作。

在不断重视环境保护，出台各种环境保护规划、纲要和措施的同时，环境法规体系也在不断的完善。自 1996 年以来，国家制定或修订的环境法律包括水污染防治、海洋环境保护、大气污染防治、环境噪声污染防治、固体废物污染环境防治、环境影响评价、放射性污染防治等环境保护法律，以及水、清洁生产、可再生能源、农业、草原和畜牧等与环境保护关系密切的法律。

其中，中国从 1993 年就开始推行清洁生产，并在九届全国人大常委会第二十八次会议上通过了《中华人民共和国清洁生产促进法》，自 2003 年 1 月 1 日起正式实施。人们对这部法律给予了高度评价，认为"它的制定，标志着我国可持续发展事业有了历史性的进步，对促进我国经济、社会的进一步健康发展，实现经济和社会发展第三步战略目标必将产生积极的影响"。

为进一步加强源头控制环境污染和生态破坏，2003 年开始实施的《中华人民共和国环境影响评价法》，将环境影响评价制度从建设项目扩展到各类开发建设规划。国务院制定或修订的环保行政法规有《建设项目环境保护管理条例》、《水污染防治法实施细则》、《危险化学品安全管理条例》、《排污费征收使用管理条例》、《危险废物经营许可证管理办法》、《野生植物保护条例》、《农业转基因生物安全管理条例》等 50 余项。

2008 年 8 月 29 日，十一届全国人大常委会第四次会议表决通过了《中华人民共和国循环经济促进法》，国家主席胡锦涛签署第 4 号主席令予以公布。新法律自 2009 年 1 月 1 日起施行。循环经济是转变增长方式的首要突破口，是调整经济结构的主要抓手，是完成节能减排任务的基本手段，是贯彻科学发展观、构建资源节约型和环境友好型社会的重要举措，《中华人民共和国循环经济促进法》的颁布实施意味着，我国大力发展循环经济，继而推进转变经济增长方式已经有法可依。这部渗透着科学性、战略性、综合性、系统性的法律将是我国落实科学发展观，大力发展循环经济，全面实施可持续发展战略、构建资源节约型和环境友好型社会的有力保障和助推器。

20 世纪 90 年代以来，中国的环境信息公开，环保宣传教育，鼓励公众参与环境保护的工作也得到了加强。到 2005 年底，全国所有地级以上城市实现了城市空气质量自动监测，并发布空气质量日报；组织开展重点流域水质监测，发布十大流域水质月报和水质自动监测周报；定期开展南水北调东线水质监测工作；113 个环保重点城市开展集中式饮用水水源地水质监测月报；建立了环境质量季度分析制度，及时发布环境质量信息。各级政府和环保部门也通过定期或不定期召开新闻发布会，及时通报环境状况、重要政策措施、突发环境事件、违法违规案例。2006 年 2 月，环保部门还颁布了《环境影响评价公众参与暂行办法》。

3．国际环境合作得到加强

随着中国对外开放的深化和国家环境问题的不断恶化，中国参加了《联合国气候变化框架公约》及《京都议定书》、《关于消耗臭氧层物质的蒙特利尔议定书》、《关于在国际贸易中对某些危险化学品和农药采用事先知情同意程序的鹿特丹公约》、《关于持久性有机污染物的斯德哥尔摩公约》、《生物多样性公约》、《生物多样性公约〈卡塔赫纳生物安全议定书〉》和《联合国防治荒漠化公约》等 50 多项涉及环境保护的国际条约，并在经济发展和环境保护中积极履行这些条约规定的义务。

作为一个发展中国家，我国对气候变化问题给予了高度重视，成立了国家气候变化对策协调机构，并根据国家可持续发展战略的要求，采取了一系列与应对气候变化相关的政策和措施，为减缓和适应气候变化作出了积极的贡献。2007 年 6 月 4 日，为了响应《联合国气候变化框架公约》，中国政府正式发布了《中国应对气候变化国家方案》，明确了到 2010 年中国应对气候变化的具体目标、基本原则、重点领域及其政策措施。这是中国第一部应对气候变化的全面的政策性文件，也是发展中国家颁布的第一部应对气候变化的国家方案。这一方案的颁布实施，彰显了中国政府负责任大国的态度。

1992 年，中国政府批准成立"中国环境与发展国际合作委员会（以下简称国合会）"。国合会是一个高级国际咨询机构，国合会的主席由中华人民共和国国务院的领导（一般为副总理）担任。国合会的主要职责是针对中国环境与发展领域重大而紧迫的关键问题提出政策建议并进行政策示范和项目示范。国合会委员包括中国国务院各有关部委的部长或副部长、国内外环境与发展领域的知名专家、国际组织的领导。在过去的 10 年中，国合会的政策建议在推动中国的可持续发展中发挥了积极作用。进一步促进了环境与发展相协调以及有关环境与发展的法律法规的完善。

（三）环境在线监控系统的出现

环境监测作为环境保护的基础，当前已从传统的技术层面全面融合到环境保护工作的整体当中，成为推进环境保护历史性转变的重要突破口之一。我国环境监测事业历经 30 年的发展，取得了长足进步。环境监测业务领域从最初的"三废"监测，发展到了空气、地表水、近岸海域、噪声、生态、酸雨、生物、沙尘暴、土壤、污染源等众多领域，从简单的二氧化硫、重金属、化学需氧量监测，发展到了有机污染物、农药、持久性有机物、环境激素、温室气体等多要素的综合性监测；环境监测范围从以城市为中心的环境污染监测，发展到流域、区域的生态环境监测乃至全球性重大环境问题监测；环境监测技术水平从手工采样监测，发展到自动在线连续监测和空间遥感监测，环境监测仪器设备向高、精、尖和自动化方向发展，初步建立了一整套环境监测技术和标准方法体系。

然而近年来，污染物种类日益复杂，这给环境监测管理工作带来越来越大的压力。传统的人工监测的方法时间覆盖率低，样品缺乏科学性和代表性，出现监管上的真空点。在线自动监测系统应用现代传感器技术、自动测量技术、自动控制技术、计算机技术以及通信网络组成的一个综合性的在线自动监测系统，一套完整的在线自动监控系统能进行连续、及时、准确的测量，有效地起到环境监控和环境监管作用。

2006 年 4 月第六次全国环境保护大会鲜明提出要大力推进环境保护历史性转变。其实质是要求正确处理环境保护与经济发展之间的关系，以环境保护优化经济发展，使环境保护与经济发展之间从"对立"走向"和谐"。这使得环境监测作为环境管理的重要基础和有机组成部分，融入到环保工作全局，其重要地位和作用日渐凸显。

为加强对重点污染源的管理，环境保护部要求将国家重点监控企业作为污染治理的重点，所有重点监控企业都要安装自动监控系统，并与各级环保部门监控系统联网。监测部门至少每月对国家重点监控企业进行一次监督性监测。环境监察机构至少每月对这些企业进行一次现场执法检查，根据检查情况和自动监测、监督性监测数据，会同监测、统计等部门逐月核定其各类污染物排放量，并据此征收排污费。

（四）国家"十二五"规划中环保新政策

面对日趋强化的资源环境约束，必须增强危机意识，树立绿色、低碳发展理念，以节能减排为重点，健全激励与约束机制，加快构建资源节约、环境友好的生产方式和消费模式，增强可持续发展能力，提高生态文明水平。

1. 积极应对全球气候变化

坚持减缓和适应气候变化并重，充分发挥技术进步的作用，完善体制机制和政策体系，提高应对气候变化能力。主要是控制温室气体排放、增强适应气候变化能力、广泛开展国际合作。

2. 加强节约与管理

落实节约优先战略，全面实行资源利用总量控制、供需双向调节、差别化管理，大幅度提高能源资源利用效率，提升各类资源保障程度。主要是大力推进节能降耗、加强水资源节约、节约集约利用土地、加强矿产资源勘察及保护和合理开发。

3. 加大环境保护力度

以解决饮用水不安全和空气、土壤污染等损害群众健康的突出环境问题为重点，加强综合治理，明显改善环境质量。

（1）强化污染物减排和治理

实施主要污染物排放总量控制。实行严格的饮用水水源地保护制度，提高集中式饮用水水源地水质达标率。加强造纸、印染、化工、制革、规模化畜禽养殖等行业污染治理，继续推进重点流域和区域水污染防治，加强重点湖库及河流环境保护和生态治理，加大重点跨界河流环境管理和污染防治力度，加强地下水污染防治。推进火电、钢铁、有色、化工、建材等行业二氧化硫和氮氧化物治理，强化脱硫脱硝设施稳定运行，加大机动车尾气治理力度。深化颗粒物污染防治。加强恶臭污染物治理。建立健全区域大气污染联防联控机制，控制区域复合型大气污染。地级以上城市空气质量达到二级标准以上的比例达到80%。有效控制城市噪声污染。提高城镇生活污水和垃圾处理能力，城市污水处理率和生活垃圾无害化处理率分别达到85%和80%。

（2）防范环境风险

加强重金属污染综合治理，以湘江流域为重点，开展重金属污染治理与修复试点示范。加大持久性有机物、危险废物、危险化学品污染防治力度，开展受污染场地、土壤、水体等污染治理与修复试点示范。强化核与辐射监管能力，确保核与辐射安全。推进历史遗留的重大环境隐患治理。加强对重大环境风险源的动态监测与风险预警及控制，提高环境与健康风险评估能力。

（3）加强环境监管

健全环境保护法律法规和标准体系，完善环境保护科技和经济政策，加强环境监测、预警和应急能力建设。加大环境执法力度，实行严格的环保准入，依法开展环境影响评价，强化产业转移承接的环境监管。严格落实环境保护目标责任制，强化总量控制指标考核，健全重大环境事件和污染事故责任追究制度，建立环保社会监督机制。

二、环境污染治理取得成就

（一）我国环境污染治理取得的成就（来源于 2011 年 1 月全国环境保护工作会议）

"十一五"时期是我国发展史上极不平凡的五年，也是环境保护事业大有作为的五年。五年来，国家将主要污染物减排作为国民经济和社会发展规划的约束性指标，着力解决影响可持续发展和损害群众健康的突出环境问题，环境保护从认识到实践发生重要变化，环境保护事业不断发展，环境质量稳步改善，环保队伍经受了考验，环保工作取得突破性进展。

1. 环境保护的认识发生重大转变

环境保护是重大民生问题、探索中国环保新道路等一系列加强环境保护的新理念新举措。中共中央提出了建设生态文明、推进环境保护历史性转变、让江河湖泊休养生息。各级党委、政府和广大领导干部在工作中，要切实把环境保护放在全局工作的突出位置，坚持并完善环保目标责任制，及时研究解决环境保护重大问题。高度重视环保宣传教育工作，积极引导社会舆论，绿色环保的观念深入人心，全社会关心支持和参与环保的氛围更加浓郁，公众环保意识显著增强。

2. 污染减排任务超额完成

强化结构减排、工程减排和管理减排措施，严格考核问责，认真落实减排责任考核。"十一五"期间，我国累计建成运行燃煤电厂脱硫设施 5 亿 kW，新增污水处理能力超过

5 000 万 t/d，关停小火电机组 7 000 多万 kW，分别淘汰炼铁、炼钢、水泥、焦炭和造纸等
落后产能 1.1 亿 t、6 860 万 t、3.3 亿 t、9 300 万 t、720 万 t。在"十一五"期间经济增速
和能源消费总量均超过规划预期的情况下，二氧化硫减排目标提前一年实现，化学需氧量
减排目标提前半年实现。2009 年，全国地表水国控断面高锰酸盐指数平均浓度比 2005 年
下降 29%，环保重点城市空气二氧化硫年平均浓度比 2005 年下降 24.6%。

3．环境保护优化经济发展的综合作用日益显现

"十一五"期间，对总投资 2.9 万多亿元的 813 个违规项目作出不予受理、不予审批或
暂缓审批等决定，给"两高一资"、低水平重复建设和产能过剩项目设置了不可逾越的"防
火墙"。组织完成环渤海、海峡西岸、北部湾、成渝和黄河中上游能源化工区等五大区域
重点产业发展战略环评。在煤炭矿区、能源基地、城际交通、跨界河流及区域协调发展等
各个区域、众多领域扎实推进规划环评，推动了产业升级和结构调整。多次采取"区域限
批"、"行业限批"措施，有效遏制了环境违法行为。

4．重点流域区域污染防治力度不断加大

采取有效措施，深入推进江河湖泊休养生息，全面建立重点流域省界断面水质考核制
度。大力开展区域性环境执法督查，着力构建"统一规划、统一监测、统一监管、统一评
估、统一协调"的区域空气联防联控机制，圆满完成上海世博会、广州亚运会空气质量保
障任务。

5．着力解决损害群众健康的突出环境问题

开展全国县级以上城市和乡镇的饮用水水源地环境状况调查，编制发布城市饮用水水
源地环境保护规划，加大重金属污染防治和检查力度。2006 年以来，全国共出动执法人员
1 100 余万人次，查处环境违法企业 14 万多家次，取缔关闭违法排污企业 2 万多家，严厉
打击了环境违法行为。

6．农村环境保护和生态建设工作切实加强

支持 6 600 多个村镇开展环境综合整治和生态示范建设，2 400 多万农村人口直接受
益。完成了全国土壤污染状况调查，出台《关于加强土壤污染防治工作的意见》。发布《国
家重点生态功能保护区规划纲要》和《全国生态功能区划》，生态建设示范区工作体系不
断完善。扎实开展国际生物多样性活动。

7．政策法制、环保规划、科技监测和国际合作亮点纷呈

环境经济政策的作用日益显现，4 万余条环境违法信息、7 000 余条项目环评审批验收
信息进入银行征信管理系统，10 余家保险企业推出环境污染责任保险产品。"十一五"环
保规划执行情况评估顺利完成。科技支撑进一步强化，化工、制药、冶金和化纤等行业多
项污染防治关键技术取得突破，环保科研能力加速壮大。环境监测工作加快推进，国控重
点污染源自动监控能力建设项目基本完成，环境监测质量管理三年行动计划有序开展，5
万余名干部职工参加的第一届全国环境监测专业技术人员大比武活动圆满结束。国际合作
交流深入推进。

8．三大基础性战略性工程取得丰硕成果

污染源普查摸清了主要污染物产生、处理和排放情况，掌握了有毒有害污染物区域分
布情况，建立了污染源信息数据库。环境宏观战略研究圆满完成，研究提出积极探索代价
小、效益好、排放低、可持续的环境保护新道路这一重大命题。水体污染控制与治理科技

重大专项进入攻坚阶段，部分项目和课题取得阶段性成果，攻克了一批技术难题。

9．核安全与放射性污染防治取得进展

在建核设施质量得到有效控制，在役核设施运行安全得到有效保障，核技术利用活动基本实现生产、销售、使用、进出口和回收的全过程管控。高风险污染源逐步得到控制，全国辐射环境质量状况保持良好。

10．环保能力建设进一步加强

环境监察标准化建设稳步推进，环境监测能力投入大幅增加。环保系统机构队伍建设取得重大突破。建设学习型、服务型、法治型、和谐型、廉洁型和节约型机关取得新成效。广泛开展向田洪光同志学习活动，充分调动了广大党员干部立足岗位建功立业的积极性。

（二）济宁市环境治理取得的成就

济宁在历史上因水而兴，河系水网纵横，大运河过境，且拥有我国北方最大的淡水湖——南四湖，成为全省河网最密集、地表水面积最大的市；南水北调东线工程过境198 km，使济宁成为其重要的输水通道和调蓄水源地，这意味着当地企业的污水排放门槛更高。水污染防治任务更加艰巨，南水北调给济宁又加重码。"十一五"以来，济宁市把水污染防治工作与转方式调结构相结合，把环境保护作为转变发展方式的重要抓手，坚持高端、高质、高效发展方向，大力度调整产业结构，努力实现由以环境换发展向以环境促发展的根本性转变。相继投入 139.3 亿元用于防治水污染，2010 年用于治理淮河流域水污染的投资达到了 47.1 亿元，使全市整个水质环境有了前所未有的改善。济宁市市委书记张振川说，"济宁水污染防治事关南水北调工程的成败，是落实科学发展观的具体体现，必须坚决打赢这场攻坚战，变以环境换发展为以环境促发展。"济宁市痛下决心，吹响了整治境内流域污染的号角。市里成立了水污染防治指挥部，由市委书记、市长共同任指挥长，这样高规格的专项工作领导机构，在济宁市是唯一的。

济宁建立了严格的河流断面水质考核制度，县（市、区）重点河流出境断面水质月度监测结果超标一次的，对当地政府进行通报；年内第二次超标的，实行挂牌督办；达不到水质目标的，对该地区涉水项目实行"区域限批"。在治水上动真格，逼出了科学发展新路子。济宁市环境保护工作取得卓著的成绩。

（1）济宁经济开始趋向高端、高质、高效，拓展出新能源、新材料、新信息技术等新兴产业，以新能源为重点，设立了 5 亿元引导基金，实施了总投资 354 亿元的 206 个项目，LED、光伏、动力电池等正加速形成集聚效应。治污高压政策也逼迫企业主动脱掉高污染的"外衣"，实现华丽转身。例如 2011 年，太阳纸业下决心关停了 8 万 t 的草浆工艺生产线。

（2）防治体系拓展治污新思维。济宁在山东省"治用保"流域治污体系的基础上，拓展治污新思维，实施"治用保防控"全方位防治体系，进一步提升了治污水平。在"治"上，济宁用当前国内最严格的标准要求企业做到污水"零排放"或排放污水达到接纳水体环境质量。太阳纸业、华金集团等企业 5 条麦草制浆生产线按照"国标"可以达标排放生产，但济宁标准提高一级，5 条麦草生产线全部关停，企业和地方财政为水环境作出了牺牲。

（3）污水处理：2010 年济宁市将所有污水处理厂排放标准由一级 B 升级为一级 A 标准，比山东省的要求提前了两年。济宁建成的污水处理厂都建设了中水回用工程。济宁中

山公用水务有限公司是国务院南水北调东线工程的重点治污单位,按照市委、市政府的要求,污水处理厂一级 A 升级改造暨中水回用工程已经于 2010 年年底建设完成并投入运行。该工程总造价 1.88 亿元,通过采用先进的科技手段,将现有二级生物处理工艺改造为先进的 MBBR 工艺,同时增加混凝—沉淀—过滤—消毒等深度处理设施,出水水质达到《城镇污水处理厂污染物排放标准》的一级 A 标准,可满足中水使用单位的需求。与此同时,济宁中山公用水务有限公司污水分公司铺设 39 km 中水管网,每天可输送中水 8 万 t,作为工业企业生产和园林绿化、消防、建筑施工、洗车业等用水,初步实现了中水回收利用。

截止目前,全市共建成投入运营污水处理厂 13 座,已建成并调试运行的 2 座,正在建设的 6 座,全市污水处理日处理能力达到 67 万 t,满负荷运转率和城市污水集中处理率均达到 86%以上。建成投入运行垃圾处理场 5 座,日处理能力达到 1 420 t。污水资源化,为我们破解污水防治的魔咒,走出一条可持续发展的新路子提供了坐标。为减少污水排放,济宁还建设了济宁、曲阜等 7 座中水截蓄导用工程,防止中水在南水北调调水期间进入输水干渠。

(4)人工湿地:改善湖河水质的"人工之肺"。许多有识之士把人工湿地比作地球之肺,据科学测定,人工湿地对水体中主要污染物 COD 的去除率可以达到 50%左右,氮磷的去除率可达到 60%左右,对于改善主要入湖河流水质、增加区域环境容量具有非常重要的作用,是净化流域内所有入湖污染物的最后一道屏障。截至目前,全市建设了 17 处人工湿地工程,种植、修复面积达到 15 万亩;经人工湿地净化降解的污水达到约 16 万 t/d,人工湿地对水体中主要污染物 COD 的去除率达 50%左右,氮磷的去除率可达 60%,有效地改善了入湖河流水质。

(5)济宁建设了在线监控、应急指挥、应急操控三大体系,在企业、城市综合污水处理厂、园区、县界出境和入湖口设置 5 道安全防线,济宁市在全国率先构筑完善的市级环境安全防控体系,建起了包括 16 个重点河流断面水质自动监测系统、124 个重点污染源废水在线监测设施、80 个重点污染源废气在线监测设施、7 个环境空气质量自动监控系统、1 个机动车尾气监测系统、4 个放射源监控系统等在内的各类在线监控设备共计 327 台(套),以及一批事故废水拦蓄设施。目前废水百吨以上的工业企业均实现实时自动监控、省市县三级监控中心联网,为水污染防治基本构建起全天候、全覆盖的高科技安全网络,哪家企业偷排偷放、超标排放,都逃不过"电子眼"。

(6)济宁加快淘汰落后产能,从源头切断污染源。"十一五"期间,济宁关停烧碱合成氨生产线 12 万 t、麦草生产线 21 万 t、造纸生产线 7.8 万 t。2011 年以来,济宁市县两级还否决不符合环保要求的项目 153 个。

(7)按照这种生态治污的新理念,济宁编制了《南水北调东线济宁市南四湖大生态带工程建设规划》,并于 2009 年 4 月通过了省政府在北京组织召开的专家会议论证。该规划包含各类项目 182 个,重点包括 13 个退耕还湿生态修复工程、14 个人工湿地水质净化工程、10 个中水截蓄导用工程等。

济宁将以打造北湖生态新城为核心,以环南四湖大生态带为主体,以国省干道、河道为生态廊道,以各类自然保护区、生态湿地、森林公园为节点,构建布局合理、结构稳定、功能强大的生态体系。

第二章　环境在线监测系统的发展及意义

第一节　环境在线监测系统概述

1．环境在线监测系统定义

环境在线监测是一套以在线自动分析仪器为核心，运用自动传感技术、自动测量技术、自动控制技术、计算机应用技术以及相关的专用分析软件和通讯网络所组成的一个综合性的监测系统。

2．环境在线监测系统的构成

环境在线监测系统由自动分析仪器、数据信息采集传输设备和数据信息管理平台三部分构成。自动分析仪器按环保部门规定设置环境质量监控或企业排污监控点，按照一定的监测频次对污染物进行连续、自动的采样和分析，监测数据通过数据采集传输设备传送到数据管理平台，经管理人员审核确认后，完成信息的发布与应用。其主要功能描述如下：

（1）自动分析仪器：在监测点安装有多种分析仪表，这些仪表按环保部门规定设置环境质量监控或企业排污监控点，按照一定的监测频次对污染物进行连续、自动的采样和分析，可以监测环境质量或污染物排放的各种指标。能准确可靠地对污染物的各参数进行计量、记录。

（2）数据信息采集传输设备：与各种现场仪器装置连接，对各种现场采集的数据信息进行整合，完成数据与信息输出前的加工、处理，同时接收和执行管理监控中心所发出的各种指令。

（3）数据信息管理平台：用于对监测数据进行统计、分析、管理的计算机平台，通过它对现场采集的数据进行、处理。该平台能对监测数据进行查询，远程监控管理，自动输出各种数据信息报表，实现数据集中管理、信息资源共享，并为建立市级、省级、国家级环境监察信息网提供基础源数据、通讯手段和管理平台。

系统的三个主要组成部分"自动分析仪器"、"数据信息采集传输设备"、"数据信息管理平台"协同工作，建立起环保局到各个企业的网络系统，实现环境质量和污染源的在线监测功能。

3．环境在线监测系统的两大主要特点

（1）环境在线监测系统的实时性。利用网络实时在线的特点，建立在线监控系统（环境监理信息系统）的网络，及时准确地掌握各个监测点的实际运行情况和污染物排放的发展趋势与动态。

（2）环境在线监测系统的连续性。我们可以根据现场实际情况与要求，人工设定设备的取样间隔，通过数据采集装置将现场数据不间断的传输到上端平台，以达到对污染源和

环境质量情况全时段、全天候的监测。

4．环境在线监测系统的分类

环境在线监测系统大体分为两大类，即环境质量在线监测和污染源在线监测。环境质量在线监测主要是指对大气环境和河流、湖泊、海洋等水质等方面的监测，污染源在线监测主要是指对排污单位污染物排放状况的监测。第一种主要目的是为政府提供及时、准确的环境质量数据，满足公众对环境变化的知情要求；第二种主要是为环境执法机构提供数据，对企业的排污状况进行跟踪和管理。

第二节　环境在线监测系统的发展

1．环境在线监测系统的发展历程

从 19 世纪下半叶起，随着经济社会的发展，各类工业污染事件不断发生，直接影响了人类的生活，环境问题逐渐得到社会的重视。基于化学分析测试的环境监测科学也随着全球环境问题的日益突出和环保事业的兴起，逐步发展成为一项多学科相互渗透的综合性学科，其监测手段、监测方法、管理水平随着科学技术的进步不断地得到改善和提高。目前，最行之有效的途径和发展趋势就是应用信息技术（IT）来协助检测业务的处理和管理。

传统的环境监测主要基于单台仪器的间断方法，甚至是人工取样实验室分析的非在线式监测，无法实现数据共享、在线测量和远程控制，对环境质量的突然恶化，以及污染源污染物的突发超标排放无法掌握，常常引起重大污染事故和经济纠纷，具有明显的缺点。因此，世界各国近 30 年来均把先进的自动控制技术、化学分析手段和计算机测控技术作为发展环境监测技术的重要手段。欧美和日本发达国家等纷纷投入巨资，研究和发展在线式、不间断测量的环境监测设备并采用先进的计算机软件技术以求大大提高监测仪器的自动化水平和数据处理能力，建立了以监测空气、水质环境综合指标，以及某些特定项目为基础的在线监测系统。

随着信息技术、网络技术的飞速发展，环境监测仪器的计算机化、网络化也成为不可逆转的潮流，包括空气质量、水质以及污染源监测在内的各种广域、城域环境在线监测系统也因此迅速的得到发展，网络技术、工业测控总线技术、面向对象的软件开发技术等均在环境在线监测方面得到良好的应用。目前，世界上越来越多的国家和地区都将遥感遥测技术、地理信息系统（GIS）、网络通信技术、数据库技术和管理信息系统（MIS）技术应用其环境监测中，建立了以大气、水质环境综合指标及其特定项目为基础的环境在线监测系统。

环境空气质量自动监测系统和水质自动监测系统在我国起步较早，其相关技术研究开发及实际应用比较成熟，确立了部分相关技术规范和标准，并在全国形成了一定范围内的空气质量自动监测和水质自动监测网络；而污染源在线监测系统在我国近几年才开始起步，与此相关的监测设备、系统开发等技术则相对滞后。

我国从 20 世纪 80 年代中期也开始了污染源在线监测方面的研究和探索，但是真正在全国范围内开展此项工作则始于 20 世纪 90 年代后期，原国家环保总局在全国选择了一些省市作为试点，对污染源在线监测进行了管理和技术方面的有益探索，污染源在线监测相关设备和软件的研究开发也不断扩大和成熟，国内许多高校和科研院所，以及一些高薪技术企业相继研制环境在线监测系统，取得了一定的成果。在环境监测软件系统上出现了一些单元化产品，有关广域环境自动监测多层次大系统的研制也逐步展开。

但从全国来看，我国大部分省市开展在线监测的水平不一，同时水污染在线监测以规范排污口、安装污水流量计、COD仪居多；大气则以安装了烟气在线监测设备为主；南方城市安装COD在线监测设备的企业较多，北方城市安装烟气在线监测设备的企业较多，仅在部分城市实现了监测设备的联网和集中控制管理。部分联网的系统存在的问题也较多，主要表现在现有系统运行不稳定、故障率高，无法满足高性能、稳定性的要求；数据传输方式落后，成本较高；在监测数据采集与监控模式、广域接入远程通信、系统容错、系统长期稳定性、数据处理分析与管理、环境决策支持等方面还存在诸多缺陷和不足。

环境管理具有复杂性和动态性的特点，涉及多部门、多地区和多领域，需要处理大量的数据。为环境管理服务的各类环境信息系统在环保业务中发挥了巨大的作用。但随着在线监测、Web、GIS、GPS、呼叫中心、无线通信的技术的进步，以及环保业务的发展变化，已有的系统无法满足自动监控、实时表现、多系统多部门联动等业务要求。综合各种技术优势，建立的在线监控指挥系统，能使隐藏在错综复杂关系下的诸多因素变得清晰，可随条件的改变而动态变化，并通过实时数据展示、模型模拟和视频监控等手段使用户直接看到结果。因此，建设一套操作便捷、界面直观、交互式和可视化环境的自动监控指挥系统是环境自动监控发展的必然趋势。

目前全国环境监控中心所运行的各种监控系统，在设计思路上非常接近，都采用了以环境地理信息系统为平台，以远程视频监控和污染源在线监测为主要监控手段，以环境信息管理系统为管理决策依据的总体框架，而在监控网络采用的通信方式方面，则各具特点。

由于各环境监测管理业务信息系统彼此相互独立，数据采集重复，数据冗余和不一致性现象十分严重，难以实现信息互通和资源共享；由于对数据缺乏深入的分析与挖掘利用，花费巨资采集到的监测数据，只能简单的用于核定企业的排放状况，不能更深层次的用于环境规划、环境统计、区域环境总量控制、环境影响评价、环境事故预警等一系列的环境管理业务，更不能为国家制定宏观经济运行及环保投资政策提供信息支持。

当人类社会进入21世纪，以信息革命为标志的第二次现代化浪潮扑面而来，信息化正在成为当今世界发展的最新潮流。面对这样的形式，我国将信息化作为覆盖现代化建设全局的战略举措，在国民经济发展和社会进步的各个领域全面推进。如果说国家信息化水平标志着一个国家新一轮现代化的进程，那么，也可以说信息化水平是环境保护和管理现代化进程的重要标志。

广泛应用自动监控技术、遥感、全球定位系统、地理信息系统，以及网络通信、计算机技术、支持管理等现代化手段和方法，对我国环境实施实时监控，建立业务应用系统和虚拟监控环境，并结合相关地区的自然、经济、社会等要素构建一体化的数字集成平台。在这一平台和环境中，结合环境监控管理业务的需求，大力提高信息化支持下的环境监管能力和环境执法能力，最大限度的实现环境监控管理的数字化，对环境监控管理的各种方案进行模拟、分析和研究，对环保数据和业务要求进行深入分析和挖掘，并在可视化的条件下提供决策支持，从而大幅度提高我国环境管理与决策工作的科学化、定量化和时效性。

2．我国污染源在线监测系统的发展现状

2007 年初，原国家环保总局为加快污染减排指标体系、监测体系和考核体系（简称"三大体系"）的建设，启动了国控重点污染源在线监测系统建设项目，要求国控重点污染源必须在 2008 年底前完成在线监测系统的安装和验收，以确保主要污染物排放总量的核定。因此，2008 年全国污染源在线监测系统的安装量突破了 1 万台(套)，达到历史最高水平。2009 年开始，各地环保部门也陆续开始针对本地区省控、市控污染源企业安装在线监测系统，以加强地区排污的监控力度，相关监测因子监测仪器的安装数量进一步攀升。2010 年全国污染源国家重点监控企业 6 361 家，其中污水处理重点监控企业 1 814 家。根据 2008—2010 年全国各省环境统计公报披露的废水污染源企业数据整理可得，截至 2010 年末，省控污染源约 3 629 家、市控污染源约 11 580 家。我国污染源在线监测建设工作近年来取得了巨大成绩，污染源在线监测系统的使用效力正在逐步体现，企业的 SO_2 及化学需氧量排放量也出现明显下降，污染排放得到较好控制。

其中山东省环保工作在应用在线监测技术上起步较早。在 2007—2008 年，山东省按照统一监测指标、统一监测设备调试和校正标准、统一监测数据传输方式和统一监测数据确认的"四统一"原则，应用环境在线监控技术建设了"三级五大在线监控系统"。"三级"是指省、17 设区市和 141 个县（市、区）三级环境监控中心和互联互通、信息共享的环境信息通讯专用网络；"五大在线监控系统"是指对全省 60 条省控河流的 59 个主要断面、17 个设区城市 144 个空气监测点位、1 000 多家省控重点监管企业、规划建设的 180 多座城市污水处理厂、17 个设区城市 25 个主要饮用水水源地等五大方面进行实时全天候监测监控。至 2011 年已建成了国家、省、市、县四级联网的环境自动监控系统，共设置 1 738 个环境自动监控站点，安装自动监测设备 5 100 台（套），实现了对重点污染源排污情况和主要水气环境质量的实时监控，为山东省的环保工作逐步实现制度化、经常化、数字化奠定了重要基础。

总的来看，目前我国环境在线监测系统建设工作仍然存在一些不足。首先，我国已安装的污染源在线监测设备与环境监控中心的联网率不高，有些地方环保部门无法看到污染源在线监控设备采集的数据；其次，各地环境在线监控系统的建设情况进度不一，功能不同，需要制定统一的标准以加强规范化管理，为建立全国统一的环保在线监测联网体系奠定基础。

第三节 环境在线监测系统的意义

环境污染给社会的可持续性发展及人类自身的健康造成了极大危害。经过国家、政府和相关机构及企业多年坚持不懈的努力，全国环境状况正在环境质量总体恶化向局部好转发展，环境污染加剧趋势得到基本控制，部分城市和地区环境质量有所改善。但是，环境形式仍然相当严峻，生态恶化加剧的趋势尚未得到有效的遏制，部分地区生态破环的程度还在加剧。环境污染和生态破坏已成为危害人民健康、制约经济发展和影响社会稳定的一个重要因素。人们逐渐意识到了生存环境的好坏对自己健康的重要性，开始重视环境保护。环境保护作为我国的一项基本国策，是实施我国可持续性发展战略的重要内容，是构建和

谐社会和资源节约型社会的一个重要组成部分。而环境监测是环保工作的数据来源、污染度量、环境决策与管理的依据，以及环境执法体系的组成部分，在我国环保工作中具有重要作用和地位。

环境监测是环境管理工作的基础，是探索中国环保新道路的重要支撑。借助于环境在线监控系统，可以把我们关注的那些危险源、污染源的状态有决定性影响的参数检测出来，并按规定的方式进行显示。当它们中一个或几个出现异常时，系统就会按照事先设计的模式发出警报信号，或者给出未来趋势预报，在紧急状态下，还会进行必要的应急控制，以便抑制事故发生或减少危害波及的范围。

环境在线监测系统能使环境管理部门准确地掌握各个污染企业、大气监测点位、地表水监测点位，以及其它特殊因子监测点位的实时数据；掌握重点污染企业主要污染因子的排放总量，并对企业的污染治理设施的运行状况进行实施监督，为排污总量核查和排污许可提供技术上的支持。因此，建立一个高效、快捷、安全的环境在线监测系统可谓十分必要。具体表现为：

1．支持政府重大环境决策

可持续发展战略要求社会，经济与环境协调发展。环境因素作为一项重要内容列入政府各项决策中，这要求政府全面掌握环境质量现状及变化趋势，并做出科学预测，同时从经济发展角度跟踪企业减污治污进程。环境在线监测系统是环境管理的重要组成部分，是贯彻环境保护法规，执行环境标志、计算工业污染物排放量、评价环境质量的重要手段。环境监测系统将及时提供政府所需数据资料，提供更加完备的技术支持和服务，并对企业实施更加有效的技术监督。

2．促进环境监管工作的建设

环境在线监测系统，不仅可以方便、快捷的获得相关数据，更重要的是对排污企业实施有效的监管，有利于对重大环境污染事故及时采取预防和应急措施。同时，也可以大大减少现场检查次数，提高执法监察效能，降低环境执法成本。

3．满足社会公众的需要

环境保护工作的最终目标是改善环境、造福人民，将环境监测结果公布于众是服务与社会的重要方面。《中华人民共和国环境保护法》规定："各省、自治区、市人民政府的环境保护行政主管部门应依法定期发布环境状况公报。"这表明公众对环境现状及政府的环境保护工作享有知情的权利。利用环境质量在线监控系统中的数据发布系统，可以实现高频次的环境信息发布，满足公众的环境知情要求，有利于公众参与，有利于进一步提高公众的环境意识和普及环保知识。

环境线监测系统即是环境信息的源头，又是环境质量评价、环境监控及环境科学管理的手段。自动监测是国际上通行的监视环境质量和污染源变化的有效手段。但目前我国的环境监测部门仍以手动采样、实验室分析作为实施环境质量和污染源监测的主要手段，这对实施环境质量预测预报、实时掌握环境质量和污染源变化带来了困难。而采用自动监测手段可以实时、动态、科学地掌握环境质量和污染源排放的时空分布实际情况。为了适应环境监测发展的新形势，缩小与国外发达国家在环境监测方面的差距，为了对环境质量和生态环境进行实时准确的监测，并对污染源及其治理进行监督监测，迫切需要大量的现代化环境监测仪器，来进一步完善我国的环境在线监测系统。

第三章　环境在线监测设备原理分析

第一节　水质在线监测设备——COD 在线监测仪

一、化学需氧量概述

化学需氧量（chemical oxygen demand，COD），是在规定条件下，用氧化剂处理水样时，在水样中溶解性或悬浮性物质消耗的该氧化剂的量，计算折合为氧的质量浓度。

水质化学需氧量（COD）是我国颁布的环境水质标准的主要监测指标之一，它反映了水体受还原性物质污染的程度。水中的还原性物质包括有机物、亚硝酸盐、亚铁盐、硫化物等，由于有机物是主要的还原性污染物，所以化学需氧量（COD）可作为衡量水质受有机物污染程度的综合指标，被广泛地应用于污水中有机物含量的测定，是评价水体污染程度的重要参数。

还原性物质主要是有机物，组成有机化合物的碳、氮、硫、磷等元素往往处于较低的化合价态。

有机化合物在生物降解过程中不断消耗水中的溶解氧而造成氧的损失，空气中的氧气无法及时补充水中的氧气，从而破坏水环境和生物部落的生态平衡，从而带来不良影响。

COD 很高时，就会造成自然水体水质的恶化。原因在于水体自净需要把这些有机物降解，COD 的降解就需要耗氧，当水体中的复氧能力不可能满足时，水中溶解氧就会直接降为零，成为厌氧状态，在厌氧状态下继续分解（微生物的厌氧处理），水体就会发黑、发臭（厌氧微生物是看起来很黑，有硫化氢气体生成）。这时进入自然水体，就会破坏水体平衡，造成除微生物外几乎所有生物的死亡，不仅危害水体的生物如鱼类，而且还可经过食物链的富集，进入人体，引起慢性中毒。一般 COD 高的工业废水中都含有很多挥发性刺激性物质，而这些稠环芳香化合物会长期滞留在人体内，损坏某些特定的组织器官，比如说沉积在肝、肾等重要组织器官，破坏肝功能，造成生理障碍，或损害神经系统功能和引起癌症等，这些物质也是致畸胎的罪魁祸首。

近年来，我国经济快速发展，一定程度上环境污染也日趋严重，尤其石油、化工、纺织、印染、造纸等行业对环境的破坏比较严重。"九五"期间，国家筛选出 12 种污染因子加以控制，其中就包括对化学需氧量（COD）实行排放总量的控制。此后化学需氧量一直作为我国污染物首要减排指标，在此基础上发展起来的 COD 在线监测仪已经成为监测水质 COD 的有效手段。随着科学技术的进步和环保事业的发展，化学需氧量在线监控仪在环保工作中发挥着越来越重要的作用。

下面将结合实验室和在线监测仪探讨一下 COD 测量的原理。

二、实验室测定化学需氧量

实验室测定化学需氧量的方法有重铬酸钾法（国家标准方法）、库仑法、快速密闭催化消解法、节能加热法和氯气校正法（高氯废水）。我国规定用重铬酸钾法，对于高氯废水则采用氯气校正法。

国家标准测量 COD 的方法——重铬酸钾法概述如下。

1. 方法原理

在强酸性溶液中，用一定量的重铬酸钾氧化水样中还原性物质，过量的重铬酸钾以试亚铁灵作指示剂，用硫酸亚铁铵溶液回滴。根据硫酸亚铁铵的用量计算出水样中还原性物质消耗氧的量。

2. 干扰及消除

酸性重铬酸钾氧化性很强，可氧化大部分有机物，加入硫酸银作催化剂时，直链脂肪族化合物可完全被氧化，而芳香族有机物却不易被氧化，吡啶不被氧化，挥发性直链脂肪族化合物、苯等有机物存在于蒸气相，不能与氧化剂液体接触，氧化不明显。氯离子能被重铬酸盐氧化，并且能与硫酸银作用产生沉淀，影响测定结果，故在回流前向水样中加入硫酸汞，使成为络合物以消除干扰。氯离子含量高于 1 000 mg/L 的样品应先作定量稀释，使含量降低至 1 000 mg/L 以下，再行测定。

3. 方法的适用范围

用 0.25 mol/L 浓度的重铬酸钾溶液可测定大于 50 mg/L 的 COD 值，未经稀释水样的测定上限是 700 mg/L，用 0.025 mol/L 浓度的重铬酸钾溶液可测定 5～50 mg/L 的 COD 值，但低于 10 mg/L 时测量准确度较差。

4. 试剂

① 0.04 mol/L 重铬酸钾标准溶液$[C(1/6K_2CrO_7)=0.250\ 0\ mol/L]$；称取预先在 120℃烘干 2 h 的基准或优级纯重铬酸钾 12.258 g 溶于水中，移入 1 000 ml 容量瓶，稀释至标线，摇匀。

② 试亚铁灵指示液：称取 1.458 g 邻菲啰啉（$C_{12}H_8N_2\cdot H_2O$，1,10-phenanthroline），0.695 g 硫酸亚铁（$FeSO_4\cdot 7H_2O$）溶于水中，稀释至 100 ml，贮于棕色瓶内。

③ 0.1 mol/L 硫酸亚铁铵标准溶液（$[C(NH_4)_2Fe(SO_4)_2\cdot 6H_2O]\approx 0.1\ mol/L$）：称取 39.5 g 硫酸亚铁铵溶于水中，边搅拌边缓慢加入 20 ml 浓硫酸，冷却后移入 1 000 ml 容量瓶中，加水稀释至标线，摇匀。临用前用重铬酸钾标准溶液标定。

④ 标定方法：准确称取 0.050 0 g 重铬酸钾基准试剂于 250 ml 锥形瓶中，加水稀释至 55 ml 左右，缓慢加入 15 ml 浓硫酸，混匀。冷却后，加入 2 滴试亚铁灵指示液（约 0.10 ml），用硫酸亚铁铵溶液滴定，溶液的颜色由黄色经蓝绿色至红褐色即为终点。

$$C[(NH_4)_2Fe(SO_4)_2]=(6\times1\,000\times G)/(294.18\times V) \qquad (3-1)$$

式中：C——硫酸亚铁铵标准溶液的浓度，mol/L；

V——硫酸亚铁铵标准滴定溶液的用量，ml。

⑤ 硫酸—硫酸银溶液：于 2 500 ml 浓硫酸中加入 25 g 硫酸银。放置 1～2 d，不时摇动使其溶解（如无 2 500 ml 容器，可在 500 ml 浓硫酸中加入 5 g 硫酸银）。

⑥ 硫酸汞：结晶或粉末。

5. 步骤

（1）取 20.00 ml 混合均匀的水样（或适量水样稀释至 20.00 ml）置 250 ml 磨口的回流锥形瓶中，准确加入 10.00 ml 重铬酸钾标准溶液及数粒洗净的玻璃珠或沸石，连接磨口回流冷凝管，从冷凝管上口慢慢地加入 30 ml 硫酸—硫酸银溶液，轻轻摇动锥形瓶使溶液混匀，加热回流 2 h（自开始沸腾时计时）。

注：① 对于化学需氧量高的废水样，可先取上述操作所需体积 1/10 的废水样和试剂于 15 mm×150 mm 硬质玻璃试管中，摇匀，加热后观察是否变成绿色。如溶液显绿色，再适当减少废水取样量，直到溶液不变绿色为止，从而确定废水样分析时应取用的体积。稀释时，所取废水样量不得少于 5 ml，如果化学需氧量很高，则废水样应多次逐级稀释。

② 废水中氯离子含量超过 30 mg/L 时，应先把 0.4 g 硫酸汞加入回流锥形瓶中，再加 20.00 ml 废水（或适量废水稀释至 20.00 ml）摇匀。以下操作同上。

（2）冷却后，用 90 ml 水从上部慢慢冲洗冷凝管壁，取下锥形瓶，溶液总体积不得少于 140 ml，否则因酸度太大，滴定终点不明显。

（3）溶液再度冷却后，加 3 滴试亚铁灵指示液，用硫酸亚铁铵标准溶液滴定，溶液的颜色由黄色经蓝绿色至红褐色即为终点，记录硫酸亚铁铵标准溶液的用量。

（4）测定水样的同时，以 20.00 ml 重蒸馏水，按同样操作步骤作空白实验。记录滴定空白时硫酸亚铁铵标准溶液的用量。

6. 计算

$$\text{COD}_{\text{Cr}}(\text{O}_2,\text{mg/L})=(V_0-V_1)\cdot C\times8\times1\,000/V \qquad (3-2)$$

式中：C——硫酸亚铁铵标准溶液的浓度，mol/L；

V_0——滴定空白时硫酸亚铁铵标准溶液用量，ml；

V_1——滴定水样时硫酸亚铁铵标准溶液用量，ml；

V——水样的体积，ml；

8——氧（1/20）摩尔质量，g/mol。

7. 精密度和准确度

六个实验室分析 COD 为 150 mg/L 的邻苯二甲酸氢钾标准溶液，实验室内相对标准偏差为 4.3%；实验室间相对标准偏差为 5.3%。

8. 注意事项

① 使用 0.4 g 硫酸汞络合氯离子的最高量可达 40 mg，如取用 20.00 ml 水样，即最高可络合 2 000 mg/L 氯离子浓度的水样。若氯离子浓度较低，亦可少加硫酸汞，保持硫酸汞：氯离子=10：1。若出现少量氯化汞沉淀，并不影响测定。

② 水样取用体积可在 10.00～50.00 ml，但试剂用量及浓度需按表 3-1 进行相应调整，也可得到满意的结果。

表 3-1　水样取用量和试剂用量表

水样体积/ml	0.250 0 mol/L K$_2$CrO$_7$ 溶液/ml	H$_2$SO$_4$-AgSO$_4$ 溶液/ml	HgSO$_4$/ g	(NH$_4$)$_2$Fe(SO$_4$)$_2$/ （mol/L）	滴定前总体积/ ml
10.0	5.0	15	0.2	0.050	70
20.0	10.0	30	0.4	0.100	140
30.0	15.0	45	0.6	0.150	210
40.0	20.0	60	0.8	0.200	280
50.0	25.0	75	1.0	0.250	350

③ 对于化学需氧量小于 50 mg/L 的水样，应改用 0.025 0 mol/L 重铬酸钾标准溶液。回滴时用 0.01 mol/L 硫酸亚铁铵标准溶液。

④ 水样加热回流后，溶液中重铬酸钾剩余量应是加入量的 1/5～4/5 为宜。

⑤ 用邻苯二甲酸氢钾（HOOCC$_6$H$_4$COOK）标准溶液检查试剂的质量和操作技术时，由于每克邻苯二甲酸氢钾的理论 COD$_{Cr}$ 为 1.176 g，所以溶解 0.425 1 g 邻苯二甲酸氢钾于重蒸馏水中，转入 1 000 ml 容量瓶，用重蒸馏水稀释至标线，使之成为 500 mg/L 的 COD$_{Cr}$ 标准溶液；用时新配。

⑥ COD$_{Cr}$ 的测定结果应保留三位有效数字。

⑦ 每次实验时，应对硫酸亚铁铵标准滴定溶液进行标定，室温较高时尤其应注意其浓度的变化。标定方法亦可采用如下操作：在空白试验滴定结束后的溶液中，准确加入 10.00 ml、0.250 0 mol/L 重铬酸钾溶液，混匀，然后用硫酸亚铁铵标准溶液进行标定。

⑧ 回流冷凝管不能用软质乳胶管，否则容易老化、变形、冷却水不通畅。

⑨ 用手摸冷却水时不能有温感，否则测定结果偏低。

滴定时不能激烈摇动锥形瓶，瓶内试液不能溅出水花，否则影响测定结果。

三、在线自动监测设备测定化学需氧量

水样的化学需氧量，可由加入氧化剂的种类和浓度、反应溶液的酸度、反应温度和时间以及催化剂的有无而获得不同的结果。因此，化学需氧量是一个条件性的指标。根据氧化方式的不同，COD 在线监测仪监测方法分为重铬酸钾氧化法和非重铬酸钾氧化法（UV 计法、电化学法和 TOC 法）。现将 COD 在线监测仪测定原理简述如下。

1. 重铬酸钾氧化法

测定原理：在强酸性和加热条件下，水样中有机物和无机还原性物质被重铬酸钾氧化，通过测量消耗重铬酸钾的量来计算 COD 浓度，测量过程中一般采用硫酸银作为催化剂，采用硫酸汞掩蔽氯离子干扰。

根据检测方法的不同可分为光度比色法、库仑滴定法、氧化还原滴定法和流动注射法等。

（1）重铬酸钾消解—光度比色法。

水样进入仪器的反应室后，加入过量的重铬酸钾标液，用浓硫酸酸化后，在 175℃条件下回流约 30 min（或催化消解，或采用微波快速消解 15 min），反应结束后，用光度法

测量剩余的 Cr^{6+}（440 nm）的吸光度或反应生成的 Cr^{3+}（610 nm）的吸光度，通过吸光度值建立与水样 COD 值的关系。

（2）重铬酸钾消解—库仑滴定法。

水样进入仪器的反应室后，加入过量的重铬酸钾标液，用浓硫酸酸化后，在 165℃条件下回流（或催化消解）一定时间（15 min），反应结束后，用库仑滴定法（Fe^{2+}）测定剩余的 Cr^{6+}。

（3）重铬酸钾消解—氧化还原滴定法。

水样进入仪器的反应室后，加入过量的重铬酸钾标液，用浓硫酸酸化后，在 150℃条件下回流 30 min，反应结束后，以试亚铁灵为指示剂，用硫酸亚铁铵滴定剩余的 Cr^{6+}，由消耗的重铬酸钾的量换算成消耗氧的质量浓度得到 COD 值。

（4）流动注射分析（FIA）法。

试剂（载流液）连续进入直径为 1 mm 的聚氟材料毛细管中，水样定量注入载流液中，在流动过程中完成混合、加热、反应和测量的方法。

从原理上讲，重铬酸钾消解—氧化还原滴定法更接近国家标准方法。重铬酸钾消解—光度比色法多用在 COD 快速测定仪和在线监测仪上，比如美国哈希的实验室 COD 快速测定仪。美国哈希的 COD_{max} 铬法监测仪、济南大陆机电有限公司的 DL-100 型 COD 在线监测仪、北京环科的 HBCOD-1 型 COD 在线监测仪、杭州泽天的在线 COD 监测仪等，均是采用的重铬酸钾消解-光度比色法。

2. UV 计法（紫外吸收法）

仪器的基本测量原理是基于污水中的有机物对紫外线的吸收。工作过程是在流动的样品池中充满要测量的污水，发光光源发出强烈的紫外光通过样品池到达半透反射镜将光束一分为二，一路光（工作光束）直射到光电元件，另一路光（参比光束）照到另一光电元件，工作光束和参比光束的工作波长不同，污水对其光学能量的吸收也不同。根据朗伯-比尔定律：

$$C = K \cdot \lg(\lambda_0 / \lambda_x) \qquad (3\text{-}3)$$

UV 法测量 COD 采用双波长方式，经过推导，将上式转化为：

$$C = K \cdot \lg(\lambda_R / \lambda_W) \qquad (3\text{-}4)$$

式中：C —— 被测样品的 COD 含量；

$\quad\quad K$ —— 仪器常数；

$\quad\quad \lambda_0$ —— 入射光束能量；

$\quad\quad \lambda_x$ —— 出射光束能量；

$\quad\quad \lambda_R$ —— 参比光束能量；

$\quad\quad \lambda_W$ —— 工作光束能量。

通过式（3-4）可知被测污水中 COD 的含量与 λ_R、λ_W 的比值有关。同时由于利用双光束测量，被测样品色度、浊度、悬浮物发生变化时同时影响 λ_R、λ_W，但不影响 λ_R、λ_W 的比值，特别是水中的氯离子的存在也可同样进行补偿测量，这却是化学法不能胜任的。

北京环科环保科技公司和北京利达科信环境安全技术有限公司均有 UV 法 COD 在线监测设备，但由于工业废水浓度随生产工艺变化而产生较大差异，就是废水中污染物的主要污染物质也会随生产工艺、作业时间的变化而产生较大的变化。通常的工业废水水量相对较少，一旦废水中出现高浓度集中排放时，工业废水的抗浓度冲击能力差，从而容易引起排放水水质变化。这时 UV 法在线 COD 监测仪的调校系数已经失效，在线监测仪的示值数据已经不能代表排放水 COD 的污染状况，从而也会失去在线监控的效用。UV 法在线 COD 监测仪很难承受千变万化的工业污水冲击，使其应用受到明显的限制。

3. 电化学法

电化学法是根据电极与水样接触后引起氧化还原反应，其电流的变化与有机物的浓度相关，间接测量出 COD 值。

该类分析仪主要有两种技术原理：

（1）羟基及臭氧氧化—电化学测量法；

（2）臭氧氧化—电化学测量法。

从仪器结构上讲，采用电化学原理的在线 COD 设备的结构一般比采用消解—氧化还原滴定法、消解—光度法的仪器结构简单，并且由于其进样及试剂加入系统较简便，所以不仅在操作上更方便，而且其运行可靠性也更好。

该方法虽然不属于国标或推荐方法，但鉴于其运行比较可靠，在实际应用中，只需将其分析结果与国标方法进行比对试验并进行适当的校正后，也可予以认可。

4. TOC 法

总有机碳（TOC），是以碳的含量表示水体中有机物质总量的综合指标。一定的水体中，COD 浓度与 TOC 含量之间有一定的相关关系，利用这种关系，通过测量 TOC 的含量来确定 COD 的浓度。

按工作原理的不同，可分为燃烧氧化—非分散红外吸收法、电导法、气相色谱法、湿法氧化—非分散红外吸收法等。其中燃烧氧化—非分散红外吸收法只需一次性转化，流程简单、重现性好、灵敏度高，因此这种 TOC 分析仪被广泛采用。

① 燃烧氧化—非分散红外吸收法

燃烧氧化—非分散红外吸收法是采用燃烧水样中的有机物，生成二氧化碳用非分散红外分析仪测量，并计算出 TOC 浓度的方法。水中一般存在 CO_3^{2-}、HCO_3^- 等形态的无机碳（IC）和有机化合物形态的有机碳（TOC）。测定方式分为两种，一是先测量出样品中的总碳（TC）和无机碳（IC），TOC=TC－IC。另一种则是先酸化样品并通过曝气出去样品中的 IC，然后测量 TC，此时 TOC=TC。

测定原理：

样品在进样装置中酸化后（加入盐酸或硝酸），将无机碳变成二氧化碳，通过氮气（或纯净空气）除去二氧化碳；有机物在燃烧管里燃烧氧化后生成二氧化碳，用非分散红外分析仪测量，算出样品中的 TOC 浓度，再通过 TOC 与 COD 的换算关系确定 COD 的浓度。

② 紫外催化氧化—红外吸收法 TOC 在线自动监测仪

测定原理：

水样经过酸化处理后曝气除去无机碳，水中有机物在紫外光的照射下催化氧化成二氧化碳，用红外检测器测量，计算出总有机碳的浓度。再通过 TOC 与 COD 的换算关系确定

COD 的浓度。

5. COD 在线监测仪几种测量方法比较

综合各类 COD 在线监测仪的测量方法，重铬酸钾法氧化效果好，反应速度快，但重铬酸钾法废液容易产生二次污染，适合中高浓度水样，对于 COD＜30 mg/L 的低浓度水样测量准确度不高。此外，重铬酸钾法对于高氯水样和高盐水样不适用，对于高盐水样要用 TOC 法测量，对于排放水质不稳定的污染源，不宜使用采用 TOC 法和 UV 法在线监测仪。

表 3-2　COD 在线监测仪几种测量方法优劣比较

测量方法	优点	缺点
消解—光度测量法	B 类方法	分析周期较长（30 min）；维护周期短，维护量大；铬、汞二次污染
消解—库仑滴定法	B 类方法	铬、汞二次污染
消解—氧化还原滴定法	A 类方法	分析周期长（15～180 min）；维护周期短，维护量大；铬、汞二次污染
羟基—臭氧氧化—电化学测量法	运行可靠，与国标方法有良好的线性；维护周期长，维护量小；分析周期较短（2～6 min）；无二次污染	不属于 A、B 类方法；需对测值加以校正
臭氧氧化—电化学测量法	运行可靠，与国标方法有良好的线性；维护周期长，维护量小；分析周期较短（2～6 min）；无二次污染	不属于 A、B 类方法；需对测值加以校正
UV 计法（254 nm）	价格低；运行成本低；易维护；易操作；性能稳定。双光路双波长自动校正 SS 和光源变化的影响。特殊清洗器清洗池污染；无二次污染	不属于 A、B 类方法；强调吸光光度值的超标，不强调与 COD 之间的换算，适合于部分行业的污水监测
燃烧氧化法	一次性转化，流程简单、重现性好，灵敏度高	不属于 A、B 类方法；需作 COD-TOC 的相关曲线，水质构成变化后需重新调试。SO_4^{2-}、Cl^-、NO_3^-、PO_4^{3-}、S^{2-}有干扰

注：A 类方法为国家或行业的标准方法（或与标准方法等效）可在执法中使用；B 类方法经过国内较深入研究证明是较成熟的也可在执法中使用。

四、COD 在线监测仪实例分析

美国 HACH CODmax 铬法 COD 在线监测仪

（一）设备概况

1. 基本原理

水样、重铬酸钾消解溶液、硫酸银溶液（硫酸银作为催化剂加入可以更有效地氧化直链脂肪化合物）以及浓硫酸的混合液加热到 175℃，重铬酸根离子起氧化作用时会改变颜色，分析仪检测这个颜色改变。消耗的重铬酸根离子量相应于可氧化的有机物量。还原性的无机物，例如亚硝酸盐、硫化物和亚铁离子，会提高测量结果，它们的耗氧量会加到 COD 值中。氯离子的干扰可以通过加入硫酸汞消除，因为氯离子能与汞离子形成非常稳定的氯化汞。分析仪能够自动检测出消解完毕的时间。

2. 检测范围

分析仪能够达到理论氧化值的 95%～100%。由于嘧啶和相关的化合物不能被氧化，而挥发性有机物仅在与氧化剂接触时被氧化。

检测步骤：

用新的水样冲洗测量水样、试剂体积的容器和消解试管。使用活塞泵进样。水样并不直接与活塞泵接触，有一个空气缓冲区。进样的体积由一可视测量系统控制。与进样相同，试剂（硫酸汞、重铬酸钾、硫酸包括催化剂）也通过活塞泵投加，也由可视测量系统控制加药体积。通过鼓泡混合水样和试剂。拧紧消解试管盖后，由加热金属丝将溶液加热至175℃。由测量系统制动控制消解时间。溶液冷却后，由活塞泵排出溶液。在用户自定义的测量周期中，分析仪会利用内置的校准标液和清洗溶液自动进行校准和清洗。结果根据实际的校准系数，微处理器单元会计算出 COD 值的补偿温度。

3. 系统概述

水样、重铬酸钾、硫酸银（催化剂使直链脂肪族化合物氧化更充分）和浓硫酸的混合液在消解池中被加热到175℃，在此期间铬离子作为氧化剂从Ⅵ价被还原成Ⅲ价而改变了颜色，颜色的改变度与样品中有机化合物的含量呈对应关系，仪器通过比色换算直接将样品的 COD 显示出来。

其他无机物如：亚硝酸盐、硫化物和亚铁离子将使测试结果增大，将其需氧量作为水样 COD 值的一部分是可以接受的。抗干扰：主要干扰物为氯化物，加入硫酸汞形成络合物去除。

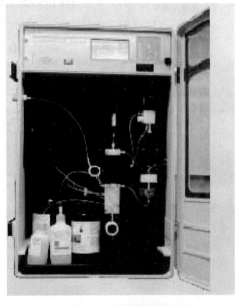

图 3-1　仪器管路图

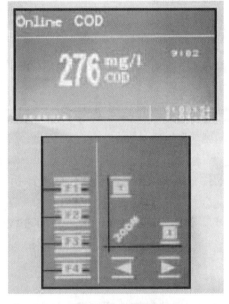

图 3-2　仪器界面图

系统特点：

① 测试前仪器自动抽取新鲜样品清洗管路、定量池、消解池，确保测试具有代表性；

② 光学定量系统：高精度定量样品/试剂体积，分析结果更加可靠；

③ 开放槽式吹气使样品与试剂完全混合，反应更加完全；

④ 全新的活塞泵技术，避免了传统蠕动泵的所有弊端：不与试剂和样品直接接触，仪器维护量减少，使用寿命延长，可靠性得到了大幅度的提升；

⑤ 测试完成后仪器自动启动快速冷却系统，并迅速排空管路，减小了测试间隔。

（二）测试情况

采用强氧化剂和高温 175℃进行 COD 消解，可根据水质实际情况调节反应时间以保证 100% 氧化。

（1）自动校准

用户可随意选定自动校正间隔（建议 3 天）。HACH 公司 COD_{Cr} 测试仪内置三挡量程，当测试数值超过某一量程时，仪器自动调用下一量程的校正数据进行校准以确保测试数值的准确。

（2）自动清洗

仪器配备完善的自清洗功能。用户可随意选定自清洗间隔。样品流经的所有管路都采用热酸进行清洗。

（3）自我诊断

自我诊断功能持续监测仪器的使用状态，并在 status 状态栏中显示提示，使用户能随时了解仪器的使用状况进而解决问题。

（4）泄漏检测

仪器具有泄漏监测功能。为了防止有毒液体发生泄漏对人员及环境造成破坏，仪器湿度探头全天候工作。一旦湿度超过限定值则仪器立即停止工作并显示提示信息。只有在消除泄漏且错误信息得到确认以后仪器才能重新进行测试。

（三）结构方面

HACH COD_{Cr} 在线分析仪的独具匠心还体现在仪器的科学构造方面。仪器的电气系统与液体管路系统完全隔离，使电气系统最大可能地免受潮气及其他因素的影响，从而有效地提高了系统的可靠性。

（四）数据通信

仪器自动存储数据达 2 000 组，并可在 LCD 大屏幕上显示图表曲线。人性化的按键及中文菜单使用户操作仪器调阅数据更加方便快捷。通过服务端口连接 PC 可进行数据备份或进行数据分析。另外，仪器还配有 2 路 0/4～20 mA 模拟输出，2 路（24V 1A）继电器输出，还可选配 MODBUS RS485/Profibus DP 数据通信。

（五）技术参数

测试方法：重铬酸钾高温消解，比色测定

测试量程：10～5 000 mg/L

检测下限：3.3 mg/L

分辨率：<1 mg/L

准确度：＞100 mg/L 时，＜10% 读数；＜100 mg/L 时，＜±6 mg/L

重现性：＞100 mg/L 时，＜5% 读数；＜100 mg/L 时，＜±5 mg/L

响应时间（＞90%）：20 min

测试间隔：20 min，30 min，40 min，60 min，80 min，100 min，120 min，自动

校正间隔：按选定间隔自动进行（持续时间：60 min）

清洗间隔：按选定间隔自动进行（持续时间：10 min）

服务间隔：24 个月

用户保养：保养间隔＞1 个月，每月约 1 小时

试剂消耗：约 1 个月（试剂和标准液）

自我监测：自我监测泄漏；仪器状态自我诊断

模拟输出：2 路 0/4～20 mA 模拟输出

继电器控制：2 路 24V 1A 继电器高低点控制

服务接口：RS232

可选配 BUS：MODBUS RS485，Profibus DP

显示：大屏幕 LCD 图表显示，240×128

操作菜单：中文/英文

数据存储：2 000 组

典型应用：工业污水

样品 pH：1～12

样品压力：开放槽，无压

消解温度：175℃

工作温度：＋ 5℃～+40℃

电源：220 V AC ± 10% / 50～60 Hz

功耗：约 100 VA

尺寸：550 mm×810 mm×390 mm

重量：约 22 kg（未接药剂）

五、影响 COD 在线监测仪准确性的因素

1. 氧化剂不同对监测结果的影响

氧化剂不同，其对水体中还原性物质的氧化能力就不同，氧化率也就不同，从而直接影响最终的测量值。例如燃烧式 TOC 监测仪对有机物的氧化率约为 100%；用重铬酸钾做氧化剂，在酸性条件下，绝大多数有机物被氧化，效率达 90%，但部分直链脂肪族和芳香烃等仍不易消解；而高锰酸钾对有机物的氧化率只有 50%左右；UV 法采用紫外光照射的方法氧化率为 0。

2. 样品和试剂用量不同对监测结果的影响

测量方法的不同，所用试剂的种类和用量不同；水样样品的摄入量，关系到采集水样的代表性。一般水样的摄入量越大，采集到的水样越有代表性，水样计量系统的误差对测量精度带来的影响就越小。

3．消解方式不同对监测结果的影响

消解方式、消解时间、消解温度不同直接影响着氧化率和氧化效率。现行大多数在线监测仪采用了加热棒加热敞口常压消解方式，对于加热消解的方式而言，消解时间越长，消解温度越高，消解也就越充分，测得的值也就越准确。

4．样品预处理不同对监测结果的影响

由于水体常含有一些悬浮态的有机物，采集的水样不同将直接导致分析结果不同。

水质在线监测仪由于是在现场分析，且实行了自动化，仪器管路口径偏小，为预防堵塞或多或少对样品进行了过滤，将样品中颗粒物排除在分析之外，使得在线监测仪测量值普遍低于实验室分析方法。

六、TOC 与 COD 在线监测仪的比较

1．TOC（总有机碳）概述

总有机碳是以碳的含量表示水体中有机物质总量的综合指标。由于测定采用燃烧法，因此能将有机物全部氧化，它比 COD 更能反应有机物的总量。现在广泛应用的测定方法是燃烧氧化－非色散红外吸收法。

测定原理：一定量水样注入高温炉内的石英管，在 900~950℃下，以铂和三氧化钴或三氧化二铬为催化剂，使有机物燃烧裂解转化为二氧化碳，然后用红外线气体分析仪测定含量，从而确定水样中碳的含量（此为总碳量 TC）。

2．TOC 和 COD 在线监测仪的比较

TOC 和 COD 的测定方法不同，COD 测定是采用强氧化剂和加热回流的方法，只能将水中的有机物部分氧化，氧化率较低并且测定时间较长，即使目前一些快速测定仪器（采用比色法测定）简化了操作程序，但测定时间仍在 2 h 以上；而 TOC 测定是采用燃烧法或光催化法，能将水中有机物全部氧化，因此更能直接表示水中有机物的总量，并且测定时间短（不到 10 min 即可测量一个样品），其测定结果的精密度、准确度均比 COD 的高。在实际测定中，由于 TOC 和 COD 的氧化率不同，二者并不一定呈正比，但对于同一类污水而言呈很好的相关性，水质越稳定二者的相关性越好。

（1）COD 在线监测仪

——不充分氧化有机物（芳香烃类有机物、环状氮化合物等）；

——亚硝酸、铁（Ⅱ）、硫化物等无机还原物也可被氧化，使测试结果偏高；

——测试时间长；

——使用药品量大，操作维护繁琐，且排放有害物质（六价铬和汞），造成二次污染；

——由于使用强酸和强氧化剂，容易造成部件腐蚀，维护成本高。

在线 COD 测量与国标法测量 COD 不同，反应条件、反应时间等不同，造成测试结果不一致。在 COD 测试中，有机物的氧化率很容易受到氧化剂、药品种类、浓度以及加热温度、反应时间的影响。因此，测试过程中必须严格按照规定方法的条件和程序进行分析，否则测试结果大不相同，这点非常重要。

为了解决这些问题，人们采取各种办法，例如：不使用有害试剂，缩短测试时间等，结果出现了与国标法不同的 COD 在线监测仪，目前市场上所销售的 COD 在线监测仪无论试剂种类、浓度、加热时间、温度等都不是严格遵守规定方法的 COD 仪。

（2）TOC（总有机碳）在线监测仪

——几乎所有的有机物均可检测，氧化率约 100%（特别是燃烧式 TOC）；

——测试时间短、测量精确度和灵敏度高；

——不使用氧化试剂，无二次污染，维护管理方便，运行成本低；

——TOC 在线监测仪在欧美及日本等发达国家已广泛使用。

第二节　水质在线监测设备——高锰酸盐指数在线监测仪

一、高锰酸盐指数概述

高锰酸盐指数是指在一定条件下，用高锰酸钾氧化水样中的某些有机物及无机还原性物质，由消耗的高锰酸钾量计算相当的氧量（GB/T 11892—1989）。

高锰酸盐指数在以往的水质监测分析中，亦有被称为化学需氧量的高锰酸钾法。但是，由于这种方法在规定条件下，水中有机物只能部分被氧化，并不是理论上的需氧量，也不是反映水体中总有机物含量的尺度，因此，用高锰酸盐指数这一术语作为水质的一项指标，以有别于重铬酸钾法的化学需氧量，更符合于客观实际。

以高锰酸钾溶液为氧化剂测得的化学耗氧量，以前称为锰法化学耗氧量。我国新的环境水质标准中，已把该值改称高锰酸盐指数，而仅将酸性重铬酸钾法测得的值称为化学需氧量。国际标准化组织（ISO）建议高锰酸钾法仅限于测定地表水、饮用水和生活污水，不适用于工业废水。

二、实验室测定高锰酸盐指数

实验室内测定高锰酸盐指数按测定溶液的介质不同，分为酸性高锰酸钾法和碱性高锰酸钾法。因为在碱性条件下高锰酸钾的氧化能力比酸性条件下稍弱，此时不能氧化水中的氯离子，故常用于测定含氯离子浓度较高的水样。

酸性高锰酸钾法适用于氯离子含量不超过 300 mg/L 的水样。当高锰酸盐指数超过 5 mg/L 时，应少取水样并经稀释后再测定。

国家标准（GB/T11892—1989）酸性高锰酸钾法测量高锰酸盐指数概述如下。

1. 方法原理

样品中加入已知量的高锰酸钾和硫酸，在沸水浴中加热 30min，高锰酸钾将样品中的某些有机物和无机还原性物质氧化，反应后加入过量的草酸钠还原剩余的高锰酸钾，在用高锰酸钾标准溶液回滴过量的草酸钠。通过计算得到样品中高锰酸盐指数。

2. 适用范围

本标准适用于饮用水、水源水和地面水的测定，测定范围为 0.5～4.5mg/L。对污染较重的水，可少取水样，经适当稀释后测定。

本标准不适用于测定工业废水中有机物的负荷量，如需测定，可用重铬酸钾法测定化学需氧量。

　　样品中无机还原性物质如亚硝酸根、硫化物和亚铁离子等可被测定。氯离子浓度高于300 mg/L。采用在碱性介质中氧化的测定方法。

3. 样品测定

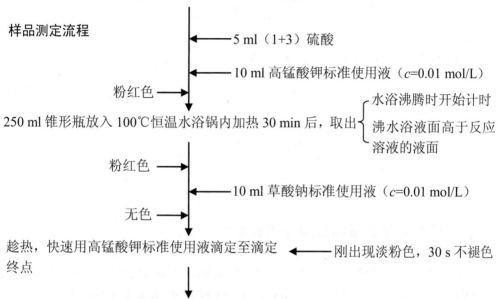

取水样 100 ml 倒入 250 ml 锥形瓶中

样品测定流程

← 5 ml（1+3）硫酸

← 10 ml 高锰酸钾标准使用液（c=0.01 mol/L）

粉红色 →

250 ml 锥形瓶放入 100℃ 恒温水浴锅内加热 30 min 后，取出 ⎰ 水浴沸腾时开始计时 ⎱ 沸水浴液面高于反应溶液的液面

粉红色 →

← 10 ml 草酸钠标准使用液（c=0.01 mol/L）

无色 →

趁热，快速用高锰酸钾标准使用液滴定至滴定终点 ← 刚出现淡粉色，30 s 不褪色

读数：高锰酸钾标准使用液消耗体积 V_1

4. 空白值和 K 值测定

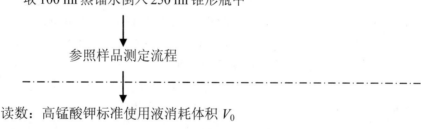

取 100 ml 蒸馏水倒入 250 ml 锥形瓶中

参照样品测定流程

空白试验 —————————————————————————

读数：高锰酸钾标准使用液消耗体积 V_0

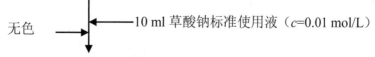

无色 →

← 10 ml 草酸钠标准使用液（c=0.01 mol/L）

趁热，快速用高锰酸钾标准使用液滴定至滴定终点 ← 刚出现淡粉色，30 s 不褪色

K 值测定 —————————————————————————

读数：高锰酸钾标准使用液消耗体积 V_2

5．计算方法及结果

关于 K 值：

$$K = \frac{10}{V_2} \tag{3-5}$$

（1）水样不经稀释

$$I_{Mn}(mg/L) = \frac{[(10+V_1)K-10] \times M \times 8 \times 1\,000}{100} \tag{3-6}$$

（2）水样经过稀释（当样品的 I_{Mn} 高于 10mg/L）

$$I_{Mn} = \frac{\left\{\left[(10+V_1)K-10\right] - \left[(10+V_0)K-10\right] \times C\right\} \times M \times 8 \times 1\,000}{V'} \tag{3-7}$$

式中：M——草酸钠标准使用液的浓度，0.0100 mol/L。

V'——分取水样量（ml）。

C——稀释水样中含水的比值。

三、在线监测仪测量高锰酸盐指数原理

高锰酸盐指数在线监测仪的主要技术原理有三种：① 高锰酸盐氧化—化学测量法；② 高锰酸盐氧化—电流/电位滴定法；③ UV 计法（与 COD 在线监测仪原理类似）。从原理上讲，方法①和方法②并无本质的区别（只是终点指示方式的差异而已），与我国的标准方法也是一致的。

1．高锰酸盐氧化—化学测量法原理

水样进入仪器的反应室后，加入过量高锰酸盐标液，用浓硫酸酸化后，在 100℃回流（或采用催化消解，或采用微波快速消解）一定的时间（15～120min），反应结束后，用光度法或氧化还原滴定法测定剩余的 Mn（Ⅶ）。经换算得到水样的高锰酸盐指数值。

2．高锰酸盐氧化—电流/电位滴定法原理

水样进入仪器的反应室后，加入过量的高锰酸盐标液，用浓硫酸酸化后，在 100℃回流（或催化消解）一定的时间（约 30 min）（也可选用碱性介质），反应结束后，加入过量的草酸盐标液，用高锰酸盐标液回滴过量的草酸盐，滴定终点用氧化还原电位（ORP）法确定。经计算可得水样高锰酸盐指数值。

3．UV 计法

该方法与 COD 在线监测仪类似，高锰酸盐是具有颜色的，对紫外光有吸收作用。通过相关的对照实验可以很快捷的计算出水样中高锰酸盐指数。

四、高锰酸盐指数在线监测仪实例分析

高锰酸盐指数是我国地表水自动监测的重要指标之一，截止 2011 年底，全国地表水水质自动监测站保有量达到 1 440 个左右（该数据来自环保部网站）。

以哈希 COD-203 在线 COD_{Mn}（高锰酸盐指数）分析仪为例。

1. 典型应用

地表水、饮用水原水的 COD_{Mn}（高锰酸钾指数）的测定

2. 仪器特点

氧化还原电位滴定法测量

不使用电磁阀，每次测定前对管路进行反冲洗，防止了出现管路堵塞等事故

可扩展打印机

数据可保存 14 d

空气喷嘴，避免滴定管的堵塞

维护量低

3. 测量方法

100℃环境下，采用酸性高锰酸钾法或碱性高锰酸钾法。以氧化还原电位滴定法进行测量。

4. 技术指标

测量范围：0～20 mg/L；0～2 000 mg/L

测量周期：1，2，……6 h 一次，连续周期性测量；手动发出指令立即测量

显　　示：LCD 液晶显示

重 现 性：0～20 mg/L 时，±1% FS

　　　　　20～200 mg/L 时，±2% FS

　　　　　200 mg/L 以上时，±5% FS

稳 定 性：零点漂移，±3% FS

　　　　　量程漂移，

　　　　　0～20 mg/L 时，±3% FS

　　　　　20～200 mg/L 时，±4% FS

　　　　　200 mg/L 以上时，±5% FS

操作环境：室内安装。温度，5～40℃，湿度，85%以下

样品条件：温度，5～40℃

　　　　　压力，大气压

　　　　　耗量，500 ml/次测量

模拟输出：4～20 mA，最大负载 600 ohm

电　　源：220VAC，50/60 HZ

功　　耗：最大 550VA，平均 200VA

外型尺寸：600×600×1 600 mm

重　　量：150 kg

第三节　水质在线监测设备——氨氮在线监测仪

一、氨氮概述

1. 定义

氨氮是指水中以游离氨（NH_3）或铵盐（NH_4^+）形式存在于水中，两者的总成比取决于水温和水的 pH。当 pH 偏高时，游离氨的比例较高。反之，则铵盐的比例高，水温则相反。

2. 氨氮主要来源

（1）城市生活污水

水中氨氮的来源主要为生活污水中含氮有机物在微生物作用下的分解产物。还有农作物生长过程中以及氮肥的使用也会产生氨氮，并随着污水排入城市的污水处理厂或直接排入水体中。

（2）氨和亚硝酸盐可以互相转化

水中的氨在氧的作用下可以生成亚硝酸盐，并进一步形成硝酸盐。同时水中的亚硝酸盐也可以在厌氧条件下受微生物作用转化为氨。

（3）某些工业废水，如焦化废水和合成氨化肥厂废水等。

化肥厂、发电厂、水泥厂等化工厂向环境中排放含氨的气体、粉尘和烟雾；随着人民生活水平的不断提高，私家车也越来越多，大量的自用轿车和各种型号的货车等交通工具也向环境空气排放一定量含氨的汽车尾气。这些气体中的氨溶于水中，形成氨氮，污染了水体。

3. 对人体健康的影响

水中的氨氮可以在一定条件下转化成亚硝酸盐，如果长期饮用，水中的亚硝酸盐将和蛋白质结合形成亚硝胺，这是一种强致癌物质，对人体健康极为不利。

4. 对生态环境的影响

氨氮对水生生物起危害作用的主要是游离氨，其毒性比铵盐大几十倍，并随碱性的增强而增大。氨氮毒性与池水的 pH 及水温有密切关系，一般情况，pH 及水温愈高，毒性愈强，对鱼的危害类似于亚硝酸盐。氨氮对水生物的危害有急性和慢性之分。慢性氨氮中毒危害为：摄食降低，生长减慢，组织损伤，降低氧在组织间的输送。鱼类对水中氨氮比较敏感，当氨氮含量高时会导致鱼类死亡。急性氨氮中毒危害为：水生生物表现为亢奋、在水中丧失平衡、抽搐，严重者甚至死亡。

二、实验室测定氨氮

氨氮的测定方法，通常有纳氏试剂比色法、蒸馏—中和滴定法、水杨酸—次氯酸盐比色法、靛蓝比色法、流动分析和光谱检测法和电位法等。

表 3-3　国内外标准方法对比表

标准号	测定方法	检出限/（mg/L）	颁布时间
HJ 537—2009	蒸馏—中和滴定法	0.05	2009
HJ 535—2009	纳氏试剂比色法	0.025	2009
HJ 536—2009	水杨酸分光光度法	0.01	2009
HJ/T 195—2005	气相分子吸收光谱法	0.020	2005
ISO 5664	蒸馏和滴定法	0.2	1984
ISO 6778	电位法	0.07	1984
EPA 350.1	靛蓝比色法	0.05	—
ISO 11732	流动分析（CFA FIA）和光谱检测法	0.02	1997

随着自动分析仪器生产的不断发展和完善，自动分析技术会越来越广泛的应用于各类监测领域。

纳氏试剂比色法作为化学常规分析方法已经应用了 20 年，方法的制定很经典，一直被实验室广泛采用。该标准方法是比较成熟和完善的测定方法，仍适合监测系统使用。下面介绍纳氏试剂比色法。

1．适用范围

本标准规定了测定水中氨氮的纳氏试剂分光光度法。

本标准适用于地表水、地下水、生活污水和工业废水中氨氮的测定。

当水样体积为 50 ml，使用 20 mm 比色皿时，本方法的检出限为 0.025 mg/L，测定下限为 0.10 mg/L，测定上限为 2.0 mg/L（均以 N 计）。

2．方法原理

以游离态的氨或铵离子等形式存在的氨氮与纳氏试剂反应生成淡红棕色络合物，该络合物的吸光度与氨氮含量成正比，于波长 420 nm 处测量吸光度。

3．干扰及消除

水样中含有悬浮物、余氯、钙镁等金属离子、硫化物和有机物时会产生干扰，含有此类物质时要作适当处理，以消除对测定的影响。

若样品中存在余氯，可加入适量的硫代硫酸钠溶液去除，用淀粉—碘化钾试纸检验余氯是否除尽。在显色时加入适量的酒石酸钾钠溶液，可消除钙镁等金属离子的干扰。若水样浑浊或有颜色时可用预蒸馏法或絮凝沉淀法处理。

4．试剂和材料

除非另有说明，分析时所用试剂均使用符合国家标准的分析纯化学试剂，使用经过检定的容量器皿和量器。

（1）无氨水，在无氨环境中用市售纯水器直接制备。

（2）纳氏试剂，可选择下列方法的一种配制。

① 二氯化汞—碘化钾—氢氧化钾（$HgCl_2$-KI-KOH）溶液

称取 15.0 g 氢氧化钾（KOH），溶于 50 ml 水中，冷至室温。

称取 5.0 g 碘化钾（KI），溶于 10 ml 水中，在搅拌下，将 2.50 g 二氯化汞（$HgCl_2$）粉末分多次加入碘化钾溶液中，直到溶液呈深黄色或出现淡红色沉淀溶解缓慢时，充分搅拌混合，并改为滴加二氯化汞饱和溶液，当出现少量朱红色沉淀不再溶解时，停止滴加。在搅拌下，将冷却的氢氧化钾溶液缓慢地加入到上述二氯化汞和碘化钾的混合液中，并稀释至 100 ml，于暗处静置 24 h，倾出上清液，贮于聚乙烯瓶内，用橡皮塞或聚乙烯盖子盖紧，存放暗处，可稳定一个月。

② 碘化汞—碘化钾—氢氧化钠（HgI_2-KI-NaOH）溶液

称取 16.0 g 氢氧化钠（NaOH），溶于 50 ml 水中，冷至室温。

称取 7.0 g 碘化钾（KI）和 10.0 g 碘化汞（HgI_2），溶于水中，然后将此溶液在搅拌下，缓慢加入到上述 50 ml 氢氧化钠溶液中，用水稀释至 100 ml。贮于聚乙烯瓶内，用橡皮塞或聚乙烯盖子盖紧，于暗处存放，有效期一年。

（3）酒石酸钾钠溶液，ρ =500 g/L。

称取 50.0 g 酒石酸钾钠（$KNaC_4H_6O_6 \cdot 4H_2O$）溶于 100 ml 水中，加热煮沸以驱除氨，充分冷却后稀释至 100 ml。

（4）硫酸锌溶液，ρ = 100 g/L。

称取 10.0 g 硫酸锌（$ZnSO_4 \cdot 7H_2O$）溶于水中，稀释至 100 ml。

（5）氢氧化钠溶液，ρ = 250 g/L。

称取 25 g 氢氧化钠溶于水中，稀释至 100 ml。

（6）氨氮标准溶液

① 氨氮标准贮备溶液，ρ（N）=1 000 μg/ml。

称取 3.819 g 氯化铵（NH_4Cl，优级纯，在 100～105℃干燥 2 h），溶于水中，移入 1 000 ml 容量瓶中，稀释至标线，可在 2～5℃保存 1 个月。

② 氨氮标准工作溶液，ρ（N）=10 μg/ml。

吸取 5.00 ml 氨氮标准贮备溶液于 500 ml 容量瓶中，稀释至刻度。临用前配制。

5. 仪器和设备

可见分光光度计：具 20 mm 比色皿。

6. 样品

（1）样品采集与保存

水样采集在聚乙烯瓶或玻璃瓶内，要尽快分析。如需保存，应加硫酸使水样酸化至 pH<2，2～5℃下可保存 7 d。

（2）样品的预处理—絮凝沉淀

100 ml 样品中加入 1 ml 硫酸锌溶液和 0.1～0.2 ml 氢氧化钠溶液，调节 pH 约为 10.5，混匀，放置使之沉淀，倾取上清液分析。必要时，用经水冲洗过的中速滤纸过滤，弃去初滤液 20 ml。也可对絮凝后样品离心处理。

7. 分析步骤

（1）校准曲线

在 8 个 50 ml 比色管中，分别加入 0 ml、0.50 ml、1.00 ml、2.00 ml、4.00 ml、6.00 ml、8.00 ml 和 10.00 ml 氨氮标准工作溶液，其所对应的氨氮含量分别为 0 μg、5.0 μg、10.0 μg、20.0 μg、40.0 μg、60.0 μg、80.0 μg 和 100 μg，加水至标线。加入 1.0 ml 酒石酸钾钠溶液，摇匀，再加入纳氏试剂 1.5 ml 或 1.0 ml，摇匀。放置 10 min 后，在波长 420 nm 下，用 20 mm 比色皿，以水作参比，测量吸光度。

以空白校正后的吸光度为纵坐标，以其对应的氨氮含量（μg）为横坐标，绘制校准曲线。

注：根据待测样品的浓度也可选用 10 mm 比色皿。

（2）样品测定

① 清洁水样：直接取 50 ml，按与校准曲线相同的步骤测量吸光度。

② 有悬浮物或色度干扰的水样：取经预处理的水样 50 ml（若水样中氨氮浓度超过 2 mg/L，可适当少取水样体积），按与校准曲线相同的步骤测量吸光度。

注：经蒸馏或在酸性条件下煮沸方法预处理的水样，需加一定量氢氧化钠溶液，调节水样至中性，用水稀释至 50 ml 标线，再按与校准曲线相同的步骤测量吸光度。

（3）空白试验

用水代替水样，按与样品相同的步骤进行前处理和测定。

8. 结果计算

由水样测得的吸光度减去空白试验的吸光度后，从校准曲线上查得氨氮含量（mg）

$$氨氮含量（N，mg/L）=（m/v）\times 1\,000 \tag{3-8}$$

式中：m —— 由校准曲线查得的氨氮量，mg；

v —— 水样体积，ml。

9. 准确度和精密度

氨氮浓度为 1.21 mg/L 的标准溶液，重复性限为 0.028 mg/L，再现性限为 0.075 mg/L，回收率在 94%～104%。

氨氮浓度为 1.47 mg/L 的标准溶液，重复性限为 0.024 mg/L，再现性限为 0.066 mg/L，回收率在 95%～105%。

10. 质量保证和质量控制

（1）试剂空白的吸光度应不超过 0.030（10 mm 比色皿）。

（2）纳氏试剂的配制

为了保证纳氏试剂有良好的显色能力，配制时务必控制 $HgCl_2$ 的加入量，至微量 HgI_2 红色沉淀不再溶解时为止。配制 100 ml 纳氏试剂所需 $HgCl_2$ 与 KI 的用量之比约为 2.3：5。在配制时为了加快反应速度、节省配制时间，可低温加热进行，防止 HgI_2 红色沉淀的提前出现。

（3）酒石酸钾钠的配制

分析纯酒石酸钾钠铵盐含量较高时，仅加热煮沸或加纳氏试剂沉淀不能完全除去氨。此时采用加入少量氢氧化钠溶液，煮沸蒸发掉溶液体积的 20%～30%，冷却后用无氨水稀释至原体积。

（4）絮凝沉淀

滤纸中含有一定量的可溶性铵盐，定量滤纸中含量高于定性滤纸，建议采用定性滤纸过滤，过滤前用无氨水少量多次淋洗（一般为 100 ml）。这样可减少或避免滤纸引入的测量误差。

附：纳氏试剂比色法测定水体中氨氮常见问题与解决办法

不少专家学者和专业技术人员对纳氏试剂比色法测定氨氮作了研究，我们根据工作经验，对纳氏试剂比色法测定水体中氨氮常见问题进行了总结，以期更好的指导实际工作。

① 实验原理

a. 纳氏试剂配制原理

纳氏试剂的正确配制，将会影响方法的灵敏度。了解纳氏反应机理，是正确配制纳氏试剂的关键。纳氏试剂由 Nessler 于 1856 年发明，有 2 种配制方法，常用 $HgCl_2$ 与 KI 反应的方法配制，其反应过程如下：

显色基团为$[HgI_4]^{2-}$，它的生成与 I^- 浓度密切相关。开始时，Hg^{2+} 与 I^- 生成红色沉淀 HgI_2，迅速与过量 I^- 生成$[HgI_4]^{2-}$淡黄色显色基团；当红色沉淀不再溶解时，表明 I^- 不再过量，应立即停止加入 $HgCl_2$，此时可获得最大量的显色基团。若继续加入 $HgCl_2$，反应会显著进行，促使显色基团不断分解，同时产生大量HgI_2红色沉淀，从而引起纳氏试剂灵敏度的降低。

b. 氨氮反应原理

了解氨氮反应原理对我们理解反应过程，控制反应条件有重要意义。纳氏试剂与氨氮反应的情况较为复杂，随反应物质含量不同而不同。

一般情况下，纳氏试剂主要用于微量氨氮测定，NH_3 与 NH_4^+ 在水溶液中可相互转化，主要受溶液 pH 的影响。

c. 酒石酸钾钠掩蔽原理

水体中常见金属离子有 Ca^{2+}、Mg^{2+}、Fe^{2+}、Mn^{2+}等，若含量较高，易与纳氏试剂中 OH^- 或 I^- 反应生成沉淀或浑浊，影响比色。因而在加入纳氏试剂前，需先加入酒石酸钾钠，以掩蔽这些金属离子。

② 氨氮实验的影响因子及解决方法

a. 商品试剂纯度

纳氏试剂比色法实验所用试剂主要有 $KNaC_4H_6O_6 \cdot 4H_2O$、KI、$HgCl_2$、KOH。某些市售分析纯试剂常达不到要求，从而给实验造成较大影响，据我们的经验，影响实验的试剂主要是 $KNaC_4H_6O_6 \cdot 4H_2O$ 和 $HgCl_2$。

不合格酒石酸钾钠会导致实验空白值高和引起实际水样浑浊，影响测定。不纯试剂从外观上难以鉴别，只有通过预实验检验才能判定是否符合要求。

$HgCl_2$ 为无色结晶体或白色颗粒粉末，变质的 $HgCl_2$ 试剂常见红色粉末夹杂其中。据经验，试剂中含有少量红色粉末的试剂还可使用，但仍要避免称取红色粉末配制反应试剂。

b. 反应试剂配制

纳氏试剂有两种配制方法，第一种方法利用 KI、$HgCl_2$ 和 KOH 配制，第二种方法利用 KI、HgI_2 和 KOH 配制。两种方法均可产生显色基团$[HgI_4]^{2-}$，一般常用第一种方法配制。该方法关键在于把握 $HgCl_2$ 的加入量，这决定着获得显色基团含量的多少，进而影响方法的灵敏度。但方法未给出 $HgCl_2$ 的确切用量，需要根据试剂配制过程中的现象加以判断，经验性强，因而较难把握。有人根据经验总结出 $HgCl_2$ 与 KI 的用量比为 0.44∶1 时（即 8.8 g $HgCl_2$ 溶于 20gKI 溶液），效果很好。我们依据上述纳氏试剂配制反应原理，得出 $HgCl_2$ 与 KI 的最佳用量比为 0.41∶1（即 8.2 g $HgCl_2$ 溶于 20gKI 溶液），以此比例配制的纳氏试剂经多次实验检验，灵敏度均能达到实验要求。配制过程中，$HgCl_2$ 一般溶解较慢，为加快反应速度，节省反应时间，有人提出可在低温加热中进行配制，还可防止HgI_2红色沉淀提前出现。

酒石酸钾钠配制方法较为简单，但对于不合格试剂，由于铵盐含量较大，只靠加热煮沸并不能完全除去，可采取以下两种方法：第一种方法是向定容后的酒石酸钾钠溶液中加入 5 ml 纳氏试剂，沉淀后取上层清液使用。第二种方法是向酒石酸钾钠溶液中加少量碱，煮沸蒸发至 50 ml 左右后，冷却并定容至 100 ml。我们认为，第二种方法优于第一种方法，即使铵盐含量很高的酒石酸钾钠，经处理后空白值也能满足实验要求。

c. 高空白实验值

空白实验值可反映实验过程中各种因素对物质分析的综合影响，空白值高会影响实验的精密度和准确度，因而每个实验对空白值均有一定要求。氨氮实验空白值一般要求吸光度 $A \leqslant 0.030$。但有时空白值远高于此，影响因素主要有试剂空白高、实验用水氨含量高以及滤纸含有一定铵盐。

（i）试剂对实验空白值的影响实验表明，用反应试剂配制中第二种方法配制的纳氏试剂的空白实验，吸光度一般比按第一种方法配制的纳氏试剂的空白实验值高近一倍多，且大于 0.030。虽然用第一种方法配制纳氏试剂较为麻烦，但因实验空白值较低，所以成为首选的方法。市售分析纯酒石酸钾钠，有时铵盐含量较高，直接加热煮沸配制，往往造成空白实验值高。所以要降低空白值，可按反应试剂配制中方法配制酒石酸钾钠溶液，效果很好。

（ii）实验用水对空白值的影响

氨氮实验用水要求为无氨水，若空气中氨溶于水或有铵盐通过其他途径进入实验用水中，含量达到方法检测限，则可导致实验空白值高，所以无氨水每次用后应注意密闭保存。

有实验研究用新鲜蒸馏水代替无氨水测氨氮，实验空白值和标准曲线与用无氨水的方法无显著差异，并具有较高的精密度和准确度。可见只要实验用水不含氨或极低含量氨，不论蒸馏水是否重蒸，均可使用。

（iii）滤纸对空白值的影响

氨氮实验需将水样过滤后测定，所以实验还需做过滤空白对照实验，以扣除滤纸影响。由于滤纸一般都含有铵盐，因而可引起过滤空白值升高。有实验表明，不同滤纸或同种滤纸但不同张之间铵盐含量差别很大，有些含量较高的滤纸虽多次用水洗涤，但仍达不到实验要求。因此使用前需对每一批次滤纸进行抽检，淋洗时要少量多次。

我们选用经稀 HCl 浸泡并洗净的 0.45 μm 醋酸乙酯纤维滤膜过滤水样，解决了用滤纸过滤产生的高空白问题。不仅过滤空白值低，而且重复性好，所以推荐使用滤膜过滤。

d. 反应条件控制

（i）反应温度对实验的影响

温度影响纳氏试剂与氨氮反应的速度，并显著影响溶液颜色。实验表明，反应温度为 25℃时，显色最完全；5~15℃吸光度无显著改变，但其显色不完全；当温度达 30℃时，溶液褪色，吸光度出现明显偏低现象。因而实验显色温度应控制在 20~25℃，以保证分析结果的可靠性。

（ii）反应时间对实验的影响

实验表明，反应时间在 10 min 之前，溶液显色不完全；10~30 min 颜色较稳定；30~45 min 颜色有加深趋势；45~90 min 颜色逐渐减退。因而，用纳氏试剂光度法测定水中氨氮时，显色时间应控制在 10~30 min，以尽快的速度进行比色，达到分析的精密度和准确度。

（iii）反应体系 pH 对实验的影响

由氨氮反应原理可知，OH^- 浓度影响反应平衡。实验表明，水样 pH 的变化对颜色的强度有明显影响，水样呈中性或碱性，得出的测定结果相对偏差符合分析要求，呈酸性的水样无可比性，所以对于废水样应特别注意调节体系的 pH，最好将溶液显色 pH 控制在 11.8～12.4，以保证结果的精密度和准确度。还有研究表明，pH 太低时，显色不完全，过高时溶液会出现浑浊，当 pH 为 13 时显色较完全，且不产生浑浊，因此溶液 pH 宜选为 13。

e. 水体中物质干扰

实际水样中除含待测组分外，还含有其他成分，特别对于废水样，所含物质更为复杂，因而水样中都不同程度存在干扰物质，影响氨氮比色测定。

对于一般地表水，干扰物质主要为 Ca^{2+}、Mg^{2+} 等金属离子，一般通过过滤加掩蔽剂酒石酸钾钠即可消除。但我们曾发现，向过滤后的实际水样中加入酒石酸钾钠出现浑浊，但标准曲线组却未出现浑浊的现象，从而使水样无法比色测定。这与酒石酸钾钠试剂不合格有关，非水样干扰问题。当酒石酸钾钠试剂中含有较多 Ca^{2+}、Mg^{2+} 杂质时，与实际水样中 Ca^{2+}、Mg^{2+} 共同反应，生成较多量的酒石酸钙或酒石酸镁，从而析出使过滤水样变浑浊；由于蒸馏水中 Ca^{2+}、Mg^{2+} 痕量，因此未出现浑浊现象。此时应更换酒石酸钾钠试剂，重新测定。

f. 样品稀释

纳氏试剂光度法测定氨氮，当水样氨氮浓度大于 2.0 mg/L 时，则需将水样稀释后测定，称为"事前稀释"。这种稀释方法相对准确，但测定前不好预料，不利于大批量样品的及时分析。另一种稀释方法是直接将显色后的样品进行稀释比色，称为"事后稀释"。有研究表明，对于难以预料的超出浓度测定线性范围含量的含氨氮废水样品，用 2 种稀释方法得到的对比实验结果，相对误差满足环境监测分析要求。对比结果还表明，若用无氨水作稀释溶剂，事后稀释以负误差居多，但配制一定量的空白溶液作稀释溶剂可抵消一部分负误差。

③ 小结

由实验和讨论可知，纳氏试剂光度法测定氨氮应注意和解决 6 种常见问题：a. 应注意主要试剂性状，选购合格试剂。b. 试剂的正确配制决定着方法灵敏度，特别要注意理解纳氏试剂配制原理，正确掌握纳氏试剂配制要领。c. 降低空白实验值可提高实验精密度，对实验用水、试剂空白和过滤滤纸要注意检查。d. 反应条件，如温度、时间、体系 pH 决定反应速度、反应平衡和反应生成物的稳定性，应控制反应在最佳条件下进行。e. 水体中溶解态无机物或有机物以及不溶态悬浮物对纳氏试剂光度法测定氨氮均有干扰，应根据不同情形选择不同方法加以消除，特别应注意酒石酸钾钠掩蔽失效现象。f. 对于超过检测上限含量水样的稀释测定问题，因事前、事后稀释 2 种方法相对误差均满足分析要求，对于大批量测定情况，可采取事后稀释测定。

三、在线监测测定氨氮的几种方法及原理

在线监测仪测量氨氮主要有比色法（纳氏试剂比色法和水杨酸比色法）、电极法和蒸馏滴定法等。

1. 比色法

（1）纳氏试剂比色法

测定原理：水样经过预处理（蒸馏、过滤、吹脱）后，在碱性条件下，水中离子态铵转换为游离氨，然后加入一定量的纳氏试剂，游离态氨与纳氏试剂反应生成黄色络合物，分析仪器在 420 nm 波长处测定反应液吸光度 A，由值查询标准工作曲线，计算氨氮含量。

广州市怡文科技有限公司的 EST-2004 氨氮在线监测仪将 GB 7479—87 规定的纳氏试剂比色法与先进的计算机技术结合起来，实现了测定过程的全自动化。美国哈希氨氮分析仪也是纳氏试剂比色法应用的典范。此法的应用另外还有湖南力合科技发展有限公司的 LFNH-DW 2001 型氨氮分析仪、北京环科环保技术公司的 HB 2000 型在线氨氮分析仪等。

（2）水杨酸比色法

测定原理：在硝普钠的存在下，铵根离子与水杨酸盐和次氯酸离子反应生成蓝色化合物，通过比色法加以测定。

青岛佳明测控仪器有限公司的 JMW-2009 氨氮在线监测仪、美国哈希 Amtax-inter2 型氨氮监测仪等采用的是此方法。

2. 电极法

电极法氨氮监测仪分为氨气敏电极法和电导法等，其中氨气敏电极法技术比较成熟，应用较广。如河北先河环保科技股份有限公司的 XHAN-90B 型在线氨氮监测仪、WTW 的 TresCon 型在线氨氮监测仪、伊创仪器科技（广州）有限公司的 2100series 型在线氨氮监测仪均是采用的氨气敏电极法。

（1）电导法测量原理：在 90℃下，以气体将水样中氨氮吹出，用 5 mg/L 硫酸吸收，吸收液电导率的变化在一定浓度范围内与氨氮吹出量成正比。测定标准样品的相对标准差和相对误差都是 2.17%。该方法的精密度和准确度均较好，较适合于氨氮含量较低的天然水样品的测定，并可实现在线的仪器自动化检测。

氨气敏电极法已被广泛应用于氨氮的在线测定，此方法不受色度，浊度及悬浮物的影响，无须对样品进行预处理，且具有操作简便、线性范围宽的优点。

（2）氨气敏电极法测定原理：在 pH 大于 11 的环境下，铵根离子向氨转变，氨通过氨敏电极的疏水膜转移，造成氨敏电极的电动势的变化，仪器根据电动势的变化测量出氨氮的浓度。

氨气敏电极为一复合电极，以 pH 玻璃电极为指示电极，银—氯化银电极为参比电极。此电极置于装有 0.1 mol/L 的氯化铵内冲液的塑料套管中，并装有气敏膜。当水样中计入离子强度调节液使 pH 提高到 11 以上，使铵盐转化为氨，生成的氨由于扩散作用通过气敏膜（水和其他离子则不能通过），氨气进入内冲液后，有如下平衡：

$$NH_3 + H_2O = NH_4 + OH^-$$

氨气的产生使反应向右移动，结果内充液的 pH 值随氨的进入而升高，由 pH 玻璃电

极测得其变化，在恒定的离子强度、温度、性质及电极参数下测得的电动势与水样中氨浓度符合能斯特方程。由此可从测得样品的电位值，确定样品中氨氮的含量，一般读数模式有两种，一种为使用离子计，此方式仪表显示的数值即为样品中氨氮的浓度，另一种为使用 mV 计，通过绘制校准曲线，确定样品的浓度。

氨气敏电极法已被广泛应用于氨氮的在线测定，此方法不受色度，浊度及悬浮物的影响，无需对样品进行预处理，且具有操作简便，线性范围宽的优点。

（3）如何分辨氨气敏电极法仪器的性能

① 量程：电极法氨氮量程规格分为：0～1 200 mg/L；0～2 000 mg/L；0～3 000 mg/L；0～10 000 mg/L 不等。并且量程自由切换，量程越大，说明仪器采用的电极的适应性越强。

② 最低检出限：仪器的最低检出限越低，代表电极的品质越好，一般为 0.05 mg/L。

③ 准确度：准确度是在线监测仪器最基本的要求，测量值与真实值的误差越小（一般要求为 10%），仪器的性能越好。

④ 重复性：重复性也是在线监测仪器的基本要求，同一个质控样，反复测量，在满足准确度误差的前提下，每次测量的数据偏差不应超过 5%。在 10%以内都属于正常。

（4）氨气敏电极法检测步骤

用新的水样冲洗测量水样、试剂体积的容器和电极安装管。

使用蠕动泵进样。水样并不直接与蠕动泵管接触——有一个空气缓冲区。进样的体积由一可视测量系统控制。

与进样相同，辅助试剂也通过蠕动泵投加，并由可视测量系统控制加药体积。

通过鼓泡混合水样和试剂。

由测量系统自动控制反应时间。

残液由蠕动泵排出。

在用户自定义的测量周期中，分析仪会利用内置的校准标液和清洗溶液自动进行校准和清洗。

3. 氨气敏电极法与纳氏试剂比色法的对比

表 3-4　氨气敏电极法与纳氏试剂比色法的对比

比对项目	电极法	比色法
响应时间	快速，可实现连续测试，最快只要 3 min，1 mg/L 以下低量程精细测量最长 10 min	慢，只能批式测试，需等待显色反应完成后才能测试。一次测量至少需要 30 min 以上
测试量程	量程广，从 0～10 000 mg/L NH₄-N，只用 1 支电极就可实现全量程测试，仪器可自动切换量程，自动调整分辨率	量程小，或量程分段。更换量程时需更换一台新的仪器（由比色池来决定量程），分辨率低
最低检出限	0.05 mg/L	0.5 mg/L
干扰	抗干扰能力强，不受色度、浊度干扰，无需额外补偿	易受样品色度、浊度干扰，且光度法易受周边环境温度、湿度等条件变化影响
进样要求	无特殊要求	要求严格，以免污染光学元件，以及影响吸光度测试
试剂操作成本	低，电极法无需显色试剂，电极使用寿命长，公开试剂配方，采用国产试剂，购买方便便宜	高，显色试剂必须要原装进口，其他试剂建议用原装进口的，维护成本高
消耗品	电极使用寿命长，更换电极成本低	光源老化，更换光源成本高，比色池应定期更换

四、氨氮在线监测仪实例分析

1．河北先河环保科技股份有限公司 XHAN-90B 型氨氮在线监测仪

河北先河环保科技股份有限公司生产的 XHAN-90B 型氨氮在线监测仪是一种使用氨气敏电极法的在线设备。

此仪器采用氨气敏电极对水中的氨氮进行测试。氨气敏电极包括平头的 pH 玻璃电极和银/氯化银电极，两支电极通过含有铵离子的内充液被组装在一起，作为 pH 值测量电对。内充液是 0.1 mol/L 的氯化氨溶液，通过气透膜与样品隔开。当把电极浸入加有试剂的待测液中时，待测液中的离子态铵变为游离态氨，随同待测液中的游离态氨一同通过气透膜进入内充液，使内充液的 pH 值发生变化，并产生与样品浓度的对数成正比的电压变化信号。

仪器的自动校准：

仪器的校准通过依次测定两个已知浓度的氨氮标准液来实现，可以在预先设定的时间按照预先设定的校准过程自动启动进行校准，也可以在实际需要时进行手动校准。无论是手动还是自动，开启校准功能，校准指示灯立即开始闪烁，校准开始。监测仪自动按照标准液浓度由高到低的顺序依次测定校准液，并依次将校准信号输送到数据处理单元进行标准曲线的绘制，校准液测定完成后，标准曲线自动形成。在标液浓度界面中可以查看新的校准曲线，在校准记录查询界面中可以查看新校准曲线的校准液输出电压和电极斜率。

用来校准的两个标准液的浓度最好相差 10 倍。两个校准液浓度范围要包括被测水样浓度，例如：被测水样浓度为 16 mg/L 左右，可选择 5.00 mg/L 和 50.00 mg/L 的校准液进行校准。低浓度校准液浓度不可低于 0.5 mg/L，因为：氨氮浓度小于 0.5 mg/L 的标准溶液很难精确配制；并且，根据实验经验，氨氮浓度小于 0.5 mg/L 的标准溶液在大约 25℃ 的室温及通常的光线条件下，七天后浓度至少降低 10%。

校准液的配制一定要准确，这决定着水样测定值的准确程度。

2．美国哈希 Amtax 型氨氮在线监测仪

美国哈希公司生产的 Amtax 型氨氮在线监测仪，是基于纳氏比色法测量氨氮浓度的在线设备。

测量原理：

样品、逐出溶液和指示剂分别被送到逐出瓶和比色池中，LED 光度计进行清零测量；样品和逐出溶液在空气的作用下充分混合并发生化学反应，产生的氨气被隔膜泵传送到比色池，从而改变指示剂的颜色；经过一段时间，LED 光度计再次对样品进行测量，并且和反应前的测量结果进行比较，最后计算出氨氮的浓度值。

（1）设备的主要参数：

① 测量范围：0.2～12.0 mg/L NH$_4$-N；

2～120 mg/L NH$_4$-N；

20～1 200 mg/L NH$_4$-N

② 测量准确度：测量值的±2.5%或者 0.2 mg/L（标准溶液），取较大值

③ 最低检测限：0.5 mg/L

④ 测量周期：13～120 min，可选

⑤ 信号输出：0/4～20 mA 模拟输出，最大负载 500 Ω

　　　　　　RS485、RS232 可选，Modbus 或 Profibus 可选

⑥ 报警输出：可预设两个报警值（最小值、最大值）

⑦ 工作温度：10～40℃

⑧ 电源要求：220 V/50Hz

（2）仪器特点：

① 测量范围广，有三挡量程可供选择；

② 可适应不同种类污水的要求；

③ 响应时间快；

④ 试剂可以至少使用 3 个月，极低的运行费用；

⑤ 具有自动清洗和自动标定功能；

⑥ 即插即用型全功能数字控制器；

⑦ 最低检测限需为 0.5 mg/L，NH$_4$-N；

⑧ 分析仪具有自诊断系统；

⑨ 可供选配的先进采样预处理系统。

（3）仪器的流程分析图如下：

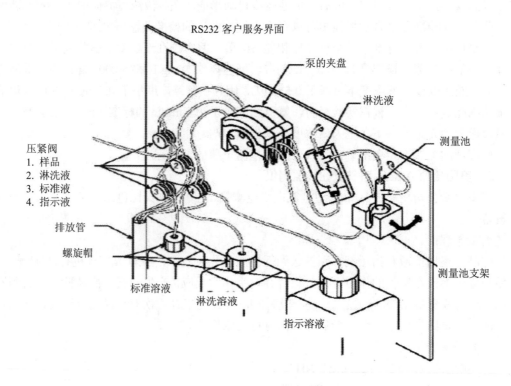

图 3-3　仪器流程分析图

① 用待测样品清洗逐出容器瓶，用指示剂溶液清洗测量比色池；

② 将待测样品和指示剂溶液分别送到逐出容器瓶和测量比色池中；

③ 再将逐出溶液送到逐出容器瓶中；

④ 捏阀打开，泵入空气，将管道中残余的试剂清除干净，同时将待测样品与逐出溶液充分混合；

⑤ 隔膜泵将生成的氨气送到测量比色池中；

⑥ 比色法测量指示剂的颜色改变，并且计算出样品中氨氮的浓度。

五、影响氨氮在线监测仪准确性的因素

1. 温度

通过实验发现，配制纳氏试剂加入氯化汞时碘化钾溶液的温度稍高些（40℃左右），检出限较低，反应灵敏；纳氏试剂必须低温保存（一般保存在冰箱冷藏室内），以防颜色加深，保证空白值的稳定性。用氨气敏电极法测定氨氮的过程中应注意标准溶液与水样的温度保持恒定，才能使电极斜率及标准电势 E_0 在测量过程中保持不变。

2. pH

实验发现，当水样呈酸性时，氨氮测定值为 0.236 mg/L，呈碱性时测定值为 1.035 mg/L，呈中性时测定值为 0.920 mg/L，酸碱度对氨氮测量值有影响。采用纳氏试剂测定氨氮时，加入不同量的 NaOH 溶液对纳氏试剂反应影响较大，经过多次实验，当溶液 pH<11 时，不能使溶液中的 NH_4^+ 全部转化为 NH_3，使测定结果偏低；当 pH>11 时，有 99%以上的 NH_4^+ 转化为 NH_3，此时 pH 对测定电极电位没有影响。

3. 浊度

水样的浊度往往会对比色法测定结果产生影响，建议采用该原理的自动检测设备做补偿校正。

4. 泡沫

在测定造纸、印染、制药及含活性酶的工业废水时，常会出现大量泡沫，使蒸馏无法进行而导致测试失败。

第四节 水质在线监测仪——水质常规五参数监测仪

一、水质常规五参数概述

水质常规五参数包括温度、pH、溶解氧（DO）、电导率和浊度。

常规五参数分析仪经常采用流通式多传感器测量池结构，无零点漂移，无须基线校正，具有一体化生物清洗及压缩空气清洗装置。如英国 ABB 公司生产的 EIL7976 型多参数分析仪、德国 WTW 公司生产的常规五参数分析仪、澳大利亚 GREENSPAN 公司生产的 Aqualab 型多参数分析仪（包括常规五参数、氨氮、磷酸盐）。另一种类型（"4＋1"型）常规五参数自动分析仪的代表是法国 SERES 公司生产的 MP2000 型多参数在线水质分析仪，其特点是仪器结构紧凑。

常规五参数的测量原理分别为：水温为温度传感器法（Platinum RTD）、pH 为玻璃或锑电极法、DO 为金—银膜电极法（Galvanic）、电导率为电极法（交流阻抗法）、浊度为光学法（透射原理或红外散射原理）。

二、实验室测定水质常规五参数

1. 温度

温度常用的测量方法有水温计法和颠倒温度计法，前者用于地表水、污水等浅层水温的测量，后者用于湖库等深层水温的测量。

① 水温计法测量温度：水温计为安装于金属半圆槽壳内的水银温度表，下端连接一金属贮水杯，使温度表球部悬于杯中，温度表顶端的槽壳带一圆环，栓以一定长度的绳子。通常测量范围为—6℃～40℃，分度为 0.2℃。

测量步骤：

将水温计插入一定深度的水中，放置 5min 后，迅速提出水面并读取温度值。当气温与水温相差较大时，尤应注意立即读数，避免受气温的温度。必要时，重复插入水中，再一次读数。

② 颠倒温度表法：颠倒温度表有闭端（防压）和开端（受压）两种，均需装在采水器上使者用于测量水温，后者与前者配合使用，确定采水器的沉放深度。

测量步骤：

颠倒温度计随颠倒采水器沉入一定深度的水层，放置 10 min 后，使采水器完成颠倒动后，提出水面立即读取水温（辅温读至一位小数，主温读至两位小数）。

根据主、辅温度的读数，分别查主、辅温度表的器差表（依温度表检定证中的检定值线性内插作成）得相应得校正值。

当水温测量不需要十分精确时，则主温表得订正值即可作为水温得测量值。如需精确测量，则应进行颠倒温度表得校正。

2. pH

pH 的实验室测量方法主要有两种，玻璃电极法和比色法。

① 玻璃电极法方法原理

以玻璃电极为指示电极，饱和甘汞电极为参比电极组成电池。在 25℃理想条件下，氢离子活度变化 10 倍，使电动势偏移 59.16 mv。许多 pH 计上有温度补偿装置，以便校正温度差异，用于常规水样监测可准确和再现至 0.1 pH 单位。较精密的仪器可准确到 0.01pH。为了提高测定的准确度，校准仪器时选用的标准缓冲溶液的 pH 值与水样的 pH 值接近。

② 比色法方法原理

酸碱指示剂在其特定 pH 范围的水溶液中产生不同颜色，向标准缓冲溶液中加入指示剂，将生成的颜色作为标准比色管，与加入同一种指示剂的水样显色管目视比色，可测出水样的 pH。本法适用于色度和浊度很低的天然水、饮用水等。如水样有色、浑浊，或含较高的游离余氯、氧化剂、还原剂，均干扰测定。

3. 溶解氧

溶解氧的测定方法主要有碘量法、膜电极法和便携式溶解氧仪法。

① 碘量法原理

水样中加入硫酸锰和碱性碘化钾，水中溶解氧将低价锰氧化成高价锰，生成四价锰的氢氧化物棕色沉淀。加酸后，氢氧化物沉淀溶溶解并与碘离子反应释放出游离碘。仪淀粉作指示剂，用硫代硫酸钠滴定释放出的碘，可计算溶解氧的含量。

② 膜电极法原理

本方法所采用的电极又一个小室构成，室内有两个金属电极并充有电解质，用选择性薄膜将小室封闭住。实际上水和可溶解性物质离子不能透过这层膜，但氧和一定数量的其他气体亲水性物质可透过这层薄膜。将这种电极进入水中进行溶解氧测定。

因原电池作用或外加电压使电极间产生电位差，这种电位差，使金属离子在阳极进入溶液，而透过膜的氧在阴极还原。因此所产生的电流直接与通过膜与电解质液层的氧的传递速度成正比，因而该电流与给定温度下水样中氧的分压成正比。

因膜的渗透性明显地随温度而变化，所以必须进行温度补偿。可用数学方法，也可使用调节装置，或者利用在电极回路中安装热敏元件加以补偿。某些仪器还可对不同温度下氧的溶解度的变化进行补偿

③ 便携式溶解氧仪法测量原理

测定溶解氧的电极由一个附有感应器的薄膜和一个温度测量及补偿的内置热敏电阻组成。电极的可渗透薄膜为选择性薄膜，把待测水样和感应器隔开，水和可溶性物质不能透过，只允许氧气通过。当给感应器供应电压时，氧气传过薄膜发生还原反应，产生微弱的扩散电流，通过测量电流值可测定溶解氧浓度。

4. 电导率

电导率测定方法有便携式电导率仪法和实验室电导率仪法，这两种方法原理相同。

电导率仪法测量原理：由于电导是电阻的倒数，因此，当两个电极插入溶液中，可以测出两电极间的电阻 R，根据欧姆定律，温度一定时，这个电阻值与电极间的间距 L 成正比，与电极的截面积 A 成反比。即：$R = \rho L/A$。

由于电极面积 A 和间距 L 都是固定不变的，故 L/A 是一常数，称电导池常数 Q。S 表示电导度，反应导电能力的强弱，所以 $K = QS$

当已知电导池常数，并测出电阻后，即可求出电导率。

5. 浊度

实验室测量浊度主要是分光光度法、目视比浊法、便携式浊度计法。

① 分光光度法原理：在适当温度下，硫酸肼与六次甲基四胺聚合，形成白色高分子聚合物。以此作为浊度标准液，在一定条件下与水样浊度相比较。

② 目视比浊法原理：将水样与由硅藻土（或白陶土）配制的浊度标准溶液进行比较。相当于 1 mg 一定粒度的硅藻土（白陶土）在 1 000 ml 水中所产生的浊度，称为 1 度。

③ 便携式浊度计法方法原理：根据 ISO7027 国际标准设计进行测量，利用一束红外线穿过含有待测样品的样品池，光源为具有 890 nm 波长的高发射强度的红外发光二极管，以确保使样品颜色引起的干扰达到最小。传感器处在与发射光线垂直的位置上，它测量由样品中悬浮颗粒散射的光量，微电脑处理器再将该数值为该浊度值。

三、水质常规五参数在线监测仪测量原理

1．水温为温度传感器法（Platinum RTD）

温度传感器热电偶测温基本原理

将两种不同材料的导体或半导体 A 和 B 焊接起来，构成一个闭合回路，当导体 A 和 B 的两个执着点 1 和 2 之间存在温差时，两者之间便产生电动势，因而在回路中形成一个大小的电流，这种现象称为热电效应。温度传感器热电偶就是利用这一效应来工作的。

2．pH 为玻璃或锑电极法

玻璃电极法测定水样的 pH 是以饱和甘汞电极为参比电极，以玻璃电极为指示电极，与被测水样组成工作电池，再用 pH 计测量工作电动势，由 pH 计直接读取。

锑电极法测量原理

锑电极酸度变送器是集 pH 检测、自动清洗、电信号转换为一体的工业在线分析仪表，它是由锑电极与参考电极组成的 pH 测量系统。在被测酸性溶液中，由于锑电极表面会生成三氧化二锑氧化层，这样在金属锑面与三氧化二锑之间会形成电位差。该电位差的大小取决于三所氧化二锑的浓度，该浓度与被测酸性溶液中氢离子的适度相对应。如果把锑、三氧化二锑和水溶液的适度都当作 1，其电极电位就可用能斯特公式计算出来。

锑电极酸度变送器中的固体模块电路由两大部分组成。为了现场作用的安全起见，电源部分采用交流 24 V 为二次仪表供电。这一电源除为清洗电机提供驱动电源外，还应通过电流转换单元转换成相应的直流电压，以供变送电路使用。第二部分是测量变送器电路，它把来自传感器的基准信号和 pH 酸度信号经放大后送给斜率调整和定位调整电路，以使信号内阻降低并可调节。将放大后的 pH 信号与温度被偿。

信号进行迭加后再差进转换电路，最后输出与 pH 相对应的 4~20 mA 恒流电流信号给二次仪表以完成显示并控制 pH。

3．DO 为金—银膜电极法（Galvanic）

膜电极法溶解氧传感器是由金电极（阴极）和银电极（阳极）及氯化钾或氢氧化钾电解液组成，氧通过膜扩散进入电解液与金电极和银电极构成测量回路。当给溶解氧分析仪电极加上 0.6~0.8 V 的极化电压时，氧通过膜扩散，阴极释放电子，阳极接受电子，产生电流，根据法拉第定律：当电极结构固定时，在一定温度下，扩散电流的大小只与样品氧浓度成正比例线性关系，测得电流值大小，便可知待测试样中氧的浓度。

4．电导率为电极法（交流阻抗法）

电导率仪电极法法测量原理：由于电导是电阻的倒数，因此，当两个电极插入溶液中，可以测出两电极间的电阻 R，根据欧姆定律，温度一定时，这个电阻值与电极间的间距 L 成正比，与电极的截面积 A 成反比。即：$R = \rho L/A$。

由于电极面积 A 和间距 L 都是固定不变的，故 L/A 是一常数，称电导池常数 Q。

S 表示电导度，反应导电能力的强弱，所以 $K=QS$

当已知电导池常数，并测出电阻后，即可求出电导率。

5．浊度为光学法（透射原理或红外散射原理）。

原理：浊度仪发出光线，使之穿过一段样品，并从与入射光呈 90°的方向上检测有多少

光被水中的颗粒物所散射。这种散射光测量方法称作散射法。

四、实例分析——以德国 WTW 模块化在线五参数分析仪为例

1. 型号

IQ Sensor Net 型 MIQ/2020 系统。（生产厂商：德国 WTW 公司）

（同时监测显示监测 pH、电导率、溶解氧、浊度、温度）

2. 测定方法

环保行业标准方法 HJ/T 96—2003（pH）、HJ/T 97—2003（电导率）、HJ/T 98—2003（浊度）、HJ/T 99—2003（溶解氧）。

3. 仪表概述

WTW 推出的 IQ Sensor Net 型五参数分析仪采用先进的模块化设计和先进的数字通信技术，一台仪器上可同时连接 pH/温度、DO、电导率和浊度四支传感器，并可同时在显示面板上显示这五种不同的参数。系统升级扩展容易，可根据需要随时扩展模块或更换、增加不同探头。系统由显示模块 MIQ/T2020、控制模块 MIQ/MC-RS（带 RS232 输出）、电源模块 MIQ/PS、pH 传感器 SensoLyt 700IQ、pH 电极 SensoLyt DWA、DO 传感器 TriOxmatic 701IQ、电导传感器 TetraCon 700 IQ 和浊度传感器 VisoTurb 700 IQ 以及连接电缆 SACIQ 组成，其中浊度传感器采用内置超声波清洗技术，确保长时间工作的稳定性和准确性。

4. 详细性能说明

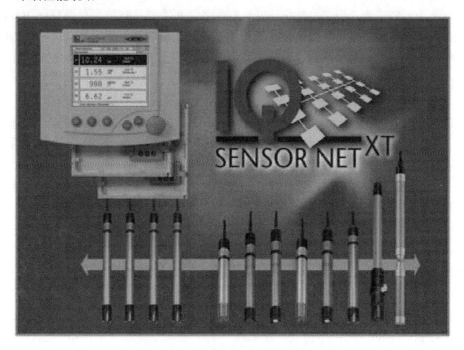

图 3-4 IQ Sensor Net 型五参数分析仪

① 一套系统测试近二十种参数；

② 传感器可任意组合或位置互换；

③ 最多可同时接 20 个数字传感器；

④ 只要添加模块就可扩展系统功能；

⑤ 两线制，安装简单易行；

⑥ 系统内数字信号传送距离可达 1 000 m；

⑦ 内置闪电保护电路。

IQ Sensor Net 的出现开创了在线监测仪器的新纪元。采用最先进的模块化系统设计理念，可大大节省多点测试的开支且升级扩展非常容易。在 IQ Sensor Net 系统里，所有传感器均输出标准的数字信号，该信号经两芯屏蔽线传送到中央控制器上（即传统的主机），中央控制器只负责显示测试值，协调系统内部的通信以及输出控制信号，因此只用一台中央控制器就可接收来自不同类型传感器的标准数字信号，从而实现一拖多参数测试。由于传送的是数字信号，因此最远传送距离可达 1 km。最典型和最有说服力的应用在于同时监测多个参数，如污水处理厂多个曝气池、入口、出口的水质参数，以及河流排放口，这时最能发挥 IQ Sensor Net 的优势。目前 WTW 已成功开发出多种 IQ Sensor（传感器），如pH、DO、电导率、ORP、温度、浊度、悬浮固体、COD、BOD、TOC、氨氮、硝酸氮。其中在线浊度，悬浮固体 IQ 传感器，标准配备超声波自清洗功能；在线 COD、BOD、TOC、氨氮、硝酸氮标准配空气吹洗系统。IQ Sensor Net 是一套全新的智能化测试系统，它能自动识别刚连入的 IQ Sensor 传感器，用户不必任何设置便可扩展系统功能，最多可接 20 支IQ Sensor 传感器。

5. 任意传感器组合

所有的 IQ 传感器（特定参数传感器）都配备了标准通信接口，可跟任何 IQ 模块通信。因此可很容易地把不同类型的传感器并入到一个系统中，用户可灵活选择所需的测试参数，唯一受到限制的是传感器的数目，这意味着可用一套 IQ Sensor Net 系统同时监测一个污水厂入口、出口以及多个曝气池的水质指标。

6. 最多可接 20 个传感器

WTW 目前为止已推出了十多种传感器，包括最新推出的、采用专有清洗技术的浊度、悬浮固体传感器。测试同一种参数也有多种不同型号的传感器，取决于具体应用环境，WTW 可提供 11 种型号的 IQ 传感器。当往系统中接入一支 IQ 传感器后，系统会自动确认，马上显示测试值。系统控制软件允许新的测试项目并入现有的系统，这种智能化架构使系统升级扩展非常容易，最多可接 20 支传感器。

7. 主要技术指标

系统的技术指标：

电源：90～264 V；

通信协议：MODBUS；

显示：114×86 mm 多功能 LCD 显示；

防护等级：IP66；

输出功率：18W。

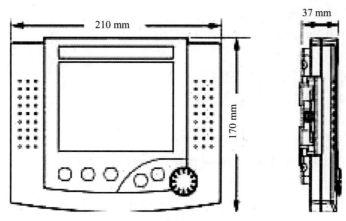

图 3-5　IQ Sensor Net 型五参数分析仪尺寸

8. 水温自动分析仪（pH/温度测量传感器 SensoLyt 700 IQ＋SensoLyt SEA）

水温分析方法：温度传感器法，参照标准：GB 13195—91

测量范围：－5～60℃；

准确度：±0.5℃；

分辨率：0.1℃。

9. pH 自动分析仪（pH/温度测量传感器 SensoLyt 700 IQ＋SensoLyt SEA）

pH 分析方法：玻璃电极法，参照标准：GB 6920—86

方法原理简述：以玻璃电极为指示电极，饱和甘汞电极为参比电极组成电池。在 25℃理想条件下，氢离子活度变化 10 倍，使电动势偏移 59.16 mV，根据电动势的变化测量出 pH。

测量范围：0～14 pH；

分辨率：0.01 pH；

pH 7 时的变化：±0.1 pH 以内；

pH 4 时的变化：±0.1 pH 以内；

测量精度：±0.1 pH；

温度补偿：0～60℃自动温度补偿；

防护等级：IP68；

传感器诊断：具故障报警功能。

10. 溶解氧自动分析仪（溶解氧测量传感器 TriOxmatic 700 IQ）

DO 分析方法：极谱式电极法，参照标准：GB 11913—89

方法原理简述：本方法所采用的电极由一小室构成，室内有两个金属电极并充有电解质，用选择性薄膜将小室封闭住。实际上水和可溶解物质离子不能透过这层膜，但氧和一定数量的其他气体及亲水性物质可透过这层薄膜。将这种电极浸入水中进行溶氧测定。

量程：0～20.00 mg/L；

测量精度：测量值的 0.5%；

反应时间 t_{90}：30 s（25℃时）；

重现性：±0.3 mg/L；

零点漂移：±0.2 mg/L；

量程漂移：±0.2 mg/L；

最小流速要求：0.23 m/s；

温度补偿：0～60℃自动温度补偿；

盐度补偿：0～70×10^{-12}；

防护等级：IP68；

传感器诊断：电极泄漏和电极再生监测。

11. 电导率自动分析仪（电导率测量传感器 TetraCon 700 IQ）

电导率分析方法：四极式电导池法；

方法原理简述：当两上电极插入溶液中，可测出两电极间的电阻 R，根据欧姆定律求电导率；

测量范围：0～500 mS/cm（量程自动切换），−5～60℃；

分辨率：0.01 μS/cm；

重复性：±1%FS；

响应时间：≤0.5 min；

测量精度：测量值的±0.5%；

防护等级：IP68；

温度补偿：内置地表水非线性温度补偿功能；

信号输出：MODBUS 输出；

电源：90～264 V。

12. 浊度自动分析仪（浊度测量传感器 VisoTurb 700 IQ）

浊度分析方法：90 度光散射比浊法，参照标准：GB 13200—91

方法原理简述：探头上有一个超声波发生器，只要探头连到系统中，就有高频超声波信号产生，使光学镜片一直在振动，振幅为几个微米。在镜片中央，振幅最大。这样可防任何形态的污染物堆积在镜片上，保证了连续可靠运行。某些钙盐时间久了还是会附着在探头上，形成即使用刷子或其他清洗剂都难以消除的污垢，只能用酸洗来清除。超声波振动还可防气泡堆积在测试区内干扰测试，因为气泡也会散射一部分光。

测量范围：0～4 000 NTU（量程自动切换）；

分辨率：0.001 NTU（根据量程不同，分辨率不同）；

测量精度：±1 NTU；

重现性：±3%FS；

防护等级：IP68；

自动清洗：内置超声波自动清洗功能；

自动监测：监测光学镜片的污染情况和清洗系统的性能；

信号输出：MODBUS 输出；

电源：90～264 V。

第五节 水质在线监测设备——重金属在线监测仪

一、重金属概述

从环境污染方面所说的重金属，实际上主要是指汞、镉、铅、铬、砷等金属或类金属，也指具有一定毒性的一般重金属，如铜、锌、镍、钴、锡等。我们从自然性、毒性、活性和持久性、生物可分解性、生物累积性，对生物体作用的加和性等几个方面对重金属的危害稍作论述。

1. 自然性

长期生活在自然环境中的人类，对于自然物质有较强的适应能力。有人分析了人体中60多种常见元素的分布规律，发现其中绝大多数元素在人体血液中的百分含量与它们在地壳中的百分含量极为相似。但是，人类对人工合成的化学物质，其耐受力则要小得多。所以区别污染物的自然或人工属性，有助于估计它们对人类的危害程度。铅、镉、汞、砷等重金属，是由于工业活动的发展，引起在人类周围环境中的富集，通过大气、水、食品等进入人体，在人体某些器官内积累，造成慢性中毒，危害人体健康。

2. 毒性

决定污染物毒性强弱的主要因素是其物质性质、含量和存在形态。例如铬有二价、三价和六价3种形式，其中六价铬的毒性很强，而三价铬是人体新陈代谢的重要元素之一。在天然水体中一般重金属产生毒性的范围在 $1\sim10$ mg/L，而汞、镉等产生毒性的范围在 $0.001\sim0.01$ mg/L。

3. 时空分布性

污染物进入环境后，随着水和空气的流动，被稀释扩散，可能造成点源到面源更大范围的污染，而且在不同空间的位置上，污染物的浓度和强度分布随着时间的变化而不同。

4. 活性和持久性

活性和持久性表明污染物在环境中的稳定程度。活性高的污染物质，在环境中或在处理过程中易发生化学反应，毒性降低，但也可能生成比原来毒性更强的污染物，构成二次污染。如汞可转化成甲基汞，毒性很强。与活性相反，持久性则表示有些污染物质能长期地保持其危害性，如重金属铅、镉等都具有毒性且在自然界难以降解，并可产生生物蓄积，长期威胁人类的健康和生存。

5. 生物可分解性

有些污染物能被生物所吸收、利用并分解，最后生成无害的稳定物质。大多数有机物都有被生物分解的可能性，而大多数重金属都不易被生物分解，因此重金属污染一旦发生，治理更难，危害更大。

6. 生物累积性

生物累积性包括两个方面：一是污染物在环境中通过食物链和化学物理作用而累积。二是污染物在人体某些器官组织中由于长期摄入的累积。如镉可在人体的肝、肾等器官组织中蓄积，造成各器官组织的损伤。又如 1953—1961 年，发生在日本的水俣病事件，无机汞在海水中转化成甲基汞，被鱼类、贝类摄入累积，经过食物链的生物放大作用，当地居民食用后中毒。

7．对生物体作用的加和性

多种污染物质同时存在，对生物体相互作用。污染物对生物体的作用加和性有两类：一类是协同作用，混合污染物使其对环境的危害比污染物质的简单相加更为严重；另一类是拮抗作用，污染物共存时使危害互相削弱。

二、重金属的定量检测技术原理

通常认可的重金属分析方法有：紫外可分光光度法（UV）、原子吸收法（AAS）、原子荧光法（AFS）、电感耦合等离子体法（ICP）、X 荧光光谱（XRF）、电感耦合等离子质谱法（ICP-MS）。日本和欧盟国家大多数采用电感耦合等离子质谱法（ICP-MS）分析，但对国内用户而言，仪器成本高。也有的采用 X 荧光光谱（XRF）分析，优点是无损检测，可直接分析成品，但检测精度和重复性不如光谱法。最新流行的检测方法——阳极溶出法，检测速度快，数值准确，可用于现场等环境应急检测。

1．原子吸收光谱法（AAS）

原子吸收光谱法是 20 世纪 50 年代创立的一种新型仪器分析方法，它与主要用于无机元素定性分析的原子发射光谱法相辅相成，已成为对无机化合物进行元素定量分析的主要手段。

原子吸收分析过程如下：①将样品制成溶液（空白）；②制备一系列已知浓度的分析元素的校正溶液（标样）；③依次测出空白及标样的相应值；④依据上述相应值绘出校正曲线；⑤测出未知样品的相应值；⑥依据校正曲线及未知样品的相应值得出样品的浓度值。

现在由于计算机技术、化学计量学的发展和多种新型元器件的出现，使原子吸收光谱仪的精密度、准确度和自动化程度大大提高。用微处理机控制的原子吸收光谱仪，简化了操作程序，节约了分析时间。现在已研制出气相色谱—原子吸收光谱（GC-AAS）的联用仪器，进一步拓展了原子吸收光谱法的应用领域。

2．紫外可见分光光度法（UV）

其检测原理是：重金属与显色剂通常为有机化合物，可与重金属发生络合反应，生成有色分子团，溶液颜色深浅与浓度成正比。在特定波长下，比色检测。

分光光度分析有两种，一种是利用物质本身对紫外及可见光的吸收进行测定；另一种是生成有色化合物，即"显色"，然后测定。虽然不少无机离子在紫外和可见光区有吸收，但因一般强度较弱，所以直接用于定量分析的较少。加入显色剂使待测物质转化为在紫外和可见光区有吸收的化合物来进行光度测定，这是目前应用最广泛的测试手段。显色剂分为无机显色剂和有机显色剂，而以有机显色剂使用较多。大多数有机显色剂本身为有色化合物，与金属离子反应生成的化合物一般是稳定的螯合物。显色反应的选择性和灵敏度都较高。有些有色螯合物易溶于有机溶剂，可进行萃取浸提后比色检测。近年来形成多元配合物的显色体系受到关注。多元配合物指三个或三个以上组分形成的配合物。利用多元配合物的形成可提高分光光度测定的灵敏度，改善分析特性。显色剂在前处理萃取和检测比色方面的选择和使用是近年来分光光度法的重要研究课题。

3. 原子荧光光谱法（AFS）

原子荧光光谱法是通过测量待测元素的原子蒸气在特定频率辐射能级以下所产生的荧光发射强度，以此来测定待测元素含量的方法。

原子荧光光谱法虽是一种发射光谱法，但它和原子吸收光谱法密切相关，兼有原子发射和原子吸收两种分析方法的优点，又克服了两种方法的不足。原子荧光光谱具有发射谱线简单，灵敏度高于原子吸收光谱法，线性范围较宽干扰少的特点，能够进行多元素同时测定。原子荧光光谱仪可用于分析汞、砷、锑、铋、硒、碲、铅、锡、锗、镉、锌等 11 种元素。现已广泛用于环境监测、医药、地质、农业、饮用水等领域。在国标中，食品中砷、汞等元素的测定标准中已将原子荧光光谱法定为第一法。

气态自由原子吸收特征波长辐射后，原子的外层电子从基态或低能态会跃迁到高能态，同时发射出与原激发波长相同或不同的能量辐射，即原子荧光。原子荧光的发射强度 If 与原子化器中单位体积中该元素的基态原子数 N 成正比。当原子化效率和荧光量子效率固定时，原子荧光强度与试样浓度成正比。

现已研制出可对多元素同时测定的原子荧光光谱仪，它以多个高强度空心阴极灯为光源，以具有很高温度的电感耦合等离子体（ICP）作为原子化器，可使多种元素同时实现原子化。多元素分析系统以 ICP 原子化器为中心，在周围安装多个检测单元，与空心阴极灯一一成直角对应，产生的荧光用光电倍增管检测。光电转换后的电信号经放大后，由计算机处理就获得各元素分析结果。

4. 电化学法——阳极溶出伏安法

电化学法是近年来发展较快的一种方法，它以经典极谱法为依托，在此基础上又衍生出示波极谱、阳极溶出伏安法等方法。电化学法的检测限较低，测试灵敏度较高，值得推广应用。如国标中铅的测定方法中的第五法和铬的测定方法的第二法均为示波极谱法。

阳极溶出伏安法是将恒电位电解富集与伏安法测定相结合的一种电化学分析方法。这种方法一次可连续测定多种金属离子，而且灵敏度很高，能测定 $10^{-7} \sim 10^{-9}$ mol/L 的金属离子。此法所用仪器比较简单，操作方便，是一种很好的痕量分析手段。我国已经颁布了适用于化学试剂中金属杂质测定的阳极溶出伏安法国家标准。

阳极溶出伏安法测定分两个步骤。第一步为"电析"，即在一个恒电位下，将被测离子电解沉积，富集在工作电极上与电极上汞生成汞齐。对给定的金属离子来说，如果搅拌速度恒定，预电解时间固定，则 $m=Kc$，即电积的金属量与被测金属离了的浓度成正比。第二步为"溶出"，即在富集结束后，一般静止 30 s 或 60 s 后，在工作电极上施加一个反向电压，由负向正扫描，将汞齐中金属重新氧化为离子回归溶液中，产生氧化电流，记录电压—电流曲线，即伏安曲线。曲线呈峰形，峰值电流与溶液中被测离了的浓度成正比，可作为定量分析的依据，峰值电位可作为定性分析的依据。

示波极谱法又称"单扫描极谱分析法"。一种极谱分析法。它是一种快速加入电解电压的极谱法。常在滴汞电极每一汞滴成长后期，在电解池的两极上，迅速加入一锯齿形脉冲电压，在几秒钟内得出一次极谱图，为了快速记录极谱图，通常用示波管的荧光屏作显示工具，因此称为示波极谱法。其优点：快速、灵敏。

5．X射线荧光光谱法（XRF）

X射线荧光光谱法是利用样品对X射线的吸收随样品中的成分及其多少变化而变化来定性或定量测定样品中成分的一种方法。它具有分析迅速、样品前处理简单、可分析元素范围广、谱线简单，光谱干扰少，试样形态多样性及测定时的非破坏性等特点。它不仅用于常量元素的定性和定量分析，而且也可进行微量元素的测定，其检出限多数可达 10^{-6}。与分离、富集等手段相结合，可达 10^{-8}。测量的元素范围包括周期表中从 F～U 的所有元素。多道分析仪，在几分钟之内可同时测定 20 多种元素的含量。

X射线荧光法不仅可以分析块状样品，还可对多层镀膜的各层镀膜分别进行成分和膜厚的分析。

当试样受到X射线、高能粒子束、紫外光等照射时，由于高能粒子或光子与试样原子碰撞，将原子内层电子逐出形成空穴，使原子处于激发态，这种激发态离子寿命很短，当外层电子向内层空穴跃迁时，多余的能量即以X射线的形式放出，并在较外层产生新的空穴和产生新的X射线发射，这样便产生一系列的特征X射线。特征X射线是各种元素固有的，它与元素的原子系数有关。所以只要测出了特征X射线的波长λ，就可以求出产生该波长的元素。即可做定性分析。在样品组成均匀，表面光滑平整，元素间无相互激发的条件下，当用X射线（一次X射线）做激发原照射试样，使试样中元素产生特征X射线（荧光X射线）时，若元素和实验条件一样，荧光X射线强度与分析元素含量之间存在线性关系。根据谱线的强度可以进行定量分析。

6．电感耦合等离子体质谱法（ICP-MS）

ICP-MS 的检出限给人极深刻的印象，其溶液的检出限大部分为 10^{-12} 级，实际的检出限不可能优于其实验室的清洁条件。必须指出，ICP-MS 的 10^{-12} 级检出限是针对溶液中溶解物质很少的单纯溶液而言的，若涉及固体中浓度的检出限，由于 ICP-MS 的耐盐量较差，ICP-MS 检出限的优点会变差多达 50 倍，一些普通的轻元素（如 S、Ca、Fe、K、Se）在 ICP-MS 中有严重的干扰，也将恶化其检出限。

ICP-MS 由作为离子源 ICP 焰炬、接口装置和作为检测器的质谱仪三部分组成。

ICP-MS 所用电离源是感应耦合等离子体（ICP），其主体是一个由三层石英套管组成的炬管，炬管上端绕有负载线圈，三层管从里到外分别通载气、辅助气和冷却气，负载线圈由高频电源耦合供电，产生垂直于线圈平面的磁场。如果通过高频装置使氩气电离，则氩离子和电子在电磁场作用下又会与其他氩原子碰撞产生更多的离子和电子，形成涡流。强大的电流产生高温，瞬间使氩气形成温度可达 10 000 K 的等离子焰炬。被分析样品通常以水溶液的气溶胶形式引入氩气流中，然后进入由射频能量激发的处于大气压下的氩等离子体中心区，等离子体的高温使样品去溶剂化、汽化解离和电离。部分等离子体经过不同的压力区进入真空系统，在真空系统内，正离子被拉出并按照其质荷比分离。在负载线圈上面约 10 mm 处，焰炬温度大约为 8 000 K，在这么高的温度下，电离能低于 7 eV 的元素完全电离，电离能低于 10.5 eV 的元素电离度大于 20%。由于大部分重要的元素电离能都低于 10.5 eV，因此都有很高的灵敏度，少数电离能较高的元素，如 C、O、Cl、Br 等也能检测，只是灵敏度较低。

三、在线监测仪测量重金属原理

目前重金属在线监测仪所采用的主要技术原理为比色法、电化学法（阳极溶出伏安法）等。

1. 比色法原理

重金属在线监测仪比色法原理：通过采样系统自动采集被测样品，被测样品与显色剂在比色室中混合，在一定的酸碱环境下，样品与加入的显色剂发生独特的络合作用，形成的显色络合物在一定波长处光吸收度呈现峰值状态，然后通过仪器的光电部分检测到特定波长处吸光度，根据标定的线性关系，通过换算可获得水体中被测重金属离子的浓度。

重金属在线监测仪的设计基于某些重金属可以与特定化学物质发生化学反应生成有色物质，通过分光光度法进行定量分析。采用比色法原理的重金属在线监测仪优点：针对单一监测因子，定量性好；分析仪结构简单，操作便捷；仪器抗干扰能力强，性价比高。但是存在易受其他重金属离子的干扰，使用试剂存在二次污染，灵敏度低等缺点。

2. 电化学法（阳极溶出伏安法）原理

将还原电势施加于工作电极。当电极电势超过析出电势溶液中被分析的金属离子（M^{n+}）还原为金属镀于工作电极表面，此过程在电极表面聚集金属，如下所示：

$$M^{n+} + n e^- = M$$

当足够的金属镀于工作电极表面，当向工作电极以恒定速度增加电势，金属将在电极上溶出（氧化）。对于给定电解质溶液和电极，每种金属都有特定的以下发生氧化反应的电压：

$$M = M^{n+} + n e^-$$

该过程释放的电子形成电流。测量该电流并将其对与应用电势作图，即为"伏安图"。氧化或溶出电势上的电流值被视为曲线峰值。

为了计算样品浓度，需要测量峰高或者面积并且与相同条件下的标准溶液相比较。

因为是根据氧化发生的电势值识别金属种类，可以根据它们氧化电势的差异同时测量很多种金属。电镀步骤使得样品中很低浓度的金属都可以被检测出来。

四、重金属在线监测仪实例分析

以伊创仪器科技（广州）有限公司的 EcaMon 10s 在线监测仪为例。

1. 工作原理

EcaMon 10s 在线监测仪专门设计用来实时监测自来水、河水、海水、污水等各种水样中的痕量离子浓度。它是一款全自动仪器，尤其适合绝大多数重金属，如 As、Hg、Pb、Cu、Bi、Ti、Cr、Fe、Mn、Se 和部分非金属离子（比如氯化物、亚氯酸盐、溴酸盐、磷酸盐等）的分析，量程宽，线性关系好，稳定性高。

基于流动电化学库仑法、库仑滴定法或计时电位法原理，EcaMon 采用专利的流动测量池、以非汞电极为工作电极、特殊的 SaFIA 流动注射系统，分析速度快，反应物消耗少，测量精度高。

库仑分析包括两个自动步骤。首先，在反应池中预处理一定体积的样品溶液，以消除干扰离子或适当稀释。然后，蠕动泵将处理好的样品送到测量池，同时在工作电极上施加一恒定电位，待测物以还原态沉积到工作电极上。第二步，在工作电极上施加一恒定电流，之前沉积的物质被电解，以氧化态溶解到电解液中，记录并检测此过程中工作电极上的电位变化。每次分析都会自动扣除背景信号，得到真正的样品信号。待测物的浓度通过和标准溶液的对比而自动得到。

2. 仪器结构

EcaMon 是一款紧凑的仪器，仪器柜内包含一台工业电脑、分析模块、样品预处理单元和试剂柜，整个仪器（包括试剂）均可锁定。

分析模块包括流路系统和连接到 IBM 工业电脑的控制系统，紧凑的流路系统由控制系统控制，全自动运行。由两个 PTFE 电磁阀控制切换样品、电解质、电极活化溶液和校准溶液等管路，整个流路的溶液由蠕动泵输送经过多歧阀和测量池，直至废液。

样品预处理单元包括电磁阀和控制电路，保证取样精确，通过特定的离子交换（可选）去除可能的金属离子干扰，最多可以有 3 个取样点（标准配置只能一个取样点）。

分析的样品取自定期更新样品的溢流池。

图 3-6 是仪器外观图，电源线和信号线在仪器的底部，主电源开关置于仪器的右侧，样品管和样品溢流装置在仪器的左侧，打开仪器前门可看到其他部分，柜子内上面是工业电脑，中间是分析模块和样品预处理单元。底部是放置试剂和标准溶液的试剂柜。将贴有标签的管插入对应的试剂瓶即可从中抽取溶液。此外，也可在试剂瓶中插入液位传感器（选件）来指示试剂的消耗情况。

分析的样品溶液从样品预处理单元的溢流装置抽取过来，从置于机柜左边的样品管进入仪器。样品流经溢流装置的最佳流速是 50～500 ml/min。

3. 分析模块和样品预处理单元

仪器的溶液均由蠕动泵控制输送，样品和电解液分别经由 1、2、3 号阀从机柜底部的试剂柜抽取溶液，然后依次经过多歧阀和电解池，最后到废液。

恒速蠕动泵可以根据所使用的泵管控制流速范围在 1～10 ml/min。通常，流速为 3 ml/min。

三通 PTFE 电磁阀可以在样品、标准和试剂溶液之间自由切换。在仪器运行过程中，可以在仪器的信号面板上看到实际连通的管路。

分析系统的核心是专利的电化学测量池 EcaCell 104 或 EcaCell 353c。它使用可更换的非汞工作电极，该电极由惰性材料在特殊工艺下制备而成。Pt 对电极和 Ag/AgCl 参比电极与工作电极在流路上分开，因此对电极上的反应物不会干扰工作电极正常工作。旋开测量池下端螺丝，即可更换工作电极。测量池通过插头即可固定在分析仪前面板上，插头同时也作为电极电路的连接点。各管之间由 Luer 配件连接，可方便更换测量池或电极。在进入测量池之前，各工作溶液可在反应池中自动有效混合。

4. 流通测量池 EcaCell 104

测量池 EcaCell 专门用来进行样品的分析测试。它是一个三电极体系的流通池，即工作电极、Pt 对电极和 Ag/AgCl 参比电极，测量池结构如图 3-8 所示。

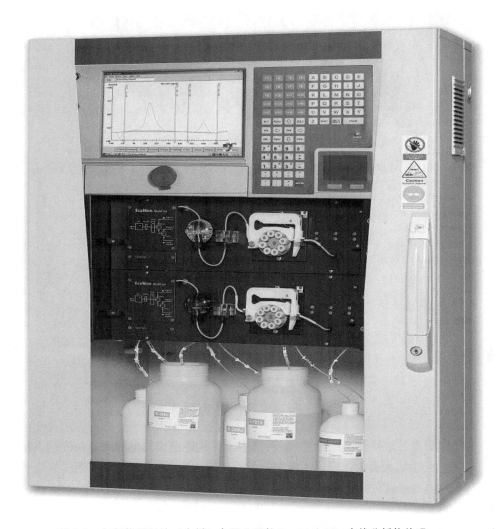

图 3-6 伊创仪器科技（广州）有限公司的 EcaMon 10s 在线分析仪外观

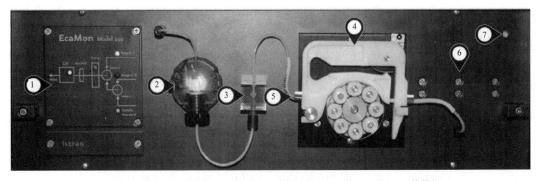

1. 信号面板；2. 电解池；3. 接头；4. 蠕动泵；5. 泵管；6. 阀；7. 信号灯

图 3-7 在线分析仪细节图

1. 废液管；2. 参比电极；3. 对电极；4. 参比电解液填充口；5. 工作电极；6. 工作电极固定螺丝；7. 溶液进口；
8. 工作电极；9. 工作电极固定螺丝及工作电极内部

图 3-8　流通测量池 EcaCell 104

工作电极通过进样管螺丝和 O 型凹槽固定，通过电极与电解池内部的触点接触构成电的通路。Pt 对电极固定在测量池内部，无须任何维护。参比电极置于另一隔室内，隔膜将其与右侧流动溶液分开。室内填充大约其 2/3 体积的电解液（如饱和 KCl 溶液，含有饱和的 AgCl）。

旋开测量池左侧开口的螺丝，即可添加参比溶液，该口由一个 O 型螺丝密封。工作溶液依次流经工作电极，对电极，然后到废液中。由于测量池内部的流路设计，对电极上的反应产物不会接触到工作电极，因此不影响工作电极。

5. 流通测量池 EcaCell 353c

测量池 EcaCell 353c 专门用来进行样品的分析测试。它是一个三电极体系的流通池，即工作电极、Pt 对电极和 Ag/AgCl 参比电极，测量池结构如图 3-9 所示。

可更换的工作电极由惰性电极材料制成，嵌在一透明的 O 型圈中。在 O 型圈的上部有两个小的金属触点，电极表面非常敏感，因此要小心处理，避免电极表面的任何损伤。进样管螺丝和 O 型凹槽固定工作电极，电极与测量池内部的金属触点接触构成通路。

Pt 对电极固定在测量池内部，无需任何维护。参比电极置于另一隔室内，隔膜将其与右侧流动溶液分开。室内填充大约其 2/3 体积的电解液（如：饱和 KCl 溶液，含有饱和的 AgCl）。旋开测量池左侧开口的螺丝，即可添加参比溶液，该口由一个 O 型螺丝密封。工作溶液依次流经工作电极，对电极，然后到废液中。由于测量池内部的流路设计，对电极上的反应产物不会接触到工作电极，因此不影响工作电极。

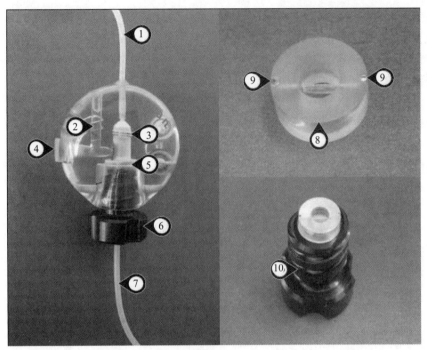

1. 废液管；2. 参比电极；3. 对电极；4. 参比电解液填充口；5. 工作电极；6. 工作电极固定螺丝；7. 溶液进口；

8. 工作电极；9. 金属触点；10. 工作电极固定螺丝及工作电极内部

图 3-9　流通测量池 EcaCell 353c

6. 技术参数

（1）控制单元

恒电位/恒电流：12V/10 mA；

DAC：16 位，100V 分辨率；

ADC：16 位，6s；

EcaSystem 接口：RS232；

电源：230V/50Hz；

功率：130VA。

（2）流路系统

测量池：AsHg 系统：三电极体系的 353c；

　　　　ZnCdPbCu 系统：三电极体系的 104；

工作电极：AsHg 系统：可更换的 E-T Au 电极；

　　　　　ZnCdPbCu 系统：可更换的 E-104L 电极；

参比电极：Ag/AgCl；

辅助电极：Pt 丝；

流路系统：完全由电脑控制的蠕动泵系统。

（3）试剂

试剂 AA（AsHg）：5L R-312；

试剂 AB（AsHg）：5L $KMnO_4$；

试剂 BA（ZnCdPbCu）：5L R-346；

试剂 BB（ZnCdPbCu）：5L R-329；

校准溶液 A（AsHg）：1L；

校准溶液 B（ZnCdPbCu）：1L。

（4）液位传感器（选件）

液位传感器 COP-05。

（5）电脑

IBM 工业电脑，RS232 接口。

（6）软件

分析重金属和非金属；

自动分析，自动扣除背景，自动评估和计算。

7. 主要特点

专利测量池；

无汞非镀膜电极；

无毒试剂；

灵敏度和选择性高；

抗干扰能力强，不受颜色影响；

工业电脑控制；

多参数同时分析；

模块化设计，灵活选择；

维护简单，运行成本低。

第六节　水质在线监测系统——流量计

应用于水质在线监测的流量计超声波流量计和电磁流量计。电磁流量计由于水头损失比较大，流量传感器内必须保持满管流等要求，使用较少。超声波流量计主要有：超声波时差式流量计、超声波多普勒流量计、超声波明渠流量计、超声波非满管（渠）流量计等，目前在线监测最常用的是超声波明渠流量计。

一、超声波明渠流量计工作原理

超声波明渠流量计主要由耐腐蚀的量水槽或堰、非接触式超声波液位传感器、微电脑控制仪组成。

采用超声波通过空气、以非接触的方式测量明渠内堰槽前指定位置的水位高度，再根据标准规定的液位-流量换算公式计算水的流量。适用于水利、水电、环保以及其他各种明渠条件下的流量测量，尤其适用于有玷污、腐蚀性污水的流量测量。

被测液体流过量水槽（堰）形成一定的节流液位高度，在自由流状态下，其渡过水槽液体流量与水位满足关系式

$$Q=C\times H^n \tag{3-9}$$

式中，C、n 为与量水槽结构有关的系数。

探头固定安装在量水堰槽水位观测点上方，探头对准水面，探头向水面发射超声波。超声波经过 t_1 时间，走过 E_1 距离，碰到校正棒。一部分超声波能量被校正棒反射，并被探头接收，仪器记下这段时间的长度 t_1。超声波的另一部分能量绕过校正棒，经过 t_2 的时间到达水面。这部分能量被水面反射后，被探头接收。仪表记下这段时间的长度 t_2。校正棒已经固定在探头上。校正棒的长度 E_1 不会变化。仪表根据 t_1 和 t_2 的比例，再乘以 E_1，求出水面到探头的距离 D，$D=E_1\times t_2/t_1$。

仪器通过固化在存储器的液位-流量换算公式，根据所测液位计算流量。流量计可与标准的巴歇尔槽、三角堰、矩形堰等堰板堰槽配用，实现流量计量。

主要性能指标：

测量范围：$0.36\sim104\ m^3/h$；

流量精度：与三角堰配用 1%～3%，与矩形堰配用 1%～5%，与巴歇尔槽配用 3%～4%；

超声波最大测距：2 m；

传感器盲区：0.4 m；

测距误差：＜0.4%；

水位分辨力：1 mm；

响应时间：6s。

二、超声波明渠流量计的种类

明渠流量计根据配置的堰槽不同分为堰式流量计和槽式流量计，槽式流量计又分为巴歇尔槽（P 槽）和帕尔默·鲍鲁斯槽（PB 槽）流量计两种。

堰式流量计除堰板部分外，还包括相应液位计以及堰板上游足够长的直渠段和整流段等。其特点：结构简单，价格便宜，测量精度高，可靠性好。因水头损失大，不能用于接近平坦地面的渠道；堰上游易堆积固形物，要定期清理。

堰式流量计里的超声波液位计是超声波从超声传感器（换能器）以一定速度发射经气—液界面反射回到换能器的时间，以求取水位的液位计，适用于有污浊物和腐蚀性液体，但液位存有泡沫等会影响液位测量值。

巴歇尔槽流量计的特点：水中固态物质不易沉积，随水流排出；水位抬高比堰小，仅为 1/4，适用于不允许有大落差的渠道。

帕尔默·鲍鲁斯槽（PB 槽）流量计的特点：水头损失在非满管流仪表中属于较小的，喉道部槽顶自清洗效果显著，几乎不必担忧固体物的沉淀和堆积。

三、超声波明渠流量计的选用要点

应考虑以下因素选择合适的测量方法：

① 水路的大小和形状，流速范围，最大流量和最小流量；

② 测量精确度要求；

③ 流量计设置场所和环境条件；

④ 液体状况，洁净程度，含有固相浓度，腐蚀性；

⑤ 现场允许落差（或升高水位）和渠道坡度。

确定流量仪表规格和流量范围，要取决于渠道峰流量和允许升高水位两个因素。对于新建单位可通过工艺流程计算渠道流量与拟安装位置，再选定仪表规格；对于老企业添置仪表要估计既有渠道流量和确认仪表上游允许升高水位。

第七节　固定污染源烟气排放连续监测系统工作原理

一、固定污染源烟气排放连续监测系统概述

1. 固定污染源烟气排放连续监测系统（CEMS）的定义

固定污染源烟气排放连续监测系统（Continuous Emission Monitoring Systems，简称CEMS），测定污染源颗粒物和（或）气态污染物浓度或排放速率所需的全部设备。它是由采样、测试、数据采集和处理3个子系统组成的监测体系。采样系统：采集、输送烟气或使烟气与测试系统隔离。

测试系统：检测污染物，显示物理量或污染物浓度。

数据采集、处理系统：采集并处理数据，生成图谱、报表，控制自动操作功能。

2. CEMS 的组成和描述

完整的 CEMS 系统主要包括：颗粒物监测子系统、气态污染物监测子系统、烟气排放参数监测子系统、数据处理子系统 4 个主要部分，其中：颗粒物监测子系统主要对烟气排放中的烟尘浓度进行测量，气态污染物监测子系统主要对烟气排放中的氮氧化物、二氧化硫、一氧化碳等气态形式存在的污染物进行监测，烟气排放参数监测子系统主要对排放烟气的温度、压力、湿度、含氧量或二氧化碳等参数进行监测，将污染物的浓度转换成标准干烟气状态和规定过剩空气系数下的浓度，符合环保计量的要求以及污染物排放量的计算。

3. CEMS 采用的分析技术

（1）二氧化硫和氮氧化物的监测

二氧化硫和氮氧化物以气态的形式随排放的烟气排出，对于二氧化硫和氮氧化物浓度的测量通常采用光学分析原理，根据对分析样品的采集方式不同，可分为直接抽取法、稀释抽取法和直接测量法。

（2）颗粒物监测

颗粒物是指燃料和其他物质燃烧、分解以及各种材料在处理中所产生的悬浮于烟气中的固体和液体颗粒状物质。

对于烟气排放中颗粒物的检测，通常采用的设备和原理主要有：浊度法烟尘仪、后散射法烟尘仪、光闪烁法烟尘仪、振荡天平法烟尘仪和β射线法烟尘仪。目前国内应用广泛

的是浊度法烟尘仪和后散射法烟尘仪，这两种原理的烟尘仪都是利用颗粒物对光的折射散射原理，通过测量光的衰减或者散射的强度从而测量出烟尘的浓度。

表 3-5　气态污染物主要分析方法

取样方法	二氧化硫	氮氧化物
稀释取样法	紫外荧光	化学发光
直接抽取法	非分散红外	非分散红外
	非分散紫外	—
	定电位电解	定点位电解
直接测量法	紫外差分	紫外差分
	紫外吸收	—

（3）烟气排放参数的监测

流速测量方法主要有皮托管法、热平衡法和超声波法。含氧量测量方法主要有氧化锆法、顺磁氧法和原电池法。湿度测量方法主要有电容法和干湿氧法。温度测量方法主要有铂电阻法和热电偶法。压力测量方法主要是压电感应式压力传感器法。

二、固定污染源烟气排放连续监测系统的测量技术及原理

（一）颗粒物浓度测量技术及原理

颗粒物 CEMS 主要原理有浊度法和光散射法。

1. 浊度法（不透明度法）

浊度法自动监测仪的监测原理是基于光通过含有颗粒物和混合气体的烟气时颗粒物吸收和散射测量光从而减少光的强度，通过测量光的透过率来计算颗粒物的浓度。浊度仪可以设计为单光程或双光程。

当一束光通过含有烟尘的烟气时，光强因烟尘的吸收和散射作用而衰减，并遵循 Lambert-Beer 定律：

$$I=I_0\exp（-aL）\tag{3-10}$$

式中：I_0 —— 入射光辐射强度；

　　I —— 出射光辐射强度；

　　a —— 与入射光波长、烟尘粒子半径、烟尘浓度相关的衰减系数；

　　L —— 光束透过烟气层的距离，即光程。

另一种表达式为：

$$I=I_0 10^{-D}\tag{3-11}$$

其中，D 定义为光密度。

可以看出 D 值只与入射和出射光强度有关，直接反映了光的衰减程度。光密度法就是通过测定光束通过烟气后的光强与原光强的比值来定量光密度或烟尘浓度。

测定仪主要由激光发射端、激光接收端组成。激光发射端、激光接收端均为法兰安装

形式，留有反吹气接口、电源及信号线缆连接插座。

2．光后散射法

光后散射法自动监测仪的原理是当光射向颗粒物时，颗粒物能够吸收和散射光，使光偏离它的入射路径。散射光的强度与观测角、颗粒物的粒径、颗粒物的折射率和形状，以及入射光的波长有关。光散射分析仪是在预设定偏离入射光的一定角度（120°～180°）测量散射光的强度。

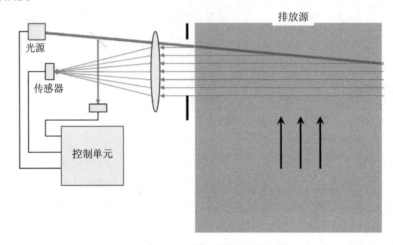

图 3-10　后散射法颗粒物监测仪

将一激光束投射入烟道，激光束与烟尘颗粒相互作用产生散射，散射光的强弱与烟尘的散射截面成正比，当烟尘浓度升高时，烟尘的散射截面成比例增大，散射光增强，通过测量散射光的强弱，可以得到烟尘中烟尘颗粒物的浓度。

3．β射线衰减法

使用等速采样设备对烟气进行等速采样，烟气通过滤带过滤后烟尘积集于样品滤带上，通过β射线对空白和样品滤带的对比测量，从而得出颗粒物的精确质量。

4．电荷转移监测仪法

任何两种不同的物质在动态状况下会互相之间产生静电荷。如果颗粒物互相碰撞，电子将从一种物质传导至另一种物质。这时，此静电荷会产生微弱电流，这就是我们熟悉的"摩擦生电"原理。如果颗粒物只是流经过一种材料（探头），两者之间会形成一种感应电荷：当流动中带正电荷的颗粒物接近探头的有效距离时，探针内的电子将被吸引到接近颗粒物的外层。当此颗粒物流过探头安装位置后，探针内的电子将被推移至远离颗粒物的另一面。当颗粒物离开有效感应距离时，探针内电子将恢复原来的分布状况。这种电子群的移动现象也能形成一股可被探测到的微弱电流。这就是"电荷感应"原理。

电荷法监测设备就是利用探测各烟尘颗粒物与探针之间所产生的静电荷，经过放大分析和处理，转换成一种电子信号并传送进监测系统。利用"摩擦生电"原理来获取信号的烟尘排放监测设备称为"直流耦合"技术；利用"电荷感应"原理来获取信号的烟尘排放监测设备称为"交流耦合"技术。烟尘颗粒物排放量与"交流耦合"技术监测探头感应信号具有线性关系。

5. 颗粒物 CEMS 几种测量方法比较

常用的颗粒物 CEMS 主要有：浊度法、向后散射、β射线吸收原理的 CEMS。颗粒物 CEMS 的性能比较见表 3-6。

表 3-6 颗粒物 CEMS 性能比较

原理	浊度法	后散射	β射线（国外）	β射线（国内）
方式	线测量非抽取式	点测量非抽取式	点测量抽取式	点测量非抽取式
波长	400~700 nm	≈880 nm	—	—
光源或辐射源	几万小时	几万小时	C14 5 000 年	2 年
灵敏度	30 mg/m³	高	高	高
干扰	粒径、分布、颜色、水雾滴	—	—	
安装	较易	易	较易	易
应用	建立专一经验关系式			

（二）二氧化硫和氮氧化物测量技术及原理

1. 红外或紫外荧光屏法测量气体浓度

一般情况，可以采用红外或紫外光谱，利用吸收或荧光原理对气体浓度进行测量。针对谱吸收法介绍如下（以 SO_2 为例）：

特定波长的紫外或红外光源通过敏感通道和参考通道组成的测量单元时，由于 SO_2 对光谱的吸收，使得从敏感通道得到的光信号有所衰减，且衰减的程度直接与 SO_2 的浓度有关，而参考通道的光信号不衰减，因此经光探测器，光电转换器就可以得到 SO_2 吸收光谱的程度，进而得到 SO_2 的浓度。

2. 二氧化硫和氮氧化物浓度连续测量

（1）直接抽取法

这种方法是最传统的烟气连续分析方法，它将被测烟气连续地进行抽取，经过采样探头过滤、加热保温、冷凝脱水和细过滤，进入气体分析仪，完成分析检测。这种方法在欧洲最为流行，但预处理系统复杂、维护工作量大、总体价格较高。

根据是否对烟气进行冷凝除水预处理，直接抽取法又可以分为冷干直接抽取法和热湿直接抽取法两大类。冷干直接抽取法在热烟气进入采样泵和分析仪表前，先对烟气进行快速冷却除水，之后分析取出水分的干烟气，测量干烟气的浓度；热湿直接抽取法则对烟气进行全程伴热，维持烟气的原态，直接分析湿烟气，测量为湿烟气的浓度。

直接抽取法分析仪采用的分析原理，主要是红外光谱吸收原理和紫外光谱吸收原理，它利用污染物分子吸收特征波长的光，能够区分不同种类的污染物。

（2）抽取式稀释法

抽取式稀释法是采用专用的探头采样，并用干燥、清洁的氮气或压缩空气对烟气进行稀释，稀释后的烟气经过不加热的传输管线输送到分析机柜，经过除尘等处理后进入分析仪进行分析检测，测量为湿烟气的浓度。

抽取式稀释法二氧化硫分析仪基本采用紫外荧光法、氮氧化物分析仪基本采用化学荧光法。

抽取式稀释法是在抽取的基础上，用干净的空气将抽取的烟气进行确定倍数的稀释（如 100 倍）。这样可避免抽取方式中复杂的样品预处理系统，同时由于无须除水，因而是带湿测量的，这也是美国环保局（EPA）的优选方法，在美国甚为流行。但这种方法要求高精度稀释头（设计制造相当困难），同时稀释头也需要定期更换过滤装置。

（3）直接测量法

直接测量法是指分析仪直接安装在烟道上，测量光直接穿过烟道中的被测量烟气进行检测。根据探头的构造不同，直接测量式 CEMS 可以分为内置式和外置式。

直接测量系统采用的分析原理主要是差分吸收光谱原理，对于不同波长的吸收，分子在有些波长吸收能量，在有些波长不吸收能量。在这样的系统中，方法原理仍然服从朗伯-比尔定律。

现场直接测量方式是目前为止最为简明的方式，免去了复杂的取样管道及预处理系统，维护工作量小，几乎没有消耗品，其难点是在线标定，同时探头和分析仪直接置于现场，防护要求较高。

3. 各种测量方法性能比较

气态污染物 CEMS 主要分为三大类：直接抽气法、稀释抽气法、直接测量法。

直接抽气法：粗滤、加热、保温（≥120℃）、除湿、细滤、测量烟气中污染物原始浓度（测量气体温度降低到≤15℃或比环境温度低 11℃），用零气和标准气体标定、点测量。

稀释抽气法：内、外（加热）稀释法、典型稀释比 1∶100、烟气输送距离远、露点低、测定稀释烟气污染物浓度、用零气和标准气标定、点测量。

直接测量法：不锈钢或陶瓷烧结材料滤尘、光吸收、用零气和标准气体标定或校准器件标定、点或线测量。气态污染物测量技术中，二氧化硫 CEMS 及氮氧化物 CEMS 性能比较见表 3-7、表 3-8。

表 3-7　二氧化硫 CEMS 性能比较

原 理	红外光谱吸收		紫外光谱吸收	
	非分散红外光谱吸收		荧光	紫外光谱吸收
方式	直接抽取	非抽取	稀释抽取	抽取、非抽取
点、线	点	点、线	点	点、线
波长	7.3 μm		214 nm	280～320 nm
特点	烟气原始浓度	烟气原始浓度	烟气稀释浓度	烟气原始浓度
输送	≤76 m	长	不用输送	≤76 m、不用输送

表 3-8　氮氧化物 CEMS 性能比较

原 理	非分散红外光谱吸收	紫外光谱吸收	化学发光
方式	抽取、非抽取	抽取、非抽取	稀释抽取
点、线	点、线	点	点、线
波长	NO　5.3 μm NO →NO$_2$	NO 195～225 nm NO 350～450 nm	NO+O →NO$_3$ 590～875 nm NO →NO$_2$
特点	原始浓度	原始浓度	稀释浓度
输送	≤76 m、不用输送	长	≤76 m、不用输送

（三）烟气排放参数测量技术及原理

烟气排放参数监测仪主要对排放烟气的温度、压力、湿度、含氧量、流速等参数进行监测，用以将污染物的浓度转换成标准干烟气状态和规定过剩空气系数下的浓度，符合环保计量的要求以及污染物排放量的计算。

表 3-9　烟气参数测量比较

测量项目	测量原理	安装位置
氧含量	氧化锆法	烟道、抽取
	磁氧法	直接抽取采样
	原电池法	直接抽取采样
流速	皮托管差压法	插入式
	热线法	插入式
	超声波法	对穿式
湿度	电容法	插入式
	干湿氧法	烟道和抽取
温度	热电偶	插入式
	热电阻	插入式
压力	压阻感应片	直接测量

1. 含氧量在线监测仪

烟气含氧量的检测方法主要有氧化锆分析仪、顺磁氧分析仪和化学原电池传感器。

（1）氧化锆分析仪测量含氧量

氧化锆分析仪通常有直接测量法和烟道抽取式两种，直接测量法即测量探头插在烟道中。烟道抽取式即采样探头插入烟道，测量池安装在烟道上离烟道一定距离的分析仪中（需要样品输送管路）。

氧化锆分析仪测量氧气的原理：利用 ZrO_2 在高温（600℃）时的电解催化作用，形成烟气一侧的电极与含有氧气的参考气体（通常为空气）接触的参考电极产生的点位的不同，从而测量出烟气中氧气浓度。

仪器所使用的氧化锆材料是一种氧化锆固体电解质，是在纯氧化锆中掺入氧化钇或氧化钙，在高温烧结的稳定氧化锆。在 600℃以上高温条件下，它是氧离子的良好导体，一般做成管状。

（2）顺磁含氧量自动分析仪

顺磁含氧量自动分析仪是利用氧气的顺磁性的特性测量氧气的浓度。氧气分子是顺磁性的，能够利用这种特性影响样品气体在分析仪中的流动方式。

抽取式顺磁氧分析仪可以精确和可靠地测量氧气浓度。它作为抽取系统的一个部件安装在气态污染物分析机柜内，共用系统的除尘、除湿系统，由于是经过除湿后进行测量，因此它测量的是干基气体的氧气浓度，为其他污染物浓度测量提供修正的参考值。

顺磁含氧自动分析仪没有电特性的消耗，无须定期更换传感器或校准，维护成本低，寿命长。

（3）原电池式氧传感器含氧量自动分析仪

原电池式氧传感器含氧量自动分析仪由两个金属电极、电解质、扩散透气膜和外壳组成，两个金属电极中银为工作电极，铅为对电极。传感器工作时氧气通过扩散透气膜进入传感器，在工作电极上发生电化学反应，电池产生的电流正比于样品中的含氧量，通过这个原理测量烟气中的含氧量。

2. 烟气流速在线监测仪

烟气流速是烟气参数的一个重要物理量，我国对二氧化硫、氮氧化物排放总量实施监控，需同时测定二氧化硫、氮氧化物浓度和和烟气流量，而监测烟气流量首先要监测烟气流速，其测量精度直接影响污染物排放总量的精度。常用的烟气流速测量方法有 S 型皮托管法、超声波法、热平衡法等。

（1）S 型皮托管法

皮托管测量原理如图 3-11 所示，由两根相同的金属管并联组成，测量端有方向相反的两个开口，一根管面正对气体流动方向测量全压，另一根管平行于气流或背向气流测量静压。皮托管两管连接微压传感器并且连接放大器，测得的压差由微压传感器测得，经放大调制，输出电压与 S 型皮托管测得的压差成正比例关系。即

$$P_d = kV_0 \qquad (3-12)$$

式中：P_d —— 烟气动压；

　　　k —— 放大器放大倍数；

　　　V_0 ——传感器输出电压。

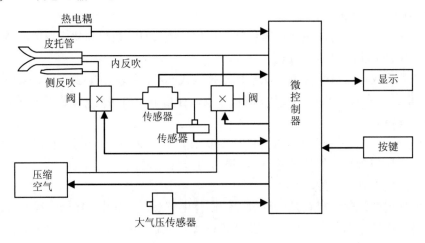

图 3-11　皮托管法测量原理示意

保持皮托管正对气流测孔表面的清洁是保证准确测量烟气流速的重要条件，需要采用高压反吹技术定期反吹皮托管。

测量断面上气流的流动方向不断地变化时，因为涡流与探头碰撞的角度极不垂直，所以在流速（流量）测量中涡流会引起相当大的误差。由于不能校准气流与压差传感器系统探头碰撞的角度，因此安装时应避开有涡流的位置。

由于 S 型皮托管的测量范围为 5～30 m/s，准确测量低压差是比较困难的（实际测定的最小压差约为 5Pa，能够测量的最低流速为 2～3 m/s），所以 S 型皮托管测定低流速时比

测定高流速的灵敏度低，准确性也差。

（2）超声波流量传感器

超声波流速仪测量原理如图 3-12 所示。在流体中设置两个超声波传感器，它们既可发射超声波又可以接收超声波，一个装在管道的上游，一个装在下游，在烟气流速连续监测中，在烟道两侧各安装一个发射/接收器组成超声波流速连续测量系统,典型的角度为 30°～60°。通过超声波在流体中顺流和逆流方向传播时间差来计算出流速。

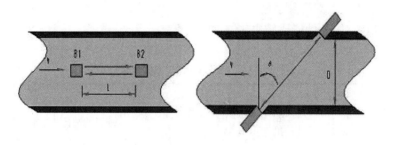

图 3-12　超声波法测量原理示意

超声波流速连续测量系统测量的是一条线，得到线平均而不是面平均流速。因此，理论而言，对于大多数用手工方法测定烟道一条直径线的平均流速作为面平均流速的烟道，通常不需校准超声波流速连续测量系统的测定结果，可将测得的线平均流速作为面平均流速。当超声波流速连续测量系统安装在矩形烟道或者管道上时，仍需要利用厂系数把线平均流速转换为面平均流速。

流速分层，测量位置出现涡流、轴流都会影响流速测定。所以测量系统应尽量避开安装在这样的位置。超声波技术能够测量低至 0.03 m/s 的气流流速。

（3）热平衡阀流速测量仪

热平衡法流速测量仪测量原理如图 3-13 所示,通过把加热体的热传输给流动的烟气进行工作的。气体借热空气对流从探头带走热，并导致探头冷却。气流流经探头的速度越快，探头冷却得越快。供给更多的电量维持传感器最初的温度，对于加热丝类型的传感器，气体的质量流量正比于供电量。

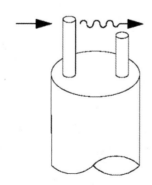

图 3-13　热平衡法流速仪测量原理示意

水滴将引起热传感系统的测量误差，因为附着在传感器上的水滴会带走热量，水蒸气造成的热损失被作为是气流带走的热损失，结果导致测量流量偏高。因此热传感系统不适合含有水滴的烟气流量的测定。

热传感系统会受到腐蚀和黏附颗粒。酸液会腐蚀探头金属结合处并造成灾难性的故障而不是系统误差。黏附的微粒在探头的温度传感器上形成绝缘层，将使仪器的响应时间变慢，不能实时跟踪测量变化的流速。因此，应采用多种技术减少存在的这些问题。这些技术如：瞬时加热传感器或用清洁的空气吹扫掉探头上的沉积物或用机械的方法清除表面的黏污物，目前这些技术都得到了应用。

各种流速测量 CMS 性能比较见表 3-10。

表 3-10 流速 CEMS 性能比较

测量方法	测量方式	优 点	缺 点
S 型皮托管法	点测量 要用速度场系数校准	结构简单、安装方便、易于维护、运行可靠	要用高压气体定时反吹
热平衡法	点测量 要用速度场系数校准	结构简单、安装方便、易于维护、运行可靠，不需要测量烟气温度、压力	质量流量与烟气密度有关，由于是直接插入烟道测量，要防止烟气对热丝的污染
超声波法	线测量	与气体密度、温度压力无关，测量断面排气平均流速	安装要求高、价格贵

（4）速度场系数的作用和影响

速度场系数为通过烟道或管道断面烟气的参比方法平均流速与相同时间区间通过同一断面或非同一断面中某一固定点或测定线的烟气平均流速的比值。

用同一固定点测得的烟气流速计算得到的速度场系数基本上是一个稳定值，波动很小，因此，在烟道截面内某一合适固定点放置一皮托管探头，测出该点的烟气流速，利用该点的烟气流速和速度场系数即可计算出烟道截面的平均流速，从而用于排放总量的计算。

利用速度场系数测定烟气流速既方便又快速，且准确。

3. 温度、压力在线监测仪

（1）烟气温度

烟气温度是烟气重要的状态参数之一，它涉及烟气湿度、密度、流速、流量等几乎所有的计算，是必须测定的重要参数。烟气温度在烟道内横断面分布通常是均匀的，即使有偏差，对最终的结果影响也可忽略不计，因此烟气温度只在靠近烟道中心的一点测量。烟气温度通常采用热电偶或者热电阻原理的温度变送器测量。

① 热电偶测温原理

热电偶是工业上最常用的温度检测元件之一，热电偶工作原理是基于赛贝克（Seeback）效应，即两种不同成分的导体两端连接成回路，如两连接端温度不同，则在回路内产生热电流的物理现象。其优点是：

a. 测量精度高。因热电偶直接与被测对象接触，不受中间介质的影响。

b. 测量范围广。常用的热电偶从－50～1 600℃均可连续测量，某些特殊热电偶最低可测到－269℃（如金、铁、镍、铬），最高可达 2 800℃（如钨—铼）。

c. 构造简单，使用方便。热电偶通常是由两种不同的金属丝组成，而且不受大小和开头的限制，外有保护套管，用起来非常方便。

热电偶测温基本原理：

将两种不同材料的导体或半导体 A 和 B 焊接起来，构成一个闭合回路。当导体 A 和 B 的两个执着点 1 和 2 之间存在温差时，两者之间便产生电动势，因而在回路中形成一个大小的电流，这种现象称为热电效应。热电偶就是利用这一效应来工作的。

② 热电阻

热电阻是中低温区最常用的一种温度检测器。它的主要特点是测量精度高，性能稳定。其中铂热阻的测量精确度是最高的，它不仅广泛应用于工业测温，而且被制成标准的基准仪。

热电阻测温原理及材料：

热电阻测温是基于金属导体的电阻值随温度的增加而增加这一特性来进行温度测量的。热电阻大都由纯金属材料制成，目前应用最多的是铂和铜，此外，现在已开始采用镍、锰和铑等材料制造热电阻。

（2）烟气压力

烟气压力是气体在管道中流动时所具有的能量，包括两部分，一部分能量体现在压强大小上，通常称为静压；另一部分体现在流速的大小上，通常称为动压。

静压是气体所具有的势能，是作用于管道比单位面积上的压力，这一压力表明烟道内部压力与大气压力之差。动压是气体所具有的动能，是使气体流动的压力，它与管道气体流速的平方成正比。由于动压仅作用于气体流动方向，动压恒为正值。静压和动压的代数和称为全压。

4. 湿度在线监测仪

由于我国在计量污染物浓度和排放量时，实行的是标准干烟态下的计量标准，所以对于流量、颗粒物浓度、二氧化硫浓度、氮氧化物浓度、氧气浓度等数据需要根据测量的烟气湿度进行干烟态的修正。烟气湿度的测量主要有直接测量法和干湿氧法。

（1）直接测量法

采用薄膜电容式传感器和 PT100 电阻组合专门设计的湿度传感器，利用水分的变化和电容值变化之间的关系直接测量水气分压，利用 PT100 测量温度，可以准确测量高温烟气的水分含量，并专门根据 CEMS 烟气特点计算出体积百分数。

通常做法是将湿度仪探头直接插入烟道中，探头周围采用特制的过滤器进行保护。但考虑到探头直接暴露在烟道环境内，不易维护，容易腐蚀，设备停运易造成传感器损坏，一些新的做法是使用加热采样探头将烟气从烟道中抽取出来，之后伴热送入放置湿度传感器的测量池，实现分析，全程烟气维持露点以上，保证湿度不损失。

（2）干湿氧法

通常利用插入式氧化锆探头直接测量烟道中的湿态氧含量，利用直接抽取法将烟气抽取后除湿降温，测量出干态氧含量，经计算后得出烟气湿度。

第八节　CEMS 实例分析

我们现在以武汉宇虹环保产业发展有限公司生产的 TH-890 系列 CEMS 进行实例分析。武汉宇虹环保产业发展有限公司生产的 TH-890 系列由颗粒物 CEMS、气态污染物 CEMS、烟气参数测量子系统及数据采集与处理 4 部分组成。其中颗粒物 CEMS 采用 TH-OPAC100 II 型烟尘测量仪。气态污染物 CEMS 由日本富士公司生产的 ZRJ-5 气体分析仪及武汉宇虹环保产业发展有限公司生产的 TH-RC01 型加热型采样器、TH-QL02 型气体冷却器等装置构成。烟气参数测量子系统由流速、温度、压力测量变送器组成。数据采集与处理系统由 TH-2000S 数据采集处理控制仪构成。

一、系统概述

1. 系统工作原理及工作过程

烟气流速、温度、压力通过流速、温度、压力变送器进行测量。各信号值以 4～20 mA 模拟信号送到 TH-2000S。烟气中 SO_2、NO、O_2 使用日本富士公司生产的 ZRJ-5 气体分析仪测量并以 4～20 mA 模拟信号送到 TH-2000S。烟尘浓度使用 TH-OPAC100 II 型烟尘测量仪测量，测量值送入 TH-2000S。

本系统主要设备运行状态通过继电器送入 TH-2000S，用于诊断该设备是否正常。同时 TH-2000S 输出开关量控制相应设备工作，从而实现系统自动运行。

TH-890 CEMS 中烟气取样为目前普遍使用的热管抽气法。待测样气通过抽气泵从烟道中连续抽取，样气首先进入加热采样器，在采样器中烟气被加热，同时经过微孔过滤器去除烟气中的灰尘，加热后的烟气通过伴热管保温送入气体冷却器中。样气通过气体冷却器中热交换器时被快速冷却，结露的水被排出，由于冷却速度快，故不会改变样气成分，去除水分的样气通过精密过滤器、流量计等设备后送到测量仪中，测量结果以 4～20 mA 模拟信号送到 TH-2000S。

TH-2000S 采集上述各种信号经数据处理后得出污染物排放浓度、折算排放浓度、排放量，并将该数据及有关烟气参数通过多种通信方式传送到中控室及环保部门。

TH-890 CEMS 系统还包括校准及反吹装置在 TH-2000S 数据采集处理控制仪控制下，该装置能手动、定时自动校零、校标，保证了烟气测量仪长期连续运行的准确性。反吹装置对加热采样器中的微孔过滤器、烟气流速测量装置中的皮托管进行手动或定时自动反吹、以防止该设备填塞，保证了 TH-890 CEMS 可靠运行及准确测量。

2. 测量数据及参数

根据环境保护部颁布的有关标准，TH-890 CEMS 主要监测量如下：
① 烟气中 SO_2 排放浓度、折算排放浓度、排放量；
② 烟气中 NO 排放浓度、折算排放浓度、排放量；
③ 烟气中烟尘排放浓度、折算排放浓度、排放量；
④ 烟气中氧含量；

⑤ 烟气流速、温度、压力。

3．传输方法

TH-890 CEMS 根据用户要求可以提供多种数据传输方式：

① 通过 232/485 接口传送数据；

② 通过 EPSN（电话）传送数据；

③ 通过短信传送数据；

④ 通过 GPRS 传送数据。

二、系统分析

1．红外分析仪

选用日本富士公司生产的 ZRJ-5 烟气分析仪测量烟气中 SO_2、NO、O_2 浓度。

该仪器采用原理：依据不同的原子、分子对红外光谱吸收特定的波长，利用 Lambert-Beer 定律，计算相应的 SO_2、NO 浓度。该仪器采用模块式结构，安装方便，具有量程选择、校准、标准模拟信号输出等功能。该仪器测量精度高，稳定性好，使用寿命长。

技术指标见表 3-11。

表 3-11　红外分析仪技术指标

	SO_2	NO	O_2
测量范围	$0\sim14\,000$ mg/m³	$0\sim14\,000$ mg/m³	$0\sim25\%$
线性误差	$\leqslant\pm1\%$	$\leqslant\pm1\%$	$\leqslant\pm5\%$
重现性	$\leqslant\pm1\%$	$\leqslant\pm1\%$	$\leqslant\pm2.5\%$
漂移	$\leqslant\pm2.5\%$满量程/周	$\leqslant\pm2.5\%$满量程/周	$\leqslant\pm2.5\%$满量程/周
响应时间	$\leqslant100$ s	$\leqslant100$ s	$\leqslant100$ s

烟气中含氧量的测量是为了计算空气过剩系数而得到锅炉燃烧状况，同时为了计算国家有关标准中所规定的 SO_2、NO、烟尘的折算排放浓度。

2．烟尘测试仪

（1）概述

TH-OPAC100II 基于烟尘粒子的背向散射原理，用于对固定污染源颗粒污染物进行在线连续测量。

TH-OPAC100II 型烟尘测量仪可用于各种污染排放源的颗粒污染物浓度实时连续测量，可配套烟气监测系统，也可单独一台或几台连接成一套烟尘监测网络，共用一个前台。仪器可适用于电厂、钢厂、水泥厂等烟尘监测，也可用于除尘设备及其他粉体工程的过程控制。

（2）系统原理及构成

系统包括光学部分，电路部分，标定器，风室。

系统示意如图 3-14 所示。

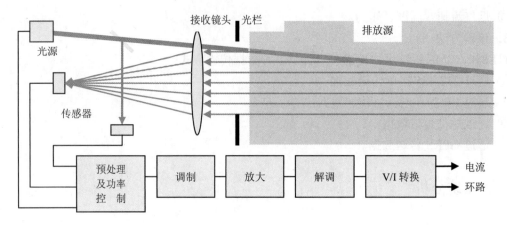

图 3-14 系统原理

光学部分包括激光光源及功率控制、光电传感、散射光接收部分。激光光源及功率控制保证光源的稳定性，激光器发出的 670 nm 束以一个微小的角度射入排放源，激光束与烟尘粒子作用产生散射光，背向散射光通过接收系统进入传感器转变成电信号进行处理。

测量区的大小通过光栏接收镜头参数及传感器大小，光源的探角决定。

电路部分实现光电转换、激光束的调制、信号放大、解调、功率控制、V/I 转换功能。

标定器用于产生一稳定的光信号，对仪器进行零点及跨度标定。

风室为一腔体，留有与清洁空气源连接的接口，用于保护仪器不被烟气污染。

3．流速、温度、压力变送器

烟气流速、温度、压力测量是为了计算标准状态下烟气流量，从而得出烟尘、SO_2、NO 的排放率。

上述各量的测量使用了铂电阻。温度变送器将烟气温度转换成 4～20 mA 信号送入 TH-2000S。烟气压力测量采用压力变送器，输出 4～20 mA 模拟信号。烟气流速测量采用 S 型皮托管，放置于烟道的 S 型皮托管可以测量烟气动压，而该点烟气流速与该点烟气动压平方根成正比，选用差压变送器将 S 型皮托管测量的动压转换为 4～20 mA 模拟信号，通过 TH-2000S 处理后，该模拟信号即对应于该点的流速。

4．数据采集处理控制仪

TH-2000S 数据采集处理控制仪硬件由一台带彩色液晶屏的工业用一体化工作站及 ADAM 5000 分布式数据采集控制系统（含 ADAM 5017、ADAM 5050 模块）组成。TH-2000S 还配有一套系统软件，其完全符合《固定污染源排放烟气连续监测系统技术条件》中所规定的数据采集与处理系统的要求，具有如下功能：

（1）TH-2000S 能实时显示烟气中 SO_2、NO、烟尘的排放浓度、烟气中的氧含量、烟气流速、温度、压力等多种参数。能存储原始数据及经二次计算的数据，能自动根据指令将以上信息发送控制中心及环保管理部门。

（2）文档管理

TH-2000S 能对数据文档进行保存和备份，自动生成运行参数报告、数据报告。

（3）控制

TH-2000S 根据需要控制协调整个系统的时序、记录测定数据和仪器运行状态数据。

根据状态数据、诊断仪器运行状态并给出状态标记。

（4）安全管理

TH-2000S 具有安全管理功能，操作人员需输入密码后，才能进入参数修改、控制时序的修改，系统具有二级操作管理权限。

① 系统管理员可进行所有系统设置工作。

② 一般操作人员只能进行日常例行维护和操作。

（5）异常情况下恢复功能

当受外界强干扰或偶然意外的掉电后又上电的情况发生时，TH-2000S 能自恢复运行并记录出现的掉电时间。

（6）数据通信

TH-2000S 具有多种通信功能，能将多种数据通过 232/485 传送到企业管理中心，并通过调制解调器传送到环保管理部门。

（7）丢失数据修复

TH-2000S 具有对丢失数据进行自修复的功能。

（8）数据查询

TH-2000S 具有历史记录查询功能，将采集的数据以报表形式陈列出来。如：日报表、月报表、年报表；并附有曲线图。

（9）参数设置

TH-2000S 能对仪器进行设置，如上、下限超标报警功能，对 SO_2、NO 等参数进行设置。

（10）校准功能

能手动/自动对 SO_2、NO、O_2 分析仪进行零和跨度校准。校准时间可设置。校准过程时间可设置。二次校准间隔时间可设置。

（11）诊断功能

能对主要设备运行状态进行诊断。例如加热采样探头、气体冷却器、气体测量仪等设备是否正常运行。

5. 烟气前处理装置

由于本系统采用热管抽气法测量烟气中 SO_2、NO、O_2 的浓度，所以必须使用烟气前处理装置，即从烟道中抽取的烟气必须经过烟气前处理装置处理后才能送入烟气测量仪中测量。

本系统中烟气前处理装置由加热采样器、伴热管、烟气冷却器、精密过滤器等组成。

（1）加热采样器

加热采样器由加热元件、温控仪、5 μm 过滤器及外壳组成，其加热温度 0～200℃可调。温度控制采用 PID 调节。具有上、下限报警开关量输出，将该开关量送入 TH-2000S，可诊断该设备状态。5 μm 微孔过滤器作为第一级过滤去除烟气中灰尘。

（2）气体冷却器

采用热管直接抽气法测量烟气中气体成分方法必须使用气体冷却器，其目的是去除烟气中的水分。

目前使用的大多数气体冷却器都采用低于下限温度停压缩机，高于上限温度开压缩机的方法。当压缩机停机后，即停止了制冷，使气体冷却器中的热交换器的温度快速上升。由于压缩机停机后在 5 分钟内不能重新启动，故在压缩机停机到开机这一段时间内由于温度升高会影响热交换器脱水的效果，从而影响测量烟气精度。

气体冷却器采用了相关的制冷技术，可使压缩机停机 30 分钟以上而热交换器温度上升不超过 2℃，从而保证了冷凝质量，也延长了本压缩机的使用寿命。

气体冷却器具有温度上限报警开关量信号输出，该信号送到 TH-2000S，可以检测设备的运行状态。

（3）伴热管

由两根聚四氟乙烯管、加热线及保温层组成，其最高温度可到 180℃。

6. 其他装置

（1）标气瓶及校准电磁阀

在 TH-890 CEMS 中的 SO_2、NO、O_2 测量仪处在长期连续工作状况，随着时间的变化，该仪器零点及跨度将会产生漂移，必须定期对仪器零点、跨度进行校正。

本系统测量仪中 SO_2、NO 零点校准、O_2 的跨度校准由空气及对应的电磁阀实现。

SO_2、NO 跨度校准、O_2 的零点校准由计量部门提供的与测量仪量程相符合的 SO_2、NO 标准浓度气体及对应的电磁阀实现。

（2）空压机及反吹电磁阀

加热采样器中的微孔过滤器和流速测量皮托管都要定时反吹，以防止灰尘堵塞而影响系统正常运行。

TH-890 CEMS 系统中空压机是用来产生反吹气源。TH-2000S 数据采集控制仪通过继电器控制反吹电磁阀开启或闭合来完成反吹功能。选用优质进口无油空压机，输出压力稳定。

（3）气体水分报警器

本系统配置有气体水分报警器。进入气体分析仪的样气存在水分时，报警就会产生信号，该信号通过继电器送至 TH-2000S。TH-2000S 将发出指令停止采样，并向气体测量仪通入清洁干燥空气，以保护气体测量仪不被损坏。

（4）流量报警器

当样气流量低于一定值时，该流量报警发出报警信号送至 TH-2000S。TH-2000S 立即发出指令控制相关设备动作，判断是由于抽气泵故障还是微孔过滤器堵塞导致样气流量过低。

通过实践发现，目前废气在线监测系统的主体已经较为成熟，气态污染源的各参数的准确测定已达到较高标准，但诸如颗粒物、流速等附属参数的准确性测量还有待提高，这是目前市场上绝大多数在线监测设备的弱点。这些附属参数的准确测量、校准以及维护都较为困难，需要专业人士付出更多的努力以提高废气在线监测的完整性及准确性。

第九节　环境空气质量自动监测设备原理分析

一、环境空气质量自动监测设备概述

环境空气质量自动监测系统一般采用湿法和干法两种方式。湿法的测量原理是库仑法和电导法等，需要大量试剂，存在试剂调整和废液处理等问题，操作繁琐，故障率高，维护量大。湿法现已处于淘汰阶段。干法基于物理光学测量原理，使样品始终保持在气体状态，没有试剂的损耗，维护量较小。干法以欧美国家为主，代表了目前的发展趋势。

对于二氧化硫、二氧化氮和臭氧的测量，还可以采用差分光谱法，采用差分光谱法原理的设备普及较快。这类设备一台设备能够分时测量上述三个参数，还能测量 CH_4 等有机污染参数。

环境空气自动监测设备主要分为分析系统和气象参数测量系统，分析系统主要分析二氧化氮、二氧化硫、臭氧、一氧化碳、可吸入颗粒物、$PM_{2.5}$ 等，气象参数测量系统主要测量风速、风向、气温、气压、湿度等。

我国环境空气质量自动监测技术规范中规定所配置监测仪器的分析方法如表 3-12 所示：

表 3-12　监测仪器推荐选择的分析方法

监测项目	点式监测仪器	开放光程监测仪器
NO_2	化学发光法	差分吸收光谱分析法（DOAS）
SO_2	紫外荧光法	差分吸收光谱分析法（DOAS）
O_3	紫外光度法	差分吸收光谱分析法（DOAS）
CO	气相滤波相关红外吸收法、非分散红外吸收法	—
PM_{10}	微量振荡天平法（TEOM）、β射线法	—
$PM_{2.5}$	微量振荡天平法（TEOM）、β射线法	—

二、环境空气质量监测设备原理分析

1. SO_2 自动分析仪

SO_2 的自动监测原理以紫外荧光法应用最广泛，其他还有电导法等。

（1）紫外荧光法原理

基于 SO_2 分子接收紫外线（214 nm）能量成为激发态分子，在返回基态时，发出特征荧光，由光电倍增管将荧光强度信号转换成电信号，通过电压/频率转换成数字信号送给CPU 进行数据处理。当 SO_2 浓度较低，激发光程较短且背景为空气时，荧光强度与 SO_2 浓度成正比。采用空气除烃器可消除多环芳烃（PAHs）对测量的干扰。

依据荧光分析法原理设计的干法仪器，具有灵敏度高、选择性好、适用于连续自动监测等特点，被世界卫生组织（WHO）推荐在全球监测系统采用。

当用波长 190～230 nm 脉冲紫外光照射空气样品时，则空气中的 SO_2 分子对其产生强烈吸收，被激发至激发态，即

$$SO_2 + hv_1 \longrightarrow SO_2^*$$

激发态的 SO_2^* 分子不稳定，瞬间返回基态，发射出波峰为 330 nm 的荧光，即

$$SO_2^* \longrightarrow SO_2 + hv_2$$

当 SO_2 浓度甚低，吸收光程很短时，发射的荧光强度和 SO_2 浓度成正比，用光电倍增管及电子测量系统测量荧光强度，并与标准气样发射的荧光强度比较，即可得知空气中 SO_2 的浓度。

荧光法测定 SO_2 的主要干扰物质是水分和芳香烃化合物。水的影响一方面是由于 SO_2 溶于水造成损失，另一方面由于 SO_2 遇水发生荧光猝灭造成负误差，可用半透膜渗透法或反应室加热法除去。芳香烃化合物在 190～230 nm 紫外光激发下也能发射荧光造成正误差，可用装有特殊吸附剂的过滤器预先除去。

荧光计的工作原理是：紫外脉冲光源发射的光束通过激发光滤光片（光谱中心 220 nm）后获得所需波长紫外光射入反应室，与空气中的 SO_2 分子作用，使其激发而发射荧光，用设在入射光垂直方向上的发射光滤光片（光谱中心 330 nm）和光电转换装置测其强度。使用脉冲光源可将连续光变为交变光，以直接获得交流信号，提高仪器的稳定性。脉冲光源可通过使用脉冲电源或切光调制技术获得。

（2）电导法原理

电导法测定空气中二氧化硫的原理基于：用稀的过氧化氢水溶液吸收空气中的二氧化硫，并发生氧化反应：

$$SO_2 + H_2O \longrightarrow 2H^+ + SO_3^{2-}$$

$$SO_3^{2-} + H_2O_2 \longrightarrow SO_4^{2-} + H_2O$$

生成的硫酸根离子和氢离子，使吸收液电导率增加，其增加值取决于气样二氧化硫含量，故通过测量吸收液吸收二氧化硫前后电导率的变化，便可得知气样中二氧化硫的浓度。

电导式 SO_2 自动监测仪有间歇式和连续式两种类型。间歇式测量结果为采样时段的平均浓度，连续式测量结果为不同时间的瞬时值。它有两个电导池，一个是参比池，用于测定空白吸收液的电导率（K_1），另一个是测量池，用于测定吸收 SO_2 后的吸收液电导率（K_2），而空白吸收液的电导率在一定温度下是恒定的，因此，通过测量电路测知两种电导液电导率差值（K_2-K_1），便可得到任一时刻气样中的 SO_2 浓度。也可以通过比例运算放大电路测量 K_2/K_1 来实现对 SO_2 浓度的测定。当然，仪器使用前需用标准 SO_2 气体或标准硫酸溶液标定。

2. NO$_x$ 自动分析仪

NO$_x$ 自动分析仪以化学发光法 NO$_x$ 自动监测仪应用最广泛。

化学发光法原理：

NO 与 O_3 发生反应生成激发态的 NO_2，在返回基态时发射特征光，发光强度与 NO 浓

度成正比。NO_2 不与 O_3 发生反应,可通过钼催化还原反应(315℃)将 NO_2 转换成 NO 后进行测量。如果样气通过钼转换器进入反应管,则测量的是 NO_x,NO_x 与 NO 浓度之差即为 NO_2。

化学发光法 NO_x 监测仪是根据 NO_x 发生化学发光反应的原理设计的。化学发光反应是指某些化合物分子吸收化学能后,被激发到激发态,再由激发态返回基态时,以光量子形式释放出能量的现象。通过测量化学发光强度可对物质进行定量测定,这就是化学发光分析法。

化学发光现象通常出现在放热化学反应中,可在气相、液相和固相中进行。NO_x 可发生下列几种气相化学发光反应。

$$NO + O_3 \longrightarrow NO_2^* + O_2$$

$$NO_2^* \longrightarrow NO_2 + h\nu$$

式中:NO_2^*——处于激发态的二氧化氮;

$\quad h$ ——普朗克常数;

$\quad \nu$ ——发射光子的频率。

该反应的发射光谱在 600~3 200 nm,最大强度在 1 200 nm 处。

$$NO_2 + O \longrightarrow NO + O_2$$

$$O + NO + M \longrightarrow NO_2^* + M$$

$$NO_2^* \longrightarrow NO_2 + h\nu$$

该反应发射光谱在 400~1 400 nm,最大强度在 600 nm 处。

$$NO_2 + H \longrightarrow NO + OH$$

$$NO + H + M \longrightarrow HNO^* + M$$

$$HNO^* \longrightarrow HNO + h\nu$$

该反应发射光谱范围在 600~700 nm。

$$NO_2 + h\nu \longrightarrow NO + O$$

$$O + NO + M \longrightarrow NO_2^* + M$$

$$NO_2^* \longrightarrow NO_2 + h\nu$$

该反应发射光谱范围在 400~1 400 nm。

在第一种发光反应中,以臭氧为反应剂;在第二、三种反应中,需要用原子氧或原子氢;第四种反应需要特殊光源照射。鉴于臭氧容易制备,使用方便,故目前广泛利用第一种发光反应测定大气中的 NO_x,其反应产物的发光强度可用下式表示:

$$I = K \cdot \frac{[NO] \cdot [O_3]}{[M]} \qquad (3\text{-}13)$$

式中:I —— 发光强度;

[NO]、[O₃] —— 分别为 NO 和 O₃ 的浓度；

    M —— 参与反应的第三种物质浓度，该反应用空气；

    K —— 与化学发光反应温度有关的常数。

如果 O₃ 是过量的，而 M 也是恒定的，所以发光强度与 NO 浓度成正比，这是定量分析的依据。但是，测定 NOₓ 总浓度时，需预先将 NO₂ 转换为 NO。

气路分两部分，一是 O₃ 发生气路，即净化空气或氧气经电磁阀、膜片阀、流量计进入 O₃ 发生器，在紫外光照射或无声放电作用下，产生 O₃ 进入反应室。二是气样经尘埃过滤器进入反应室，在约 345℃ 和石墨化玻璃碳的作用下，将 NO₂ 转化成 NO，再通过电磁阀、流量计到达装有制冷器的反应室。气样中的 NO 与 O₃ 在反应室中发生化学发光反应，产生的光量子经反应室端面上的滤光片获得特征波长光照射到光电倍增管上，将光信号转换成与气样中 NOₓ 浓度成正比的电信号，经放大和信号处理后，送入指示、记录仪表显示和记录测定结果。反应室内化学发光反应后的气体经净化器由泵抽出排放。还可以通过三通电磁阀抽入零气校正仪器的零点。

化学发光分析法的特点是：灵敏度高，检出限可达 10^{-9}（V/V）数量级；选择性好，通过对化学发光反应和发光波长的选择，可消除共存组分的干扰，不经分离有效地进行测定；线性范围宽，一般可达 5～6 个数量级。

3. O₃ 自动分析仪

连续或间歇自动测定空气中 O₃ 的仪器以紫外光度法 O₃ 监测仪应用最广，其次是化学发光法 O₃ 监测仪。

（1）紫外光度法原理

利用 O₃ 分子吸收射入中空玻璃管的 254 nm 的紫外光，测量样气的出射光强。通过电磁阀的切换，测量涤除 O₃ 后的标气的出射光强。二者之比遵循朗伯-比尔公式，据此可得到 O₃ 浓度值。

紫外光度法 O₃ 监测仪操作简便，响应快，最低检出限可达 2×10^{-9}。

（2）化学发光法原理

测定原理基于 O₃ 能与乙烯发生气相化学发光反应，即气样中 O₃ 与过量乙烯反应，生成激发态甲醛，而激发态甲醛分子瞬间返回基态，放出光量子，波长范围为 300～600 nm，峰值波长 435 nm，其发光强度与 O₃ 浓度呈线性关系。

4. PM₁₀ 自动分析仪原理

可吸入颗粒物（PM₁₀）是环境空气质量自动连续监测系统的重要监测项目，目前国内外对 PM₁₀ 的自动连续监测基本有两种方法：一种是 β 射线法；另一种是微量振荡天平（TEOM）法。

（1）β 射线法

仪器利用恒流抽气泵进行采样，大气中的悬浮颗粒被吸附在 β 源和盖革计数器之间的滤纸表面，抽气前后盖革计数器计数值的改变反映了滤纸上吸附灰尘的质量，由此可以得到单位体积空气中悬浮颗粒的浓度。

射线衰减法是一种间接的测量方法，仪器校准使用标准膜片，标准膜片的材质是假定与所采集颗粒物的成分相同，然而在实际测量过程中往往是不完全相同的。因此，测量的准确性不仅与采样流量的准确性有关，还受颗粒物成分的影响。

（2）微量振荡天平法

微量振荡天平法是基于航天技术的锥形元件微量振荡天平原理而研制的。此锥形元件在其自然频率下振荡，振荡频率由振荡的物理特性、参加振荡的滤膜质量和沉积在滤膜上的颗粒物质量决定。通过测定系统频率的变化可测得对应时间颗粒物浓度。

微量振荡天平法的振荡频率是由锥形空心管质量、滤膜质量和沉积在滤膜上的颗粒物质量所决定，由于锥形空心管为特殊非热质材料制成，它与滤膜质量，在更换滤膜或仪器重新启动时是被作为本底值考虑，所以振荡频率只取决于沉积在滤膜上颗粒物的质量。因此，可以认为微量振荡天平法是一种直接质量测量法——称量法，测量的准确性基本取决于采样流量。

5. CO 自动分析仪原理

连续测定空气中 CO 的自动监测仪以非色散红外吸收法 CO 监测仪和非色散相关红外吸收法 CO 监测仪应用最广泛。

（1）非色散红外吸收法 CO 监测仪

仪器测定原理基于 CO 对红外光具有选择性地吸收（吸收峰在 4.5 μm 附近），在一定浓度范围内，其吸光度与 CO 浓度之间的关系符合朗伯-比尔定律，故可根据吸光度测定 CO 的浓度。

由于 CO_2 的吸收峰在 4.3 μm 附近，水蒸气在 3 μm 和 6 μm 附近，而且空气中 CO_2 和水蒸气的浓度远大于 CO 浓度，故干扰 CO 的测定。用窄带光学滤光片或气体滤波室将红外辐射限制在 CO 吸收的窄带光范围内，可消除 CO_2 和水蒸气的干扰。还可用从样品中除湿的方法消除水蒸气的影响。

从红外光源经平面反射镜发射出能量相等的两束平行光，被同步电机带动的切光片交替切断。然后，一路通过滤波室（内充 CO_2 和水蒸气，用以消除干扰光）、参比室（内充不吸收红外光的气体，如氮气）射入检测室，这束光称为参比光束，其 CO 特征吸收波长光强度不变。另一束光称为测量光束，通过滤波室、测量室射入检测室。由于测量室内有气样通过，则气样中的 CO 吸收了特征波长的红外光，使射入检测室的光束强度减弱，且 CO 含量越高，光强减弱越多。检测室用一金属薄膜（厚 5～10μm）分隔为上、下两室，均充等浓度 CO 气体，在金属薄膜一侧还固定一圆形金属片，距薄膜 0.05～0.08 mm，二者组成一个电容器，并在两极间加有稳定的直流电压，这种检测器称为电容检测器或薄膜微音器。由于射入检测室的参比光束强度大于测量光束强度，使两室中气体的温度产生差异，导致下室中的气体膨胀压力大于上室，使金属薄膜偏向固定金属片一方，从而改变了电容器两极间的距离，也就改变了电容量，由其变化值即可得出气样中 CO 的浓度值。采用电子技术将电容量变化转变成电流变化，经放大及信号处理后，由指示表和记录仪显示和记录测量结果。

仪器连续运转中，需定期通入纯氮气进行零点校准和通入 CO 标准气进行量程校准。

（2）气相滤波相关红外吸收法 CO 监测仪

这种仪器测定 CO 的原理同非色散红外吸收法监测仪，只是对仪器部件作了改进，采用了气体滤光器相关技术和固态检测器等，提高了测定准确度和稳定性。

红外光源发射的红外光经马达带动的气体滤波相关轮及窄带滤光片进入多次反射光吸收气室被气样吸收。气体滤波相关轮由两个半圆气室组成，其中一个半圆气室充入纯

CO，另一个充入纯 N_2，它们依一定频率交替通过入射光；当红外光通过滤波器相关轮的 CO 气室时，则吸收了全部可被 CO 吸收的红外光，射入反射光吸收气室的光束相当于参比光；当红外光通过相关轮的 N_2 气室时，不吸收光，射入反射光吸收气室的光束相当于测量光。两束光交替被吸收气室内的气样吸收后，由反射镜反射到红外检测器，将光信号转变成电信号，经前置放大送入电子信息处理系统进行信号处理后，由显示、记录仪表指示、记录测定结果。多次反射光吸收气室为一多次反射的长光程气室，反射 32 次，总光程可达约 13 m，保证有足够的灵敏度。当然，仪器也要定期进行零点和量程校准。

6. 差分光谱法空气自动监控设备测量原理

基于差分光谱法原理的 DOAS 大气环境质量监测系统是一种长光程空气质量监测技术，光源为高压 Xe 灯，由抛物反射镜准直成平行光出射，经过 100 m 甚至 1 000 m 的长光程，由接收端抛物反射镜将光汇聚耦合进入光纤，通过光纤导入光栅分光系统，在出射狭缝处用光电倍增管探测，得到吸收光谱。吸收光谱包含了大量来自大气分子、气溶胶的散射，灯光谱起伏、反射镜的光谱选择性等造成的宽光谱结构，通过对吸收光谱进行高阶多项式拟合，用原吸收光谱除以多项式拟合曲线获得吸收分子的特征差分光谱，去除宽带成分影响，将差分吸收光谱与实验室获得的吸收分子的标准浓度的参考光谱进行拟合，计算出浓度。

由于该系统采用线采样，采样代表性较传统的点式有较大的改善，有利于对空气质量的表征。利用差分技术可消除大气湍流对信号的影响、不同污染物之间的干扰和湿度、气溶胶的干扰。设备升级简便快速，系统软件操作方便，能够满足连续监测和实时处理的要求；仪器维护方便，耗电少，运行费用低。

三、实例分析

Thermo Scientific 环境空气质量自动监控系统
1. 42i 型氮氧化物（NO-NO$_2$-NO$_x$）分析仪
（1）产品性能
化学发光法分析仪结合检测技术，轻松利用菜单驱动软件和高级诊断提供了极其卓越的适应性和可靠性。42i 分析仪具有以下的特征：

320×240 液晶图像显示；
菜单驱动软件；
区域可定量程；
用户自选单/双/自动量程模式；
多重用户自定义模拟输出；
模拟输入选择；
高灵敏度；
快速响应时间；
全量程线性；
独立 NO-NO$_2$-NO$_x$ 量程；
NO$_2$ 转化炉可替代选择；

用户自选数字输入/输出容量；

标准通讯特色包括 RS232/485 和以太网；

C-Link，MODBUS 协议，以及流动数据协议。

（2）工作原理

42 i 分析仪原理是基于一氧化氮（NO）与臭氧（O_3）的化学发光反应产生激发态的 NO_2 分子，当激发态的 NO_2 分子返回基态时发出一定能量的光，所发出光的强度于 NO 的浓度呈线性关系，42i 分析仪就是利用检测光强来进行 NO 的检测，其化学反应式如下：

$$NO + O_3 \longrightarrow NO_2 + O_2 + h\nu$$

仪器在进行二氧化氮（NO_2）的检测时必须先将 NO_2 转换成 NO，然后再通过化学发光反应进行检测。NO_2 是通过钼转换器完成 NO_2 到 NO 的转换. 其转换器的加热温度约为 325℃（可选不锈钢转化器加热温度为 625℃）。

样气通过标有 SAMPLE 的进气口被抽入 42i 分析仪，然后样气经颗粒物过滤器过滤，到达一电磁阀，由该电磁阀选择样气的路径是直接到达反应室（测 NO 方式），还是先经过 NO_2 到 NO 转换器后再进入反应室（测 NO_x 方式）。在反应室前装有限流毛细管和流量传感器，以控制和测量样气的流量。

干燥空气通过 DRY AIR 进气口进入 42i 分析仪。经过流量传感器后，干燥空气通过放电式臭氧发生器。臭氧发生器产生进行化学荧光反应时所需要的高浓度臭氧。臭氧与样气中的 NO 进行反应生成激发态的 NO_2 分子，然后由光电倍增管检测 NO_2 返回基态时发出的荧光。

仪器计算在 NO 和 NO_x 方式下所检测的 NO 和 NO_x 浓度，并将计算结果存入存储器，同时利用两个浓度的差值计算出 NO_2 浓度。42i 仪器不仅可在前面板上显示 NO、NO_2 和 NO_x 浓度值，同时可将这些值输出到仪器的模拟输出端。

2. 43i 型二氧化硫（SO_2）分析仪

（1）产品性能

43i 紫外荧光分析仪结合经典检测技术，易于操作菜单的软件，先进的诊断功能，以提供稳定性和灵活性，43i 有以下特点：

320X240 LCD；

菜单式控制软件；

可编程量程；

用户可选量程模式；

多用户定义模拟输出；

模拟输出可选；

高灵敏度；

快速响应时间；

全量程线性；

内部采样泵；

全内置；

对流量和温度变化不敏感；

用户可选数字输入输出；

RS232/485 和网络连接；

CLINK，MODBUS，数据流协议。

（2）工作原理

43i 分析仪是一种脉冲荧光分析仪，原理是基于二氧化硫（SO_2）分子吸收了紫外线并被一定波长的紫外线激发，当被激发的 SO_2 分子返回低能级时释放出另一波长的紫外光，所发出光的强度于的浓度呈线性关系，43i 分析仪就是利用检测光强来进行 SO_2 的检测，其化学反应式如下：

$$SO_2 + hv_1 \longrightarrow SO_2^* \longrightarrow SO_2 + hv_2$$

样气通过标有 SAMPLE 的进气口被抽入 43i 分析仪，样品气体通过一个能去处对检测有影响的碳氢化合物的 "kicker" 管进入荧光室，在荧光室内 SO_2 分子将被紫外线激发，然后样品气通过流量计，毛细管和 "kicker" 管的外套排出。

一个聚光镜把脉冲紫外光聚焦到一个和反应室相连能产生激发 SO_2 分子紫外线的光学组件。进入反应室的紫外光激发 SO_2 分子，SO_2 分子返回低能级时释放出另一波长的紫外光。带通滤镜使只有 SO_2 分子返回低能级时释放出的紫外光能到达光电倍增管（PMT）。光电倍增管（PMT）检测 SO_2 分子释放出的紫外光。在反应室另一面的光电检测器连续检测脉冲紫外光源的情况，并通过电子线路对光源的波动进行补偿。

仪器不仅可在前面板上显示 SO_2 的浓度值，同时可将这些值输出到仪器的模拟输出端，串行口，局域网输出。

3．48i 型一氧化碳（CO）分析仪

（1）产品性能

48i 分析仪是一种使用气体滤光相关（GFC）一氧化碳分析仪，48i 分析仪结合检测技术，轻松利用菜单驱动软件和高级诊断提供了极其卓越的适应性和可靠性。48i 分析仪具有以下的特征：

320×240 液晶图像显示；

菜单驱动软件；

区域可定量程；

用户自选单/双/自动量程模式；

多重用户自定义模拟输出；

模拟输入选择；

高灵敏度；

快速响应时间；

全量程线性；

高精度 CO；

光学自动校准；

自动温度压力补偿；

用户自选数字输入/输出容量；

标准通讯特色包括 RS232/485 和以太网；

C-Link，MODBUS 协议，以及流动数据协议。

（2）工作原理

48i 基于 CO 吸收波长为 4.6 μm 的红外线原理，因为红外线吸收是一个非线性方法，把分析仪的信号转化成线性的信号输出是必须的。48i 仪器用内部存储的校准曲线来使输出的曲线线性更加的精确，输出浓度范围可以达到 10 000 ppm。

样气通过防水管路进入仪器。样气通过光学元件，来自红外光源的红外线依次通过旋转的滤光轮中的 CO 与 N_2 滤光器。然后红外辐射通过一个窄带干扰滤光片进入光室由采样气体吸收红外辐射，出光室的红外辐射进入红外检测器。

CO 气体过滤器用来产生一个通过 CO 采样管不能够进一步削弱的基准光束，N2 滤光抢一侧对红外线是可以穿透的，因此在光室产生了一个可以被 CO 吸收测量的光束。这种突变的检测信号通过有 CO 浓度幅值的两种气体过滤器间交替调整。其他的气体由于平等的吸收参考测量光束而不能引起检测信号的变化。因此，GFC 系统只对 CO 作出反应。48i 仪器把 CO 的浓度值输出到前面板，模拟输出也可以通过以太网连接获得。

4. 49i 型臭氧（O_3）分析仪

（1）产品性能

49i 分析仪是一种使用紫外灯测定臭氧的分析仪结合检测技术，轻松利用菜单驱动软件和高级诊断提供了极其卓越的适应性和可靠性。49i 分析仪具有以下的特征：

320×240 液晶图像显示；

菜单驱动软件；

区域可定量程；

用户自选单/双/自动量程模式；

多重用户自定义模拟输出；

模拟输入选择；

高灵敏度；

快速响应时间；

全量程线性；

双重反应室测定防止可能冲突；

自动温度压力补偿；

用户自选数字输入/输出容量；

标准通讯特色包括 RS232/485 和以太网；

C-Link，MODBUS 协议，以及流动数据协议。

（2）工作原理

49i 分析仪是基于 O_3 分子吸收波长为 254 nm 的紫外光。通过过滤器进入 49i 仪器的样气分为两部分，一路气体流过臭氧的洗刷器而成为参考气体（Io），然后进入参考电磁阀，而样气（I）则直接进入采样电磁阀。电磁阀在反应室 A 和 B 之间每 10 min 转换一次参考气体和样气，当 A 室是参考气体的时候则 B 室就是样气，这样来回交替。

紫外光的强度由在每个反应室中的探测器 A 和 B 来测量。当电磁阀的开关在参考气体和样气之间转换时，其中几秒的时间的光强度变化允许误差可以忽略，49i 仪器为每个反应室计算臭氧的浓度，前面板输出浓度是两反应室浓度的平均值。模拟输出也可以通过以太网连接获得。

5. FH62C14 系列β射线颗粒物连续烟尘仪

连续测尘仪美国热电公司的 FH62C14 连续测尘仪系列利用β射线的衰减来连续测量悬浮尘粒和细粒子的质量浓度（例如 TSP、PM_{10}、$PM_{2.5}$、PMc、PM_1）。另外，在周围尘粒浓度较低时，以质量测定细化步骤来测量天然氡气体对周围的放射性影响也有很高的灵敏性。C14 BETA 被美国国家环保局认证为一种自动化等效 PM_{10} 法，更被加利福尼亚大气资源局认可作为加利福尼亚的 PM_{10} 和 $PM_{2.5}$ 采样器。

与其他采用 C14 作为β射线源的监测器比较，C14 BETA 的粒子采样区域位于 C14 源和一个比例探测器之间。当空气中的粒子沉积在滤带上成为采样点时，C14β射线源会连续地测量其动态力学填充。这种结构提供了对空气中粒子的连续实时测量。做零点和质量测定时也无需将采样点从样品位置移动到探测器位置（比其他 BETA 类设备高明）。因此，采用 C14 BETA 的连续测尘方法可消除由滤带传送精度所带来的不稳定性。

典型的采样时间一般为 24 h。每天只需测量一个空白采样点。因此，可以使持续尘粒的读数达到探测最低限。

C14 BETA 的另外一个独特设计就是它考虑了已知β衰减法的相互干扰。自然界惰性气体氡 Ra-222 的同位素粘附于空气颗粒中，我们通过滤带收集这些同位素颗粒，用 Beta 计数仪计算出颗粒质量浓度。这些同位素也能发出 Beta 射线，从而干扰颗粒质量浓度的计算。

下述情形下这种干扰达到最大：

（1）滤带更换后直至达到放射性平衡前的最初 90 min。

（2）当氡含量发生周期性快速改变时。

（3）当 C14 的活性很低时（如 10 uCi）。

C14 BETA 使用了门坎技术，门坎值由空气颗粒的自然活性决定，并用来纠正计数率交叉的部分。这样就减少干扰，并且使应用 C14 源成为可能。通过使用一种正比计数器来计算氡气体潜在的干扰使 C14 BETA 可以测量β粒子和α粒子。正比计数器灌满计算气体。这样探测器的受命可长于 10a。（100 uCi C14 源）每次滤带更换后都会执行坪区检查以确认探测器性能良好。

采样流速由一个受控变化的转动叶片泵来控制。通过工作电压的变化来恒定空气流速。这样就可以做到功耗少，产生热量少和减少噪音。

主要应用

C14 BETA 实时颗粒监测仪用于连续监测空气中悬浮颗粒质量浓度。国家空气质量监测网络用它来连续测量或监测空气悬浮颗粒的污染情况。此外，研究人员还用它来评价柴油机和放射源。

C14 BETA 以其强大的功能可用在不同的场合。采用不同的切割器（PM_{10}，$PM_{2.5}$，PM_1 或 TSP）或富集方法（$PM_{10\sim2.5}$），可以监测不同大小的颗粒物。主要的应用便是测量环境空气中影响健康的 PM10 和 $PM_{2.5}$。C14 BETA 上带有附加稀释设备和探测源，因此可以作为粒子源的连续发射监测器。通过有效压紧将样品尘粒浓缩，C14 BETA 也可用来直接测量大粒子（$PM_{10\sim2.5}$）。

C14 BETA 依靠应用校准规程测量尘粒尺寸，测量范围是 $0\sim5$ mg/m^3 或 $0\sim10$ mg/m^3。

主要特征。

新技术：C14 源系列中第一款在采样时能够实时监测空气质量浓度；

气体活性浓度测量（Rn-222 惰性气体）和大量改进；

低探测范围，高精度和良好的分辨率；

精确的机械动作；

2 个串口用来作控制和数据交换；

紧凑的 19#机箱符合现代设计可直接机架安装（顶部）；

新颖的质量担保和故障检修状态指示；

可储存一年以上半小时均值数据；

在体积或标准状态下测定入口处空气流速；

两个串口可同时连接网络连接器和一台打印机或维修 PC 机；

多语言（德、英、法、意、西班牙）的菜单；

中央处理器控制所有传感器的校正；

探头受命长（10a）；

C14 源的浓度低于认证限制值；条码 UN2911，作为无危险物品装载上船；设备易处理（这在大多数国家里是可以的）。

6．146i 型动态校准系统

（1）产品性能

146i 可以校准多种标度气体到很精确的浓度，精度和 Level 1 跨度检查以及多点校准常把零气用作稀释气，146i 的设计满足了美国 EPA 多点校准、精度和 Level 1 跨度检查的条例。

详细的操作原理和说明以下介绍：

（2）工作原理

所有用到的元件，就像大量程流量控制器、臭氧发生器、渗透炉、电源、电磁阀、以及光度计之前已经用作校准，并且都知道其精确性和可靠性。在 146i 仪器中这些部件都完全的由一个微处理控制器控制。仪器可以本地控制也可以用作计算机来远程遥控。

精确气体稀释系统

标准的 146i 硬件配置由标准和零气流量控制器组成。基本单元能够处三种标准气体，由单独的电磁阀来控制。零气和标气的流量由质量流量计来控制，零气的流量计量程高（一般为 10slm），标气流量计一般低流量的（一般为 100sccm）。特氟龙混合室为两种气体达到要求的浓度而作完全的混合，这种硬件配置能够达到高精度的气体稀释。

臭氧传递标准

146i 可以装一个内置的 O_3 发生器。O_3 是由空气经 185nm 的紫外线照射而生成的。仪器既可通过改变零气的流量又可通过改变光强来改变 O_3 的浓度。使用质量流量控制器可以保持 O_3 流量的稳定。光强则可通过控制灯的温度和使用高稳定性的电源来控制。O_3 阀门装于 O_3 发生器之前，当 O_3 系统用于传递标准或气相滴定时此阀门才开启。

气相滴定（GPT）

GPT 是通过把已知浓度的 NO 和 O_3 相混合，并使用化学发光分析仪的 NO 通道测出 NO 的减少量来实现的。因为生成的 NO_2 的量即等于减少的 NO 的量，所以 NO_2 的量可知。反应公式如下：

$$NO + O_3 \longrightarrow NO_2 + O_2 + hv$$

在 146i 中，GPT 是由气体稀释系统和 O_3 发生器组成的。先使用气体稀释系统把已知浓度的 NO 钢瓶气和零气相混合来实现 NO 的稀释，然后加入少量的 O_3，NO 和 O_3 的混合气进入反应室。此反应室的体积事先已选定以便符合美国 EPA 的关于动态参数规格的要求。气体最终通过反应室及仪器输出端输出。

渗透炉

渗透炉是作为一个渗透气体源，为达到输出精度，必须保持渗透管恒温。只允许少量的零气进入加热的渗透炉，可实现渗透管的恒温。大部分的零气则不经过渗透炉而直接进入反应室。阀门 1 和阀门 2 在微处理器的控制下被用来改变通过渗透炉的气流方向，使气流进入反应室或到排空端。必须注意的是无论仪器处于何种方式，都应有零气不断地流入渗透炉，为此，约每分钟 150 cc 的零气被持续地通过毛细管送入渗透炉。

第四章　在线监测运营管理

第一节　概　述

一、在线监测系统运营管理工作形势

随着环境保护和污染控制工作的不断推进，我国已形成了一个巨大的环保产品和服务市场，环保产业从无到有、从自发到有序、从萌芽期到发展期，到目前已进入持续、快速、稳定的发展阶段，这得益于国家环境保护政策和措施的有力推动。据统计，我国环保产业多年保持年均 15%以上快速稳定增长态势，政府部门不断强化环保产业的政策导向，引导环保产业健康发展；建立健全环境工程建设、设施运营、环境影响评价、环境监测和危险废物处理处置等领域的市场准入制度，全面推进污染治理设施运营社会化、专业化进程，建立污染治理设施运营长效机制，环保产业发展任重道远，环保产业内涵也将更加丰富。

污染源在线监测是环保工作的一场革命，实现了由传统的人工现场采样和实验室仪器分析为主要手段的环境监测模式到人、机自动监测的跨越。污染源在线监测系统是环境管理的重要组成部分，是贯彻环境保护法规、执行环境标准、计算工业污染物排放量、评价环境质量的重要手段，也是企业实施科学管理、规范管理的内在要求。

目前，污染源在线监测仪的运营维护模式主要有：一是排污企业自行维护；二是设备厂商运营维护；三是 BOT 运营维护；四是由环保部门招标确定、企业委托的第三方运营维护。其中第三方运维又包括部分托管运维和全部托管运维。各自的特点如下：

（1）排污企业自行维护。指的是在线设备由排污单位自己进行运营、维护。由于在线设施是一种新生事物，排污单位缺乏这方面的专业技术人才，很难保证在线仪的稳定、准确运行；再者，在线监测仪本身就是安装在企业的电子眼，用来监控企业的排污行为，为环保执法提供可靠数据，这种情况下，部分排污单位有可能会对在线设备存在抵触情绪，破坏在线监控设施，导致在线仪不能够正常运行，起不到在线监控的目的，不能为环保执法提供准确、可靠的数据，这样就失去了安装在线监控设施的意义。

（2）设备厂商运营维护：设备厂家对设备结构熟悉，性能了解透彻，出现问题很容易判断故障原因，备品备件购买方便，解决问题及时，但设备厂家运营，容易利用其对备品备件的垄断，私自提高备品备件的价格，增加排污单位负担。更有甚者，排污单位与设备厂家串通，私自调整仪器参数，导致在线数据失真，极大地影响了环保部门对企业的监管。

（3）BOT 运营维护：BOT（build-operate-transfer）即建设—经营—转让，是指政府通过契约授予私营企业（包括外国企业）以一定期限的特许专营权，许可其融资建设和经营

特定的公用基础设施，并准许其通过向用户收取费用或出售产品以清偿贷款，回收投资并赚取利润；特许权期限届满时，该基础设施无偿移交给政府。

（4）第三方专业化运营维护。在线监测设备的第三方专业化运维指环保部门或企业委托从事环保技术服务，具有环境污染治理设施运营资质的专业公司对辖区内的在线监控系统进行统一运营维护的一种模式。第三方运维模式又分为部分托管和全部托管两种运营维护模式。

① 部分托管

部分托管运营维护指运营商只负责用户仪器设备的日常维护、维修、校准、管理工作，确保用户仪器设备正常运转、数据准确可靠，仪器运行过程中需要更换的耗材及配件由用户负责购买，运营商负责更换。

部分托管运维收费组成为：人工费、交通费、运营维护费等。

② 全部托管

全部托管运维指运营商全面负责用户仪器设备的日常维护、维修、校准、管理工作，负责仪器设备的耗材、配件供应及更换，用户只需调取数据，其他工作由运营商负责完成。运营商确保用户仪器设备的正常运转和数据的及时、准确、可靠上传。

全部托管运维收费组成为：人工费、交通费、年耗材费、年配件费、运营维护费等。

就济宁市而言，经过近几年的专业化运维实践，第三方专业化运维模式是完全切实可行的。它的优点在于：

① 对于环保部门来说，只是对运营商进行监督和管理。从管理层面上说，第三方专业化运维有利于环保部门将有限的人力、物力从琐碎、繁杂的运营、维护、管理工作中解脱出来，集中到行政管理，监督、监察和行业指导的本职工作上来；从技术层面上说，环保部门技术人员可以把更多精力放到环保学术研究和新技术的推广上面。

② 对于排污企业来说，克服了在线监测设备由企业自身管理的弊端，从根本上改变了过去设施安装后无人管理、基本处于停运或半停运状态的局面。第三方专业化运维一方面有利于企业本身减少对在线监测仪器进行维护和管理的时间和成本；另一方面在线监测仪获得的数据更具有客观性、科学性和准确性，更加直观反映企业的排污情况，有效改进企业的生产和废物处理工艺。

③ 作为第三方专业化运维公司来说，由于具有较强的专业管理水平和运营维护管理经验，通过集约化的管理降低运行维护成本，从而为更好的做好运营维护工作奠定了基础，专业化运维公司的管理标准是统一的，只做市场运作，接受环保部门监督和管理，并对排污企业提供优质、便捷、可靠的服务，确保监控系统的正常运行。

二、现阶段运营管理工作中存在的问题

（1）按照目前的运维模式，运营维护经费由委托运营的企业支付，部分企业缺乏积极性，运营经费不能按时足额到位，运维公司需要垫付大量的资金，挫伤了运维公司的积极性，不利于运维工作的进行。

（2）由于我国环境在线监测设备起步较晚，目前尚没有统一的标准和法规，因此各地方各部门采取的监测分析仪方法差别较大，环境监测数据的真实性和准确性暂时难以保证。

（3）目前，由于国内在线监测仪器品牌较多，甚至技术原理都不同，增加了第三方专业化运维公司的技术复杂系数和备品备件的储备量，导致运营成本上升。

（4）部分站点的硬件环境无法满足污染源在线监测设备正常、稳定运行的需求；排污口未进行规范化整治；在线监测设备采样点设置不规范，无法保证样品采集的代表性和准确性。

（5）污染源在线监测设备运维管理人员技术参差不齐，部分人员无证上岗。

（6）根据国家相关规定，污染源在线监测仪必须经过强制检定。由于资源配置等多方面原因，计量部门尚未全面开展检定工作，这对监测数据应用的合法有效性带来一定的影响。目前环境保护部开展的数据有效性审核解决了这一问题。

三、第三方专业化运维公司的建设和发展方向

（一）第三方运维工作的形势分析

目前，中国环保产业正在进行综合实力的整合。在严酷的市场竞争面前，谁能站住脚跟，谁就拥有发展的可能。科技创新是环保企业发展的根本，是存在的基本保证。没有创新能力，就没有真正意义上的发展。现阶段，各地运维公司数量较多，体制复杂，而且各地区规定的运营管理费用相差太多，运维公司各自为政，缺少统一的管理，相互之间技术交流很少，相同的设备出现相同故障时总是重复性工作，浪费工作时间，备品备件的购买渠道不明了，导致在运维工作中浪费人力、物力和财力。

如果运维公司有统一的管理，制定统一的规章制度，运营工作提升了统筹管理的空间，相互之间学习的机会大大提高，技术水平上升快，深化运营理念，经济实力和投资能力会成倍增长，保持持续发展的条件，技术力量相对集中，研发能力和引进消化吸收能力及产业化能力不断增强，能够有效的进行技术储备，在适当的时候完全可以推出自己的新产品。第三专业化运维公司是中国环保产业发展的必然产物，顺应中国环保形势发展的需求。

（二）标准化、专业化运维公司建设的基本要求

（1）运维公司必须取得国务院环境保护行政主管部门颁发的运营资质证书；

（2）所有从事污染源在线监测设施的操作和管理人员，应当经省级环境保护行政主管部门委托的中介机构进行岗位培训，能正确、熟练地掌握有关仪器设施的原理、操作、使用、调试、维修和更换等技能。

（3）拥有独立、经过国家资质认证的实验室。所有从事抽样、检测和（或）校准、签发检测（校准）报告以及操作设备等工作的人员，应按要求根据相应的教育、培训、经验和（或）可证明的技能进行资格确认并持证上岗，能正确、熟练地掌握实验室仪器设施的原理、操作、使用、调试、维修和更换等技能。

（4）污染源在线监测设施运行单位应按照国家或地方相关法律法规和标准要求，建立健全管理制度。主要包括：人员培训、操作规程、岗位责任以及岗位考核、运营管理考核、定期比对监测、定期校准维护记录、在线监测设备维护保养记录、故障及维修记录、运行信息公开、设施故障预防和应急措施等制度。常年备有日常运行、维护所需的各种耗材、

备用整机或关键部件。

（5）在运维站点上应按照相关的技术规范和文件要求，建立站点管理制度。

（6）建立健全技术档案和原始记录的管理制度。对于签订运维合同的企业，实行一企一档，包括：仪器设备档案；验收记录；各种仪器的操作、使用、维护规范；仪器校准、零点和量程漂移、重复性；实际水样比对和质控样实验的例行记录；TOC 或 UV 转成 COD 的转换记录；监测（监控）仪器的运行调试报告；例行检查维护保养记录；仪器设备检修、易耗品的定期更换和废液处置档案记录。建立运维人员、实验室人员、分析仪器、维护设备档案管理制度。

（7）为保证监测设备的运行率和监测数据的准确率，提高污染源自动监控设施的运营质量，保障污染源监控设施的长期稳定正常运行，根据经验测算，建议每人运维监测设备不超过 8 台套，每辆车运维监测设备不超过 20 台套。

四、对污染源企业新安装在线监测仪的一些建议

在国家要求安装在线监测设备初期，由于对在线监测认识的不统一，造成在设备选型、集成商选择等方面把握的尺度宽严不一，致使个别地区出现"为完成任务而完成任务"的思想，对前期设备选型唯低价是从，影响了系统建成后的正常运行和维护管理。社会上很多不具备系统集成经验和环保设施运营资质的中、小环保企业涌入在线监测市场，以低廉的价格承接在线监测业务，并通过转包的方式将工程项目转卖给外地的在线监测设备生产企业。由于这种经营模式以低价入市，赚取微薄的买卖差价，其根本没有技术力量和足够的利润来支撑售后维护和后期运营，往往将这些责任转嫁给企业，增加了企业的成本，在线监测运营工作很难开展。

因此，为了避免这种情况的再次发生，根据我们多年的运维经验，建议对新安装污染源在线监测仪应遵循"淘汰准入"制度：

（1）检查在线监测仪是否经过国家环保部环境监测仪器质量监督检验中心适用性检测，对认证检测合格的设备厂商进行登记备案。

（2）围绕相关政策、法律依据、设备选型、管理经验等内容进行专题调研，搜集、查阅大量国内外在线监测设备资料，对在线监测仪器运行情况进行市场调查，考察设备厂商在国内较长时间稳定运行的业绩；在线监测设备故障率的高低；运营维护是否方便；备品备件的供应情况；在线监测设备和备品备件价格是否合理。

（3）为提高第三方运维效率和污染源在线监测数据质量，由于在线监测设备的优劣直接影响到在线数据的准确性。对仪器设备的选型可通过政府主导、环保部门参与、企业运作的模式进行招标。同一地域配置的设备种类不宜超过 3 种，这样有助于管理部门的在线监测质控工作。

（4）环境管理部门应配合计量部门尽快开展仪器强检工作，保证在线监测数据的有效溯源性，发挥在线监测数据在环境管理和执法工作中的作用。通过不断提高使用率，强化污染源在线监控和第三方运营工作的生命力。

（5）尽快制定第三方运营的管理制度和技术规范，明确各方的职责、权利和义务。促进运营商发挥主观能动性，提高在线监测仪器的有效使用率，保障第三方的运营质量。

第二节　在线监测系统的安装、验收规范

一、水污染源在线监测系统的安装及验收规范

（一）在线监测站房的建设

（1）新建监测站房面积应不小于 7 m^2。监测站房应尽量靠近采样点，与采样点的距离不宜大于 50 m。

（2）监测站房应做到专室专用。站房应密闭，安装空调，保证室内清洁，环境温度、相对湿度和大气压等应符合 ZBY 120—83 的要求。

（3）监测站房内应有安全合格的配电设备，能提供足够的电力负荷，不小于 5 kW。各种电缆和管路应加保护管铺于地下或空中架设，空中架设电缆应附着在牢固的桥架上，并在电缆和管路以及两端做上明显标识。电缆线路的验收还应按 GB 50168—92 执行。站房内应配置稳压电源（UPS 电源）。

（4）监测站房内应有合格的给、排水设施，应使用自来水清洗仪器及有关装置。

（5）监测站房应有完善规范的接地装置和避雷措施、防盗和防止人为破坏的设施。

（6）监测站房如采用彩钢夹芯板搭建，应符合相关临时性建（构）筑物设计和建造要求。

（7）监测站房内应配备灭火器箱、手提式二氧化碳灭火器、干粉灭火器或沙桶等。

（8）监测站房不能位于通信盲区。

（9）监测站房的设置应避免对企业安全生产和环境造成影响。

图 4-1　规范监测站房

（二）水污染源在线监测系统安装技术规范

水污染源在线监测仪器：指在污染源现场安装的用于监控、监测污染物排放的化学需氧量（COD_{Cr}）在线自动监测仪、总有机碳（TOC）水质自动分析仪、紫外（UV）吸收水质自动在线监测仪、pH 水质自动分析仪、氨氮水质自动分析仪、总磷水质自动分析仪、超声波明渠污水流量计、电磁流量计、水质自动采样器和数据采集传输仪等仪器、仪表。

1. 水污染源在线监测系统

水污染源在线监测系统由水污染源在线监测站房和水污染源在线监测仪器组成。

（1）超声波明渠污水流量计

用于测量明渠出流及不充满管道的各类污水流量的设备，采用超声波发射波和反射波的时间差测量标准化计量堰（槽）内的水位，通过变送器用 ISO 流量标准计算法换算成流量。

（2）电磁流量计

利用法拉第电磁感应定律制成的一种测量导电液体体积流量的仪表。

（3）水质自动采样器

一种污水取样装置，具有智能控制器、采样泵、采样瓶和分样转臂，可以设定程序按照时间、流量或外部触发命令采集单独或混合样品。

（4）数据采集传输仪

采集各种类型监控仪器仪表的数据、完成数据存储及与上位机数据通信传输功能的工控机、嵌入式计算机、嵌入式可编程自动控制器（PAC）或可编程控制器等。

2. 仪器设备主要技术指标

（1）一般要求

① 工作电压和频率

工作电压为单相（220±20）V，频率为（50±0.5）Hz。

② 通信协议

支持 RS-232、RS-485 协议，具体要求按照 HJ/T 212 规定。

③ 相关认证要求

应具有中华人民共和国计量器具型式批准证书或生产许可证。

应通过国家环境保护总局环境监测仪器质量监督检验中心适用性检测。

④ 基本功能要求

应具有时间设定、校对、显示功能。

应具有自动零点、量程校正功能。

应具有测试数据显示、存储和输出功能。

意外断电且再度上电时，应能自动排出系统内残存的试样、试剂等，并自动清洗，自动复位到重新开始测定的状态。

应具有故障报警、显示和诊断功能，并具有自动保护功能，并且能够将故障报警信号输出到远程控制网。

应具有限值报警和报警信号输出功能。

应具有接收远程控制网的外部触发命令、启动分析等操作的功能。

对于总有机碳（TOC）自动分析仪，应具有将 TOC 数据自动换算成 COD_{Cr}，并显示和输出数据的功能。

对于紫外（UV）吸收水质自动在线监测仪，应具有将检测结果自动换算成 COD_{Cr}，并显示和输出数据的功能。

对于排放水质不稳定的水污染源，不宜使用总有机碳（TOC）自动分析仪或紫外（UV）吸收水质在线自动监测仪。

对于排放高氯废水（氯离子浓度大于 1 000 mg/L）的水污染源，不宜使用化学需氧量（COD_{Cr}）水质在线自动监测仪。

（2）化学需氧量（COD_{Cr}）水质在线自动监测仪

① 方法原理

在酸性条件下，将水样中有机物和无机还原性物质用重铬酸钾氧化的方法，检测方法有光度法、化学滴定法、库仑滴定法等。如果使用其他方法原理的化学需氧量（COD_{Cr}）水质在线自动监测仪。

② 测定范围

20～2 000 mg/L，可扩充。

③ 性能要求

实际水样比对试验 80%相对误差值应满足表 4-1 的要求，其他各项性能指标应满足 HBC 6—2001 要求。

表 4-1　化学需氧量（COD_{Cr}）水质在线自动监测仪实际水样比对试验

COD_{Cr} 值	相对误差
$COD_{Cr}<30$ mg/L	±10%（用接近实际水样浓度的低浓度质控样替代实际水样进行试验）
30 mg/L≤$COD_{Cr}<60$ mg/L	±30%
60 mg/L≤$COD_{Cr}<100$ mg/L	±20%
$COD_{Cr}≥100$ mg/L	±15%

（3）总有机碳（TOC）水质自动分析仪

① 方法原理

a. 干式氧化原理：填充铂系、钴系等催化剂的燃烧管保持在 680～1 000℃，将由载气导入的试样中的 TOC 燃烧氧化。干式氧化反应器常采用的方式有两种：一种是将载气连续通入燃烧管，另一种是将燃烧管关闭一定时间，在停止通入载气的状态下，将试样中的 TOC 燃烧氧化。

b. 湿式氧化原理：指向试样中加入过硫酸钾等氧化剂，采用紫外线照射等方式施加外部能量将试样中的 TOC 氧化。

② 检测方法

非分散红外吸收法。

③ 测定范围

2～1 000 mg/L，可扩充。

④ 性能要求

实际水样比对试验按 HBC 6—2001 第 8.4.5 条试验方法，以总有机碳（TOC）水质自动分析仪与 GB 11914 方法（高氯废水采用 HJ/T 70 的方法）作实际水样比对试验，总有机碳（TOC）水质自动分析仪测定结果换算得到的 COD_{Cr} 浓度值与 GB 11914（或 HJ/T 70）方法测得的 COD_{Cr} 浓度值间的 80%相对误差值应满足表 4-1 的要求。

（4）紫外（UV）吸收水质自动在线监测仪

① 方法原理

单波长 UV 仪：以单波长 254 nm 作为检测光直接透过水样进行检测的 UV 仪。

多波长 UV 仪：在紫外光谱区内以多个紫外波长作为检测光源的 UV 仪。

扫描型 UV 仪：对水样进行可见和紫外区域扫描的 UV 仪。

② 测定范围

标准溶液浓度与换算成 1 m 光程的吸光度呈线性的范围。最小测定范围为 $0\sim20$ m^{-1}，最高测定范围可达 $0\sim250$ m^{-1} 或更高。

③ 性能要求

实际水样比对试验方法按 HBC 6—2001 第 8.4.5 条，以紫外（UV）吸收水质自动在线监测仪与 GB 11914 方法（高氯废水采用 HJ/T 70 的方法）作实际水样比对试验，紫外（UV）吸收水质自动在线监测仪测定结果换算得到的 COD_{Cr} 浓度值与按 GB 11914（或 HJ/T 70）方法测得的 COD_{Cr} 浓度值间的 80%相对误差值应满足表 4-1 的要求。

（5）氨氮水质自动分析仪

① 方法原理（气敏电极法、光度法）

气敏电极法：采用氨气敏复合电极，在碱性条件下，水中氨气通过电极膜后对电极内液体 pH 值的变化进行测量，以标准电流信号输出。

光度法：在水样中加入能与氨离子产生显色反应的化学试剂，利用分光光度计分析得出氨氮浓度。使用其他方法原理的氨氮水质在线自动监测仪，其各项性能指标也应满足本标准的相关要求。

② 测定范围

测量最小范围：a. 电极法为 $0.05\sim100$ mg/L；b. 光度法为 $0.05\sim50$ mg/L。

③ 性能要求

光度法零点漂移应不大于±5%，电极法和光度法的实际水样比对试验 80%相对误差值应不大于±15%，其他各项性能指标应满足 HJ/T 101 要求。

（6）pH 水质自动分析仪

① 测定原理：玻璃电极法；② 测量范围：pH $2\sim12$（$0\sim40$℃）；③ 性能要求：实际水样比对试验 80%绝对误差值应不大于±0.5，其他各项性能指标应满足 HJ/T 96 要求。

（7）温度计

① 方法原理：铂电阻或热电耦测量法；② 测量范围：$0\sim100$℃，精度 0.1℃；③ 安装方式：插入式。

（8）流量计

流量计是指用于测定污水排放流量的仪器，一般宜采用超声波明渠污水流量计或管道式电磁流量计。使用其他测量方式的流量计，其各项性能指标也应满足本标准的相关要求。

① 超声波明渠污水流量计

a. 方法原理。用超声波发射波和反射波的时间差测量标准化计量堰（槽）内的水位，通过变送器用 ISO 流量标准计算法换算成流量。

b. 性能要求。各项性能指标应满足 HJ/T 15 规定的要求。

② 管道式电磁流量计

a. 方法原理。与管道连接，根据法拉第电磁感应原理测得流速。

b. 性能要求。各项性能指标应满足 JB/T 9248 规定的要求。

（9）水质自动采样器

① 采样方式：蠕动泵法、真空泵法；

② 工作温度：-10～60℃；

③ 基本功能要求：吸水高度应大于 5 m，外壳防护应达到 IP67，采样量重复性应不大于±5 ml 或平均容积的±5%，最大水平采样距离应大于 50 m，应具备采样管空气反吹及采样前预置换功能，应具备控制器自诊断功能，能自动测试随机存储器、只读存储器、泵、显示面板和分配器，应具备可按时间、流量、外接信号设置触发采样的功能，应具备泵管更换指示报警功能，应具有样品低温保存功能；

④ 安装水质自动采样器的好处：

a. 加大监测仪测量频次，解决偷排及水样代表性差问题

将 COD 在线监测仪的测量周期调整到最短（一般为 0.5～1 h，视测量原理不同），如此每天可获得 48～24 个数据，对数据的真实性及防止企业利用测量间隙偷排将有很大帮助。

但由于 COD 在线监测仪方法限制，每监测一次需要消耗大量试剂，同时仪器损耗也会随之增大，如此运行成本将成倍增长。并且重铬酸钾法 COD 还存在二次污染问题，加大监测频次同时也加大了二次污染的量。

b. 采集混合样水样给监测仪，解决偷排及水样代表性差问题

与在线监测仪配套安装水质自动采样器，采样器按流量等比例（如每排放 1 t 废水，采集 100 ml 水样）或时间等比例采样（如每 15 min 采集 100 ml 水样），多次采集的样品进行充分的混匀，待监测仪的测量周期到达时，监测仪便可从混匀池中取得这一个测试周期以来的混合水样，所得到的测量结果将是一段时间的加权平均值，此混合水样比监测仪瞬时采集的时刻水样更具有排污代表性。由于采样间隔较小，企业很难在测量间歇实施偷排。

c. 超标自动留样，解决数据纠纷问题

水质自动采样器与在线监测仪联机使用，采样器实时监视在线监测仪的动作，当在线监测仪启动并采集水样时，采样器同时采集一定体积的同质水样暂存在混匀池中，然后实时监视监测仪的测量结果，如果测量结果超出排放标准上限，则采样器自动将混匀池中的水样搅拌均匀后抽取一定体积（可设置）到采样瓶中；若测量结果未超出排放标准上限，则采样器自动将混匀池的水样排空。所保留的原水样可到实验室进行进一步的化验分析，以鉴别水样是否超标。此功能与采集混合水样给监测仪联合使用，实现超标自动保留混合水样，效果将更佳。

d. 同步采样留样，解决比对工作量大问题

水质自动采样器与在线监测仪联机使用，采样器实时监视在线监测仪的动作，当在线监测仪启动并采集水样时，采样器同时采集一定体积的同质水样直接存放到采样瓶中冷藏

保存，采样器同时记录下采样的时间及对应的瓶号。此时采样器中的水样则成为现场比对监测的样品。

整个过程无须人工值守便可全天候取得与监测仪同质的水样，工作人员只需进行简单设置，待采样数量满足要求后前来取走水样同时记录下监测仪数值便可轻松完成工作。可大大提高工作效率、减小工作压力，同时减少了比对测试时人工值班取样的劳苦及人工取样的取样误差。

e. 远程控制采样，随时得到所需水样

安装与水质采样器配套的远程控制软件后，环保监管人员可在任何时刻，通无线网络对采样器进行控制，命令采样器进行水样采集与保存，无论监测仪器数据是否超标。通过平台还可进行远程参数设置，调取采样记录等。

f. 第一时间掌握超标信息，为控制污染事故赢得时间

一旦发生超标留样，采样器可通过无线网络，即时上报超标信息，信息包括留样时间、瓶号、超标值等，监管人员可在第一时间反应，及时遏制污染事故的发生。

g. 一水多用，为污染事故监测提供第一手资料

水质自动采样器采集来的样品，不仅可以测量其 COD、氨氮值，还可对水样中重金属、有毒有害物质做进一步检测，一旦发生污染事故，可对所留的各企业水样做综合分析，以确定事故的种类、起因、程度、发源地等，为污染事故的监测提供第一手资料。

从水质自动采样器与在线监测仪的配合使用可以看出，水质自动采样器应用到污染源监测领域可以弥补当前在线监测的诸多不足，为污染源监测管理提供多方位服务。

（10）数据采集传输仪

① 通信协议：应符合 HJ/T 212 规定的要求。

② 工作温度和湿度：0～50℃，0～95%相对湿度（不结露）。

③ 备用电源：应配置备用电源（如不间断电源 UPS 或电池），在断电时数据采集传输仪可继续工作 6 h 以上。

④ 数据存储：采集数据的存储格式应为常用的格式，如 TXT 文件、CSV 文件或数据库等格式，如果使用加密文件的专用格式，应公开其格式并提供读取数据的方法和软件。

在存储水质测定数据时，应包括该数据的采集时间和对应的样品采集时间，同时存储该数据的标记、标注信息（如电源故障、校准、设备维护、仪器故障、正常等），并向上位机发送上述三类数据。

数据储存容量大小应满足：当所有的数据输入端口全部使用时保存不少于 12 个月（按每分钟记录一组数据计算）的历史数据（包括监测数据和报警等信息），并且不小于 64 Mbit。

数据采集传输仪存储的数据可以在需要时方便地提取，并可以在通用的计算机中读出。

⑤ 模拟量输入

电流输入：4 ～20 mA，光电隔离，输入阻抗≤250Ω；电压输入：0～10V，光电隔离，输入阻抗＞10MΩ；模拟量输入通道数应为 8 路及以上，A/D 转换分辨率应至少为 12bit 或以上。

⑥ 数字量输入。数字量输入通道数应为 8 路及以上，光电隔离。

⑦ 继电器输出：通道数应为 4 路及以上，触点容量为 AC250V、1A。

⑧ 上述输入、输出端口应各有不少于 2 路冗余作为备用端口。

⑨ 通信串行接口：1 路 RS-485 和 2 路及以上 RS-232，并有 1 路 RS-485 和 2 路 RS-232 备用。

⑩ 内部时钟应有独立电池供电。

⑪ 走时误差优于±0.5s/24 h。通信波特率 300/600/1 200/2 400/4 800/9 600/19 200 bps，可用软件调节设置。

⑫ 人机界面

宜达到或优于以下要求：10 英寸及以上 TFT 液晶显示器；具有键盘输入功能（当使用触摸屏时，可省去）。

⑬ 数据采集传输仪平均无故障连续运行时间应不小于 17 000 h。

⑭ 基本功能要求

a. 能实时采集水污染源在线监测仪器及辅助设备的输出数据；b. 能对采集的数据进行处理、存储和显示，适合模拟信号、数字信号等多种信号输入方式，兼容多种水污染源在线监测仪器的通信协议；c. 应能够设置三级系统登录密码及相应的操作权限；d. 能对所存储数据进行分析、统计和检索，并以图表的方式表示出来；e. 应具有数据处理参数远程设置功能，例如：可以通过上位机设定或修改采样数据的量程，监测参数报警值的上、下限等；f. 应具有数据打包和远程通信功能；g. 应具有多种远程通信方式，例如：定时通信方式、随机通信方式、实时通信方式、直接通信方式等；h. 低功耗和交直流两用；i. 应具有自检和故障自动恢复功能；j. 上位机可通过数据采集传输仪进行远程遥控，启动现场水污染源在线监测仪器按照要求进行工作；k. 能运行相应程序，控制水污染源在线监测仪器及辅助设备按预定要求进行工作；l. 瞬时流量采集精度（用引用误差表示）应优于±0.1%，采集的累积流量数据应与流量计中的累积流量数据一致；m. 在恶劣的工作环境条件下，如当监测站房内有腐蚀性气体存在、房内气温较高时等，数据采集传输仪仍可稳定运行；n. 具有断电数据保护功能；o. 实时监视水污染源在线监测仪器工作状况，当其出现故障时，重启该仪器，重启失败时即时报告故障信息；p. 当水质参数超标时，在发出报警的同时启动水质自动采样器采集超标水样。

3. 仪器设备安装技术要求

（1）企业排放口设置

① 排放口应满足环境保护部门规定的排放口规范化设置要求。

② 排放口的设置应能满足安装污水水量自动计量装置、采样取水系统的要求。

③ 排放口的采样点应能设置水质自动采样器。

（2）采样取水系统安装要求

① 采样取水系统应保证采集有代表性的水样，并保证将水样无变质地输送至监测站房供水质自动分析仪取样分析或采样器采样保存。

② 采样取水系统应尽量设在废水排放堰槽取水口头部的流路中央，采水的前端设在下流的方向，减少采水部前端的堵塞。测量合流排水时，在合流后充分混合的场所采水。采样取水系统宜设置成可随水面的涨落而上下移动的形式。应同时设置人工采样口，以便进行比对试验。

③ 采样取水系统的构造应有必要的防冻和防腐设施。

④ 采样取水管材料应对所监测项目没有干扰，并且耐腐蚀。取水管应能保证水质自动分析仪所需的流量。采样管路应采用优质的硬质 PVC 或 PPR 管材，严禁使用软管做采样管。

⑤ 采样泵应根据采样流量、采样取水系统的水头损失及水位差合理选择。取水采样泵应对水质参数没有影响，并且使用寿命长、易维护。采样取水系统的安装应便于采样泵的安置及维护。

⑥ 采样取水系统宜设有过滤设施，防止杂物和粗颗粒悬浮物损坏采样泵。

⑦ 氨氮水质自动分析仪采样取水系统的管路设计应具有自动清洗功能，宜采用加臭氧、二氧化氯或加氯等冲洗方式。应尽量缩短采样取水系统与氨氮水质自动分析仪之间输送管路的长度。

（3）现场水质自动分析仪安装要求

图 4-2　排水渠

① 现场水质自动分析仪应落地或壁挂式安装，有必要的防震措施，保证设备安装牢固稳定。在仪器周围应留有足够空间，方便仪器维护。此处未提及的要求参照仪器相应说明书内容，现场水质自动分析仪的安装还应满足 GB 50093 的相关要求。

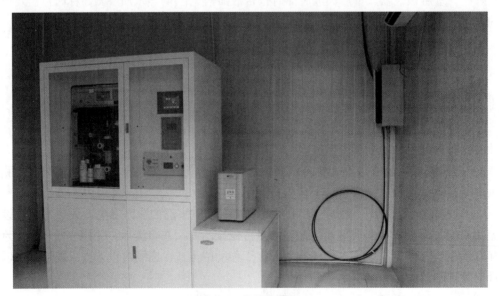

图 4-3　仪器集成柜

②　安装高温加热装置的现场水质自动分析仪，应避开可燃物和严禁烟火的场所。

③　现场水质自动分析仪与数据采集传输仪的电缆连接应可靠稳定，并尽量缩短信号传输距离，减少信号损失。

④　各种电缆和管路应加保护管辅于地下或空中架设，空中架设的电缆应附着在牢固的桥架上，并在电缆和管路以及电缆和管路的两端做上明显标识。电缆线路的施工还应满足 GB 50168 的相关要求。

⑤　现场水质自动分析仪工作所必需的高压气体钢瓶，应稳固固定在监测站房的墙上，防止钢瓶跌倒。

⑥　必要时（如南方的雷电多发区），仪器和电源也应设置防雷设施。

4．巴歇尔槽的选择（以常用的明渠流量计为例）

非满管状态流动的水路称作明渠（open channel），明渠流量计的应用场所有城市供水引水渠、火电厂冷却水引水和排水渠、污水治理流入和排放渠、工矿企业废水排放以及水利工程和农业灌溉用渠道。

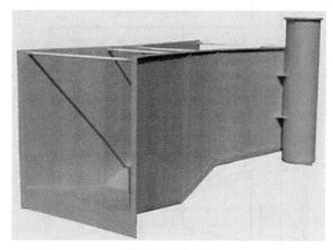

图 4-4　巴歇尔槽

用途：与明渠流量计（WL-1A 型超声波明渠流量计）配合使用，把明渠内流量的大小转成液位的高低。测量明渠内水的流量。如灌渠、污水沟、城市下水道的流量。

注意事项：

（1）巴歇尔槽的中心线要与渠道的中心线重合，使水流进入巴歇尔槽不出现偏流。

（2）巴歇尔槽通水后，水的流态要自由流。巴歇尔槽的淹没度要小于规定的临界淹没度。

（3）巴歇尔槽的上游应有大于 5 倍渠道宽的平直段，使水流能平稳进入巴歇尔槽。既没有左右偏流，也没有渠道坡降形成的冲力（图 4-5）。

（4）巴歇尔槽安装在渠道上要牢固。与渠道侧壁、渠底连结要紧密，不能漏水。使水流全部流经巴歇尔槽的计量部位。巴歇尔槽的计量部位是槽内喉道段。

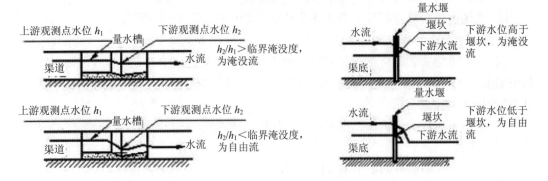

图 4-5   自由流与淹没流

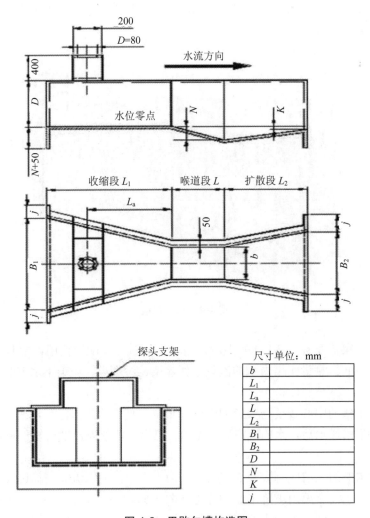

尺寸单位：mm	
b	
L_1	
L_a	
L	
L_2	
B_1	
B_2	
D	
N	
K	
j	

图 4-6   巴歇尔槽构造图

注：图示巴歇尔槽用玻璃钢制作；内尺寸要准确；内表面要光滑、平整，壁厚要大于 8 mm；上部探头支架如跨度太大，设法增加强度；j 尺寸与在渠道上安装有关，根据现场情况确定。

表 4-2 巴歇尔槽构造尺寸 单位：m

类别	序号	喉道段			收缩段			扩散段			墙高
		b	L	N	B_1	L_1	L_a	B_2	L_2	K	D
小型	1	0.025	0.076	0.029	0.167	0.356	0.237	0.093	0.203	0.019	0.23
	2	0.051	0.114	0.043	0.214	0.406	0.271	0135	0.254	0.022	0.26
	3	0.076	0.152	0.057	0.259	0.457	0.305	0.178	0.305	0.025	0.46
	4	0.152	0.305	0.114	0.400	0.610	0.407	0.394	0.610	0.076	0.61
	5	0.228	0.305	0.114	0.575	0.864	0.576	0.381	0.457	0.076	0.77
标准型	6	0.25	0.60	0.23	0.78	1.325	0.883	0.55	0.92	0.08	0.80
	7	0.30	0.60	0.23	0.84	1.350	0.902	0.60	0.92	0.08	0.95
	8	0.45	0.60	0.23	1.02	1.425	0.948	0.75	0.92	0.08	0.95
	9	0.60	0.60	0.23	1.20	1.500	1.0	0.90	0.92	0.08	0.95
	10	0.75	0.60	0.23	1.38	1.575	1.053	1.05	0.92	0.08	0.95
	11	0.90	0.60	0.23	1.56	1.650	1.099	1.20	0.92	0.08	0.95
	12	1.00	0.60	0.23	1.68	1.705	1.139	1.30	0.92	0.08	1.0
	13	1.20	0.60	0.23	1.92	1.800	1.203	1.50	0.92	0.08	1.0
	14	1.50	0.60	0.23	2.28	1.95	1.303	1.80	0.92	0.08	1.0
	15	1.80	0.60	0.23	2.64	2.10	1.399	2.10	0.92	0.08	1.0
	16	2.10	0.60	0.23	3.00	2.25	1.504	2.40	0.92	0.08	1.0
	17	2.40	0.60	0.23	3.36	2.40	1.604	2.70	0.92	0.08	1.0
大型	18	3.05	0.91	0.343	4.76	4.27	1.794	3.68	1.83	0.152	1.22
	19	3.66	0.91	0.343	5.61	4.88	1.991	4.47	2.44	0.152	1.52
	20	4.57	1.22	0.457	7.62	7.62	2.295	5.59	3.05	0.229	1.83
	21	6.10	1.83	0.686	9.14	7.62	2.785	7.32	3.66	0.305	2.13
	22	7.62	1.83	0.686	10.67	7.62	3.383	8.94	3.96	0.305	2.13
	23	9.14	1.83	0.686	12.31	7.93	3.785	10.57	4.27	0.305	2.13

表 4-3 巴歇尔槽参数

类别	序号	喉道宽度/m	流量公式 $(Q=Cha^n)$/（L/s）	水位范围/m		流量范围/（L/s）		临界淹没度/%	流量范围/（m³/h）		流量范围/（m³/d）	
				最小	最大	最小	最大		最小	最大	最小	最大
小型	1	0.025	$60.4\,ha^{1.55}$	0.015	0.21	0.09	5.4	0.5	0.324	19.44	7.776	466.56
	2	0.051	$120.7\,ha^{1.55}$	0.015	0.24	0.18	13.2	0.5	0.648	47.52	15.552	1 140.48
	3	0.076	$177.1\,ha^{1.55}$	0.03	0.33	0.77	32.1	0.5	2.772	115.56	66.528	2 773.44
	4	0.152	$381.2\,ha^{1.54}$	0.03	0.45	1.50	111.0	0.6	5.4	399.6	129.6	9 590.4
	5	0.228	$535.4\,ha^{1.53}$	0.03	0.60	2.5	251	0.6	9	903.6	216	21 686.4
标准型	6	0.25	$561\,ha^{1.513}$	0.03	0.60	3.0	250	0.6	10.8	900	259.2	21 600
	7	0.30	$679\,ha^{1.521}$	0.03	0.75	3.5	400	0.6	12.6	1 440	302.4	34 560
	8	0.45	$1\,038\,ha^{1.537}$	0.03	0.75	4.5	630	0.6	16.2	2 268	388.8	54 432
	9	0.60	$1\,403\,ha^{1.548}$	0.05	0.75	12.5	850	0.6	45	3 060	1 080	73 440
	10	0.75	$1\,772\,ha^{1.557}$	0.06	0.75	25.0	1 100	0.6	90	3 960	2 160	95 040
	11	0.90	$2\,147\,ha^{1.565}$	0.06	0.75	30.0	1 250	0.6	108	4 500	2 592	108 000
	12	1.00	$2\,397\,ha^{1.569}$	0.06	0.80	30.0	1 500	0.7	108	5 400	2 592	129 600

类别	序号	喉道宽度/m	流量公式 $(Q=Cha^n)$/(L/s)	水位范围/m		流量范围/(L/s)		临界淹没度/%	流量范围/(m³/h)		流量范围/(m³/d)	
				最小	最大	最小	最大		最小	最大	最小	最大
标准型	13	1.20	$2\,904\,ha^{1.577}$	0.06	0.80	35.0	2 000	0.7	126	7 200	3 024	172 800
	14	1.50	$3\,668\,ha^{1.586}$	0.06	0.80	45.0	2 500	0.7	162	9 000	3 888	216 000
	15	1.80	$4\,440\,ha^{1.593}$	0.08	0.80	80.0	3 000	0.7	288	10 800	6 912	259 200
	16	2.10	$5\,222\,ha^{1.599}$	0.08	0.80	95.0	3 600	0.7	342	12 960	8 208	311 040
	17	2.40	$6\,004\,ha^{1.605}$	0.08	0.80	100.0	4 000	0.7	360	14 400	8 640	345 600
大型	18	3.05	$7\,463\,ha^{1.6}$	0.09	1.07	160.0	8 280	0.8	576	29 808	13 824	715 392
	19	3.66	$8\,859\,ha^{1.6}$	0.09	1.37	190.0	14 680	0.8	684	52 848	16 416	1 268 352
	20	4.57	$10\,960\,ha^{1.6}$	0.09	1.67	230.0	25 040	0.8	828	90 144	19 872	
	21	6.10	$14\,450\,ha^{1.6}$	0.09	1.83	310.0	37 970	0.8	1 116	136 692	26 784	
	22	7.62	$17\,940\,ha^{1.6}$	0.09	1.83	380.0	47 160	0.8	1 368	169 776	32 832	
	23	9.14	$21\,440\,ha^{1.6}$	0.09	1.83	460.0	56 330	0.8	1 656	202 788	39 744	
	24	12.19	$28\,430\,ha^{1.6}$	0.09	1.83	600.0	74 700	08	2 160	268 920	51 840	
	25	15.24	$35\,410\,ha^{1.6}$	0.09	1.83	750.0	93 040	0.8	2 700	334 944	64 800	

5. 明渠流量计（以 WL-1A1 型为例）

主要技术指标及技术参数：

流量范围：10 L/s～10 m³/s（由配用的量水堰槽的种类、规格确定）；

累计流量：8 位十进制数，累满后自动回零；

流量精度：5%（配用量水堰槽 1%～3% 的不确定，再附加上 1%～2% 的仪表误差）；

测距范围：0.4～2 m（从探头底部起 0.4 m 内是盲区，0.4～2 m 内为测距范围）；

测距精度：±3 mm（在 1 m 量程内标定的结果）；

液位分辨：1 mm；

工作环境温度：−20～55℃（交流供电，且仪表内有附加自伴热时可以：−35～55℃，附加自伴热要在订货时声明）；

仪表防护等级：仪表显示部分，IP66（仪表下部的过线孔要堵死），探头部分：IP68；

供电电源：交流供电，220V±10%　6W（使用仪表自伴热时为 26W）；

直流供电：12V±2V 160 mA（直流供电时，仪表没有 4～20 mA 输出和继电器动作）；

交流供电、直流供电同时存在，仪表使用交流；交流掉电，自动接通直流。

仪表日历钟计时误差：<5 min/月。

仪表数据存储量：每月、每天、每小时的记录：仅记录流量 >2 年，附加其他仪表 4 路 >4 个月，每分钟的记录：仅记录流量 >8 h，附加其他仪表 4 路 >4 h。

接入其他仪表的 4～20 mA 电流：

仪表内部采样电阻：200Ω，负端与仪表地端共接；

可以接入的数量：I_1、I_2、I_3、I_4 共 4 路；

可以配接的打印机：接口插座，DB25 插孔；

设定为"打印记录"时：EPSON 兼容（建议配用 TP-μp40T）；

设定为"定时打印"时：仅 TP-μp40T（需用该打印机内的汉字库）。

4～20 mA 电流输出：

外部负载电阻：0～600Ω；

误差：0.5%（相对仪表示值）；

负端与仪表地端共接（根据应用要求可改成悬浮地输出）；

输出内容：流量、液位可选；

RS232：接口插座，DB9 插针；

编码方式：1 起始位，8 数据位，1 停止位，有奇偶校验位或无校验位；

波特率：300，600，1 200，2 400，4 800，9 600，14 400，19 200，28 800，43 200，57 600 可选；

通信协议：怡文、金源、西交、九波等。

继电器：

控制方式：每累计设定的 m³ 闭合一次、液位报警、液位上限、液位下限可选；

类型：单刀双掷（常开、常闭）；

触点容量：AC250V 1A；DC30V 1A。

6．调试

（1）在现场完成水污染源在线监测仪器的安装、初试后，对在线监测仪器进行调试，调试连续运行时间不少于 72 h。

（2）每天进行零点校准和量程校准检查，当累积漂移超过规定指标时，应对在线监测仪器进行调整。

（3）因排放源故障或在线监测系统故障造成调试中断，在排放源或在线监测系统恢复正常后，重新开始调试，调试连续运行时间不少于 72 h。

（4）编制水污染源在线监测仪器调试期间的零点漂移和量程漂移测试报告。

7．试运行

（1）试运行期间水污染源在线监测仪器应连续正常运行 60 d。

（2）可设定任一时间（时间间隔为 24 h），由水污染源在线监测系统自动调节零点和校准量程值。

（3）因排放源故障或在线监测系统故障等造成运行中断，在排放源或在线监测系统恢复正常后，重新开始试运行。

（4）如果使用总有机碳（TOC）水质自动分析仪或紫外（UV）吸收水质自动在线监测仪，试运行期间应完成总有机碳（TOC）水质自动分析仪或紫外（UV）吸收水质自动在线监测仪与 COD_{Cr} 转换系数的校准。

（5）水污染源在线监测仪器的平均无故障连续运行时间应满足：化学需氧量（COD_{Cr}）在线自动监测仪≥360 h/次；总有机碳（TOC）水质自动分析仪、紫外（UV）吸收水质自动在线监测仪、pH 水质自动分析仪、氨氮水质自动分析仪和总磷水质自动分析仪≥720 h/次。

（6）数据采集传输仪已经和水污染源在线监测仪器正确连接，并开始向上位机发送数据。

（7）编制化学需氧量（COD_{Cr}）在线自动监测仪、总有机碳（TOC）水质自动分析仪、紫外（UV）吸收水质自动在线监测仪、pH、水质自动分析仪、氨氮水质自动分析仪和总磷水质自动分析仪等水污染源在线监测仪器的零点漂移、量程漂移和重复性的测试报告，

以及 COD_{Cr} 转换系数的校准报告。

（三）水污染源在线监测系统验收技术规范

验收条件：

（1）水污染源在线监测系统已进行了调试与试运行，并提供调试与试运行报告。

（2）化学需氧量（COD_{Cr}）在线自动监测仪、总有机碳（TOC）水质自动分析仪、紫外（UV）吸收水质自动在线监测仪、pH 水质自动分析仪、氨氮水质自动分析仪和总磷水质自动分析仪等水污染源在线监测仪器进行了零点漂移、量程漂移、重现性检测，满足表4-4 中的性能要求并提供检测报告。

表 4-4　水污染源在线监测仪器零点漂移、量程漂移、重复性和平均无故障连续运行时间性能指标

仪器类型	项目	性能指标
化学需氧量（COD_{Cr}）在线自动监测仪	重复性	±10%
	零点漂移	±5 mg/L
	量程漂移	±10%
	平均无故障连续运行时间	≥360 h/次
总有机碳（TOC）水质自动分析仪	重复性	±5%
	零点漂移	±5%
	量程漂移	±5%
	平均无故障连续运行时间	≥720 h/次
紫外（UV）吸收水质自动在线监测仪	重复性	量程的±2% 以内
	零点漂移	量程的±2% 以内
	量程漂移	量程的±2% 以内
	平均无故障连续运行时间	≥720 h/次
氨氮水质自动分析仪（电极法）	重复性	±5%
	零点漂移	±5%
	量程漂移	±5%
	平均无故障连续运行时间	≥720 h/次
氨氮水质自动分析仪（光度法）	重复性	±10%
	零点漂移	±5%
	量程漂移	±10%
	平均无故障连续运行时间	≥720 h/次
总磷水质自动分析仪	重现性	±10%
	零点漂移	±5%
	量程漂移	±10%
	平均无故障连续运行时间	≥720 h/次
pH 水质自动分析仪	重现性	±0.1 pH
	漂移	±0.1 pH
	平均无故障连续运行时间	≥720 h/次

（3）如果使用总有机碳（TOC）水质自动分析仪或紫外（UV）吸收水质自动在线监测仪，应完成总有机碳（TOC）水质自动分析仪或紫外（UV）吸收水质自动在线监测仪与 COD_{Cr} 转换系数的校准，提供校准报告。

（4）提供水污染源在线监测系统的选型、工程设计、施工、安装调试及性能等相关技术资料。

（5）水污染源在线监测系统所采用基础通信网络和基础通信协议应符合 HJ/T 212—2005 的相关要求，对通信规范的各项内容作出响应，并提供相关的自检报告。

（6）数据采集传输仪已稳定运行一个月，向上位机发送数据准确、及时。

1．监测站房的验收

（1）监测站房应做到专室专用。站房应密闭，安装空调，保证室内清洁，环境温度、相对湿度和大气压等应符合 ZBY 120—83 的要求。

（2）监测用房内应有合格的给、排水设施，应使用自来水清洗仪器及有关装置。

（3）监测用房应有完善、规范的接地装置和避雷措施，防盗和防止人为破坏的设施。

（4）各种电缆和管路应加保护管铺于地下或空中架设，空中架设电缆应附着在牢固的桥架上，并在电缆和管路以及两端作上明显标识。电缆线路的验收还应按 GB 50168—92 执行。

（5）水污染源在线监测仪器可选择落地安装或壁挂式安装，并有必要的防震措施，保证设备安装牢固稳定。在仪器周围应留有足够的空间，以方便仪器的维护。此处未提及的要求参照仪器相应说明书内容，水污染源在线监测仪器的安装还应满足 GB 50093—2002 的相关要求。

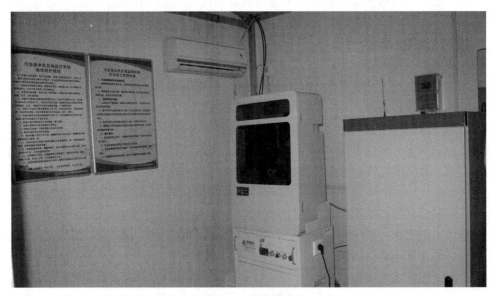

图 4-7　站房配置

2．水污染源在线监测仪器的验收

（1）验收期间不允许对水污染源在线监测仪器进行零点和量程校准、维护、检修和调节。

（2）依据"HJ/T 354—2007 水污染源在线监测仪器验收方法"的要求，对水污染源在线监测仪器进行验收监测。所有的水污染源在线监测仪器均应进行验收监测。

（3）对化学需氧量（COD_{Cr}）在线自动监测仪、总有机碳（TOC）水质自动分析仪、紫外（UV）吸收水质自动在线监测仪、pH 水质自动分析仪、氨氮水质自动分析仪和总磷水质自动分析仪进行实际废水比对试验，应满足"水污染源在线监测仪器验收方法"的要求。

（4）对化学需氧量（COD_{Cr}）在线自动监测仪、总有机碳（TOC）水质自动分析仪、紫外（UV）吸收水质自动在线监测仪、pH 水质自动分析仪、氨氮水质自动分析仪和总磷水质自动分析仪进行质控样考核，应满足 "水污染源在线监测仪器验收方法"的要求。

（5）超声波明渠污水流量计的性能指标满足 HJ/T 15—1996 中的相关要求。

（6）自动采样器性能满足相应标准要求。

（7）数据采集传输仪的验收满足标准要求。

3．联网验收

（1）通信稳定性

数据采集传输仪和上位机之间的通信稳定，不出现经常性的通信连接中断、报文丢失、报文不完整等通信问题。数据采集传输仪在线率为 90%以上，正常情况下，掉线后，应在 5 min 之内重新上线。单台现场机（数据采集传输仪）每日掉线次数在 5 次以内。数据传输稳定，报文传输稳定性在 99%以上，当出现报文错误或丢失时，启动纠错逻辑，要求数据采集传输仪重新发送报文。

（2）数据传输安全性

为了保证监测数据在公共数据网上传输的安全性，所采用的数据采集传输仪，在需要时可以按照 HJ/T 212—2005 中规定的加密方法进行加密处理传输，保证数据传输的安全性。一端请求连接另一端应进行身份验证。

（3）通信协议正确性

采用的通信协议应完全符合 HJ/T 212—2005 的相关要求。

（4）数据传输正确性

系统稳定运行一个月后，任取其中不少于连续 7 天的数据进行检查，要求上位机接收的数据和数据采集传输仪采集和存储的数据完全一致；同时检查水污染源在线监测仪器显示的测定值、数据采集传输仪所采集并存储的数据和上位机接收的数据，这三个环节的实时数据应保持一致。

（5）联网稳定性

在连续一个月内，系统能稳定运行，不出现除通信稳定性、通信协议正确性、数据传输正确性以外的其他联网问题。

（6）现场故障模拟恢复试验

在水污染源在线监测系统现场验收过程中，人为模拟现场断电、断水和断气等故障，在恢复供电等外部条件后，水污染源在线监测系统应能正常自启动和远程控制启动。在数据采集传输仪中保存故障前完整分析的分析结果，并在故障过程中不被丢失。数据采集传输仪完整记录所有故障信息。

二、水污染源在线监测仪器验收方法

（一）化学需氧量（COD_Cr）在线自动监测仪

1. 仪器类型

重铬酸钾消解法：重铬酸钾、硫酸银、浓硫酸等在消解池中消解氧化水中的有机物和还原性物质，以比色法或氧化还原电位滴定法测定剩余的氧化剂，计算得出 COD_{Cr} 值。

2. 验收监测方法

（1）实际水样比对试验

采集实际废水样品，以水污染源在线监测仪器与 GB/T 11914 方法进行实际水样比对试验，比对试验过程中应保证水污染源在线监测仪器与国标法测量结果组成一个数据对，至少获得 6 个测定数据对，计算实际水样比对试验相对误差。80%相对误差值应达到本标准实际水样比对试验验收指标。

$$A＝X_n－B_n/B_n×100\%　　　　（4-1）$$

式中：A —— 实际水样比对试验相对误差；

X_n —— 第 n 次测量值；

B_n —— 标准方法的测定值。

实际水样比对试验验收指标见表 4-5。

表 4-5　水污染源在线监测仪器实际水样比对试验验收指标

仪器类型		实际水样比对试验验收指标	试验方法
化学需氧量COD_Cr在线自动监测仪		±10%（COD_{Cr}<30 mg/L）	用接近实际水样浓度的低浓度质控样
		±30%（30 mg/L≤COD_{Cr}<60 mg/L）	
		±20%（60 mg/L≤COD_{Cr}<100 mg/L）	
		±15%（COD_{Cr}≥100 mg/L）	
总有机碳 TOC 水质自动分析仪		±10%（COD_{Cr}<30 mg/L）	用接近实际水样浓度的低浓度质控样
		±30%（30 mg/L≤COD_{Cr}<60 mg/L）	
		±20%（60 mg/L≤COD_{Cr}<100 mg/L）	
		±15%（COD_{Cr}≥100 mg/L）	
紫外（UV）吸收水质自动在线监测仪		±10%（COD_{Cr}<30 mg/L）	用接近实际水样浓度的低浓度质控样
		±30%（30 mg/L≤COD_{Cr}<60 mg/L）	
		±20%（60 mg/L≤COD_{Cr}<100 mg/L）	
		±15%（COD_{Cr}≥100 mg/L）	
氨氮水质自动分析仪	电极法	± 15%	
	光度法	± 15%	
总磷水质自动分析仪		± 15%	
pH 水质自动分析仪		± 0.5pH	

（2）质控样考核

采用国家认可的质控样，分别用两种浓度的质控样进行考核，一种为接近实际废水浓度的样品，另一种为超过相应排放标准浓度的样品，每种样品至少测定 2 次，质控样测定的相对误差不大于标准值的±10%。

（二）总有机碳（TOC）水质自动分析仪

1. 仪器类型

干式氧化法。指填充铂系、氧化铝系、钴系等催化剂的燃烧管保持在 680～1 000℃，将由载气导入的试样中 TOC 燃烧氧化。干式氧化反应器主要采用两种方式，一种是将载气连续通入燃烧管，另一种是将燃烧管关闭一定时间，在停止通入载气的状态下，将试样中的 TOC 燃烧氧化。

2. 验收监测方法

（1）实际水样比对试验

当废水样品为高氯废水时，采用 HJ/T 70 方法与总有机碳（TOC）水质自动分析仪进行比对。实际水样比对试验验收指标见表 4-5。

（2）质控样考核（同上）

（三）紫外（UV）吸收水质自动在线监测仪

1. 仪器类型

紫外（UV）吸收：普通 UV 可见光吸收法为通过水中有机污染物对 200～400 nm 的吸收强度与标准方法的相关关系换算，具有光谱扫描功能的 UV 可见光可根据谱图选择最佳吸收波长。

2. 验收监测方法

（1）实际水样比对试验

当废水样品为高氯废水时，采用 HJ/T 70 方法与紫外（UV）吸收水质自动在线监测仪进行比对。实际水样比对试验验收指标见表 4-5。

（2）质控样考核（同上）

（四）氨氮水质自动分析仪

1. 仪器类型

（1）气敏电极法：采用氨气敏复合电极，在碱性条件下，水中氨气通过电极膜后对电极内液体 pH 值的变化进行测量，以标准电流信号输出。

（2）光度法：在污水水样中加入能与氨离子产生显色反应的化学试剂利用分光光度计分析得出氨氮浓度的方法。

2. 验收监测方法

（1）电极法性能验收方法

① 实际水样比对试验

采集实际废水样品，以水污染源在线监测仪器与国标方法（GB 7479 或 GB 7481）对废水氨氮值进行比对试验，比对试验过程中应保证水污染源在线监测仪器与国标法测量结果组成一个数据对，至少获得 6 个测定数据对，计算实际水样比对试验相对误差。80%的相对误差值应达到本标准实际水样比对试验验收指标。实际水样比对试验验收指标见表 4-5。

② 质控样考核（同上）

（2）光度法性能验收方法

① 实际废水样品比对试验

实际水样比对试验验收指标见表 4-5。

② 质控样考核（同上）

（五）总磷水质自动分析仪

验收监测方法

（1）实际水样比对试验

采集实际废水样品，以自动监测仪器与国标方法（GB 11893）进行实际水样比对试验，比对试验过程中应保证水污染源在线监测仪器与国标法测量结果组成一个数据对，至少获得 6 个测定数据对，计算实际水样比对试验相对误差。80%相对误差值应达到本标准实际水样比对试验验收指标。

实际水样比对试验验收指标见表 4-5。

（2）质控样考核（同上）

（六）pH 水质自动分析仪

验收监测方法

（1）实际水样比对试验

采集实际废水样品，以自动监测仪器与国标方法（GB 6920）对废水 pH 值进行比对试验，比对试验过程中应保证水污染源在线监测仪器与国标法测量结果组成一个数据对，至少获得 6 个测定数据对，计算两种测量结果的绝对误差。80%绝对误差值应达到实际水样比对试验验收指标。

实际水样比对试验验收指标见表 4-5。

（2）质控样考核（同上）

（七）超声波明渠污水流量计

超声波明渠污水流量计的检测验收方法、指标和要求，参照 HJ/T 15—1996 中第 4 章"检测与试验方法"执行。

（八）水质自动采样器

自动采样器能按技术说明书上的要求工作。采样量重复性，采用测量 6 次采样的体积方式，单次采样量与平均值之差不大于±5 ml 或平均容积的±5%。

（九）数据采集传输仪

（1）适应性检查

只修改数据采集传输仪的系统设置和建立相应的测试模板，就可以适应新的水污染源在线监测仪器，修改其系统设置可以改变监测对象，采集通道类型可自由设定，登录时应可设置 3 个及以上安全级别，以确保数据的安全性和保密性。

（2）接口与显示检查

① 数据采集传输仪应具备模拟量、数字量、标准串行口（RS485/RS232）接口、继电器输出接口等，可以通过 RS485 或 RS232 接口，向上位机发送数据，以便实时监控污水排放状况。

② 数据采集传输仪接口应具有扩展功能、模块化结构设计，可根据使用要求，增加输入、输出通道的数量，以满足用户的各项监控功能要求。

③ 数据采集传输仪应能实时显示水污染源在线监测仪器和辅助设备的工作状态和报警信息，可以用图、表方式，实时显示污染物排放状况和环境参数。

（3）诊断检查

数据采集传输仪对水污染源在线监测仪器应具备故障断断功能（传感器故障报警、超标报警、通信故障报警、断电记录等）。

（4）独立性检查

当数据采集传输仪与上位机通信中断时，数据采集传输仪能独立工作，仍具有数据采集、控制水污染源在线监测仪器和辅助设备运行等各种功能。

（5）管理安全检查

应具备安全管理功能，操作人员需登录账号和密码后，才能进入控制界面，对所有的操作均自动记录、保存。登录时应具备不少于 3 级以上操作管理权限。

（6）数据处理与检索检查

① 数据处理检查

数据采集传输仪可存储 12 个月及以上的原始数据，记录水质测定数据和各类仪器运行状态数据，自动生成运行状况报告、水质测定数据报告、掉电记录报告、操作记录报告和仪器校准报告。

Ⅰ. 水质测定数据和各类仪器运行状态数据

a. 水质测定数据；b. 有效数据个数；c. 电源故障状态数据；d. 污染处理设施运行状态数据；e. 零点和量程校准数据；f. 操作和维护数据；g. 超标准排放数据；h. 超过水污染源在线监测仪器测定上限和下限的数据；i. 仪器故障数据。

Ⅱ. 掉电记录报告

当数据采集传输仪外部电源掉电又恢复供电时，系统应能自动启动，自动恢复运行状态并记录出现掉电的时间和恢复运行的时间。

Ⅲ. 操作记录报告

对运行参数设置的修改等操作，数据采集传输仪应自动记录，可对这些记录随时调用。

② 数据检索检查

能检索不同日期的历史数据，并进行报表统计和图形曲线分析；自动生成日报、月报、年报。

（7）远程通信和校正检查

① 校时检查

上位机可发送时钟命令并校准数据采集传输仪的时钟，数据采集传输仪同时发送时钟命令，水污染源在线监测仪器的时钟。

② 校正控制检查

Ⅰ. 校正检查

通过数据采集传输仪，上位机可发送零点和量程校准命令，来校准水污染源在线监测仪器的零点和量程。

Ⅱ. 控制检查

对不连续监测的项目（如 TOC、COD_{Cr} 等），上位机可通过数据采集传输仪设置水污染源在线监测仪器的测量时间，也可以发送强制进行水质测定的命令。

（8）现场故障模拟恢复试验

水污染源在线监测系统现场验收过程中，人为模拟现场断电、断水和断气等故障，在恢复供电等外部条件后，水污染源在线监测系统应能正常自启动和远程控制启动。在数据采集传输仪中保存故障前完整分析的分析结果，并在故障过程中不被丢失。数据采集传输仪完整记录所有故障信息。

三、固定污染源烟气排放连续监测系统

（一）安装技术规范

1. 固定污染源烟气 CEMS 的组成

固定污染源烟气 CEMS 由颗粒物监测子系统、气态污染物监测子系统、烟气排放参数测量子系统、数据采集、传输与处理子系统等组成。通过采样和非采样方式，测定烟气中颗粒物浓度、气态污染物浓度，同时测量烟气温度、烟气压力、烟气流速或流量、烟气含湿量（或输入烟气含湿量）、烟气氧量（或二氧化碳含量）等参数；计算烟气中污染物浓度和排放量；显示和打印各种参数、图表并通过数据、图文传输系统传输至固定污染源监控系统。

2. 固定污染源烟气 CEMS 安装位置要求

固定污染源烟气 CEMS 应安装在能准确可靠地连续监测固定污染源烟气排放状况的有代表性的位置上。

一般要求：

（1）位于固定污染源排放控制设备的下游。

（2）不受环境光线和电磁辐射的影响。

（3）烟道振动幅度尽可能小。

（4）安装位置应避免烟气中水滴和水雾的干扰。

（5）安装位置不漏风。

（6）安装烟气 CEMS 的工作区域必须提供永久性的电源，以保障烟气 CEMS 的正常运行。

（7）采样或监测平台易于人员到达，有足够的空间，便于日常维护和比对监测。当采样平台设置在离地面高度≥5 m 的位置时，应有通往平台的 Z 字梯/旋梯/升降梯。

（8）为室外的烟气 CEMS 装置提供掩蔽所，以便在任何天气条件下不影响烟气 CEMS

的运行和不损害维修人员的健康,能够安全地进行维护。安装在高空位置的烟气 CEMS 要采取措施防止发生雷击事故,做好接地,以保证人身安全和仪器的运行安全。

具体要求:

(1)应优先选择在垂直管段和烟道负压区域。

(2)测定位置应避开烟道弯头和断面急剧变化的部位。对于颗粒物 CEMS,应设置在距弯头、阀门、变径管下游方向不小于 4 倍烟道直径,以及距上述部件上游方向不小于 2 倍烟道直径处;对于气态污染物 CEMS,应设置在距弯头、阀门、变径管下游方向不小于 2 倍烟道直径,以及距上述部件上游方向不小于 0.5 倍烟道直径处。对矩形烟道,其当量直径 $D=2AB/(A+B)$,式中 A、B 为边长。当安装位置不能满足上述要求时,应尽可能选择在气流稳定的断面,但安装位置前直管段的长度必须大于安装位置后直管段的长度。在烟气 CEMS 监测断面下游应预留参比方法采样孔,采样孔数目及采样平台等。《固定污染源排气中颗粒物测定与气态污染物采样方法》(GB/T 16157)要求确定,以供参比方法测试使用。在互不影响测量的前提下,应尽可能靠近。

(3)为了便于颗粒物和流速参比方法的校验和比对监测,烟气 CEMS 不宜安装在烟道内烟气流速小于 5 m/s 的位置。

(4)每台固定污染源排放设备应安装一套烟气 CEMS。

(5)若一个固定污染源排气先通过多个烟道后进入该固定污染源的总排气管时,应尽可能将烟气 CEMS 安装在该固定污染源的总排气管上,但要便于用参比方法校验颗粒物 CEMS 和烟气流速 CMS。不得只在其中的一个烟道上安装一套烟气 CEMS,将测定值的倍数作为整个源的排放结果,但允许在每个烟道上安装相同的烟气 CEMS,测定值汇总后作为该源的排放结果。

(6)火电厂湿法脱硫装置后未安装烟气 GGH(气—气换热器)的烟道内,由于水分的干扰,颗粒物 CEMS 无法准确测定其浓度,颗粒物 CEMS 可安装在脱硫装置前的管段中。

(7)固定污染源烟气净化设备设置有旁路烟道时,应在旁路烟道内安装烟气流量连续计量装置。

(8)当烟气 CEMS 安装在矩形烟道时,若烟道截面的高度大于 4 m,则不宜在烟道顶层开设参比方法采样孔;若烟道截面的宽度大于 4 m,则应在烟道两侧开设参比方法采样孔,并设置多层采样平台。

(9)点测量 CEMS 的测量点位应符合下列条件之一:

① 颗粒物 CEMS 的测量点位离烟道壁的距离不小于烟道直径的 30%,气态污染物 CEMS、氧气 CMS 以及流速 CMS 的测量点位离烟道壁距离不小于 1 m;②位于或接近烟道断面的矩心区。

(10)线测量 CEMS 的测量点位应符合下列条件之一:

① 颗粒物 CEMS 的测量点位所在区域离烟道壁的距离不小于烟道直径的 30%,气态污染物 CEMS、氧气 CMS 以及流速 CMS 的测量点位离烟道壁距离不小于 1 m;② 中心位于或接近烟道断面的矩心区;③ 测量线长度大于或等于烟道断面直径或矩形烟道的边长。

技术要求:

(1) 外观要求

① 应有制造计量器具 CMC 标志（进口产品应取得我国质量技术监督部门的计量器具型式批准证书）和产品铭牌，铭牌上应标有仪器名称、型号、生产单位、出厂编号、制造日期。

② 仪器各部零件应连接可靠，表面无明显缺陷，各操作键使用灵活，定位准确。

③ 仪器各显示部分的刻度、数字清晰，涂色牢固，不应有影响读数的缺陷。

④ 仪器外壳或外罩应耐腐蚀、密封性能良好、防尘、防雨。

(2) 环境条件

仪器设备在以下环境中应能正常工作：① 环境温度：$-20 \sim 45℃$；② 相对湿度：≤90%；③ 大气压：$86 \sim 106kPa$；④ 烟气温度：$<260℃$。

(3) 供电电压：$AC220V \pm 10\%$，频率 50Hz。

(4) 安全要求：

① 在 $10 \sim 35℃$，相对湿度≤85%条件下，仪器电源引入线与机壳之间的绝缘电阻应不小于 $20\mu\Omega$。

② 仪器应设有漏电保护装置，防止人身触电。

③ 仪器应有良好的接地措施，防止雷击对仪器造成损坏。

校准:

仪器应能用手动和（或）自动方法进行零点漂移和量程漂移校准。

净化:

仪器应具有防止光学镜头、插入烟道或管道的探头被烟气污染的净化系统；净化系统能克服烟气压力，保持光学镜头、插入烟道或管道探头的清洁。

数据采集和处理:

仪器应具有记录、存储、显示、数据处理、数据输出、打印、故障告警、安全管理和数据、图文传输功能。仪器应设置 RS232、RS422、RS485 中任一种通信接口。颗粒物 CEMS 应具有一次物理量的显示、存储功能。

(1) 数据采集控制器

(2) 数据采集和控制

由仪器数据的采集和控制功能协调整个系统的时序，记录测定数据和仪器运行状态数据，根据状态数据诊断仪器运行状态并在测定数据后面给出状态标记（"P"示电源故障、"F"示排放源停运、"C"示校准、"M"示维护、"O" 示超排放标准、"Md"示缺失数据、"T"示超测定上限、"D"示仪器故障），当仪器运行不正常时发出告警信息。当 1 h 监测数据滑动平均值（每 15 min 滑动一次）超过排放标准时，仪器发出超标告警信息。

(3) 数据存储

仪器数据采集控制器应能保证存储原始数据，能够自动或根据指令将所采集的各种信息发送回控制中心。

(4) 文档管理

仪器应能对数据文档进行文档保存和备份，能自动生成运行参数报告、数据报告、掉电记录报告和操作记录报告。

（5）接口

仪器接口应具有扩展功能，模块化结构设计，可根据使用要求，实现单路或双路或多路配置。

（6）安全管理

仪器应具有安全管理功能，操作人员需登录工号和密码后，才能进入控制界面，系统对所有的控制操作均自动记录并入库保存。系统应具有二级操作管理权限：① 系统管理员：可以进行所有的系统设置工作，如：设定操作人员密码、操作级别，设定系统的设备配置。② 一般操作人员：只进行日常例行维护和操作，不能更改系统的设置。

（7）异常情况自动恢复功能

受外界强干扰或偶然意外或掉电后又上电等情况发生时，造成程序中断，系统应能实现自动启动，自动恢复运行状态并记录出现故障时的时间和恢复运行时的时间。数据采集模块应有断电保护 UPS 装置，在短时间断电时，可及时向上位机发送断电信息。

数据处理和数据通信：

（1）数据通信

仪器应具有数据通信功能，周期地采集各个现场数据采集器发来的各种信息，进行处理、存储，显示告警信息和相应数据。提供网络接入功能，向有关部门定时传输数据和图表，并随时接受数据查询。定时发送时钟命令并校准时钟。传输协议应符合 HJ/T 212—2005 的要求。

（2）数据查询和检索

显示仪器现场工作状态，可设置条件查询和显示历史数据，打印告警信息和各种图表，实时显示污染物排放数据和相关烟气参数。仪器应能够每 10 s 获得一个累积平均值，能显示和打印 1 min、15 min 的测试数据，生成小时（至少 45 min 的有效数据）、日（至少 18 h 的有效数据）、月（至少 22 d 的有效数据）报表，报表中应给出最大值、最小值、平均值、参加统计的样本数。

CEMS 主要技术指标及相关要求：

以下各技术指标检测数据均采用 CEMS 数据处理与传输单元的最终显示和记录结果。

（1）颗粒物 CEMS 主要技术指标

① 测定范围：当仪器只设置一个测量档时，测量范围的上限应符合标准要求；当仪器设置多个测量档时，最低档测定范围的上限应不超过 500 mg/m^3。

② 零点漂移：24 h 零点漂移不超过满量程的 ±2.0%。

③ 量程漂移：24 h 量程漂移不超过满量程的 ±2.0%。

④ 相关校准：线性校准曲线应符合下列条件：

a. 相关系数：相关系数 ≥0.85（当测量范围上限小于或等于 50 mg/m^3 时，相关系数 ≥0.75）。

b. 置信区间：95%的置信水平区间应落在由距校准曲线适合的颗粒物排放浓度限值±10%的两条直线组成的区间内。

c. 允许区间：允许区间应具有 95%的置信水平，即 75%的测定值应落在由距校准曲线适合的颗粒物排放浓度限值±25%的两条直线组成的区间内。

⑤ 准确度：复检时应符合下列条件：

当参比方法测定颗粒物排放浓度：

a. $0\sim50$ mg/m^3 时，CEMS 法与参比方法测定结果平均值的绝对误差应不超过 15 mg/m^3；

b. $50\sim100$ mg/m^3 时，CEMS 法与参比方法测定结果平均值的相对误差应不超过±25%；

c. $100\sim200$ mg/m^3 时，CEMS 法与参比方法测定结果平均值的相对误差应不超过±20%；

d. 大于 200 mg/m^3 时，CEMS 法与参比方法测定结果平均值的相对误差应不超过±15%。

（2）气态污染物 CEMS（含 O_2 或 CO_2）主要技术指标

① 线性误差：用低、中、高浓度的标准气体检查时，CEMS 测定值与参考值的相对误差不超过±5%。

② 响应时间：不大于 200 s。

③ 零点漂移：24 h 零点漂移不超过满量程的±2.5%。

④ 量程漂移：24 h 量程漂移不超过满量程的±2.5%。

⑤ 相对准确度：当参比方法测定烟气中二氧化硫、氮氧化物浓度平均值：

a.大于或等于 250 μmol/mol（SO_2、NO 和 NO_2 分别为 715 mg/m^3、335 mg/m^3 和 513 mg/m^3）时，相对准确度不超过 15%；

b.低于 250 μmol/mol（SO_2、NO 和 NO_2 分别为 715 mg/m^3、335 mg/m^3 和 513 mg/m^3）时，参比方法和 CEMS 测定结果平均值之差的绝对值应不大于 20μmol/mol（SO_2、NO 和 NO_2 分别为 57 mg/m^3、27 mg/m^3 和 41 mg/m^3）；

c.低于 50 μmol/mol（SO_2、NO 和 NO_2 分别为 143 mg/m^3、67 mg/m^3 和 103 mg/m^3）时，参比方法和 CEMS 测定结果平均值之差的绝对值应不大于 15 μmol/mol（SO_2、NO 和 NO_2 分别为 43 mg/m^3、20 mg/m^3 和 31 mg/m^3）。

（3）流速连续测量系统主要技术指标

① 测量范围：测量范围的上限应不低于 30 m/s。

② 速度场系数精密度：速度场系数精密度优于 5%。

③ 速度相对误差：当流速大于 10 m/s 时，速度相对误差不超过±10%；当流速小于或等于 10 m/s 时，速度相对误差不超过±12%。

（4）温度连续测量系统主要技术指标

示值偏差不大于±3℃。

（5）湿度连续测量系统主要技术指标

① 由氧传感器测定烟气含氧量计算烟气中水分含量时

当由氧传感器测定烟气含氧量计算烟气中水分含量时，需符合氧连续测量系统技术指标。

② 由湿度传感器连续测定烟气中水分含量时

当参比方法测定烟气中水分含量：

a. ≤5.0%时，CEMS 法与参比方法测定结果平均值的绝对误差应不超过±1.5%；

b. >5.0%时，CEMS 法与参比方法测定结果平均值的相对误差应不超过±25%。

CEMS 安装和测定位置：

（1）颗粒物 CEMS 安装要求和测定位置

颗粒物 CEMS 应安装在能反映颗粒物排放状况的有代表性的位置上，在不影响参比方法取样前提下，尽可能靠近参比方法取样孔，具体的安装要求如下：

① 一般要求

应满足 HJ/T 75—2007 的一般要求规定。

② 安装位置

安装位置应满足 HJ/T 75—2007 中关于颗粒物 CEMS 的规定。

a. 点测量 CEMS 的测定点位

测定点位应符合 HJ/T 75—2007 中关于颗粒物 CEMS 的规定。

b. 线测量 CEMS 的测定点位

测定点位应符合 HJ/T 75—2007 中关于颗粒物 CEMS 的规定。

（2）气态污染物 CEMS（含 O_2 和湿度）的安装要求和测定位置

① 一般要求

位于气态污染物混合均匀的位置，该处测得的气态污染物浓度或排放速率能代表固定污染源的排放。在不影响参比方法取样前提下，尽可能靠近参比方法取样孔。

② 安装位置

安装位置应满足 HJ/T 75—2007 中关于气态污染物 CEMS 的规定。

③ 测定位置

a. 点测量 CEMS 的测定点位

测定点位应符合 HJ/T 75—2007 中关于气态污染物 CEMS 的规定。

b. 线测量 CEMS 的测定点位

测定点位应符合 HJ/T 75—2007 中关于气态污染物 CEMS 的规定。

（3）烟气参数（包括流速、温度、压力）连续测量系统的安装和测定位置

① 一般要求

安装位置应能代表整个断面的情况，且不影响颗粒物和气态污染物 CEMS 的测定。

② 测定位置

a. 点测量流速连续测量系统

测定点位应符合 HJ/T 75—2007 中关于烟气参数连续测量系统的规定。

b. 线测量流速连续测量系统

测定点位应符合 HJ/T 75—2007 中关于烟气参数连续测量系统的规定。

参比方法采样位置和采样点：

（1）测定颗粒物和烟气参数（包括流速、温度、压力）参比方法

① 采样位置

采样位置应符合 GB/T 16157—1996 要求。采样位置和颗粒物 CEMS 测定位置不重合，在互不影响测量的前提下，尽可能靠近。

② 采样点位置和数目

符合 GB/T 16157—1996 要求。

（2）测定气态污染物（含 O_2 和湿度）参比方法

① 采样位置

安装位置应满足 HJ/T 75—2007 中关于气态污染物 CEMS 的规定，不与气态污染物 CEMS 测定位置重合。

② 采样点位置和数目

a. 参比方法与点测量气态污染物 CEMS 法比对时，设置 1 个采样点，应尽可能靠近 CEMS 探头的区域内。

b. 参比方法与线测量气态污染物 CEMS 法比对时，设置 1 个采样点，应尽可能靠近 CEMS 测量线中心区域内。

CEMS 主要技术指标检测方法：

（1）一般要求

① 调试

a. 在现场完成 CEMS 安装、初调后，使 CEMS 投入运行，运行调试时间不少于 168 h。

b. 调试期间除检测仪器零点和量程校准的时间外，不允许计划外的维护、检修和调节仪器。

c. 每天进行零点和量程校准检查，当漂移超过规定指标时，则应调整仪器。

d. 如果因排放源故障或供电造成调试中断，在排放源或供电恢复正常后，重新开始运行调试，累计运行调试时间不少于 168 h。

e. 如果因 CEMS 故障造成调试中断，在 CEMS 恢复正常后，重新开始 168 h 的运行调试。

② 检测

a. 仪器正常运行 168 h 后进行检测。检测期间不一定紧接在调试期间之后。检测期间不少于 168 h。

b. 检测期间除检测仪器零点和量程校准的时间外，不允许计划外的维护、检修和调节仪器。

c. 可设定任一时间（时间间隔为 24 h），由 CEMS 自动调节零点和校准量程值。

d. 如果因排放源故障或供电造成测试中断，在排放源或供电恢复正常后，重新开始检测，累计检测时间不少于 168 h。

e. 如果因 CEMS 故障造成测试中断，在 CEMS 恢复正常后，重新开始检测，累计检测时间不少于 168 h。

③ 复检

a. 在 CEMS 技术指标检测合格，仪器连续运行 90 d 以后，开始复检。复检期间不少于 24 h。

b. 如果因排放源故障或供电造成测试中断，在排放源或供电恢复正常后，重新开始 24 h 的复检。

c. 如果因 CEMS 故障造成测试中断，在 CEMS 恢复正常后，重新开始 24 h 的复检。

④ 90 d 运行

a. 按提交的质量保证质量控制计划维护在检的 CEMS 并按规定远程传输 CEMS 数据。

b. 做好 CEMS 的运行记录，不允许计划外的维护、检修和调节仪器。

（2）颗粒物 CEMS 主要技术指标检测

① 零点漂移、量程漂移

在检测期间开始时，人工或自动校准仪器零点和量程值，记录最初的模拟零点和量程读数。每隔 24 h 后测定（人工或自动）和记录一次零点、量程值读数；随后校准仪器零点和量程值，记录零点、量程值读数；连续 168 h（7 天）。按式（4-2）至式（4-5）计算零点漂移、量程漂移：

a. 零点漂移：

$$\Delta Z = Z_i - Z_0 \qquad (4\text{-}2)$$

$$Z_d = \Delta Z_{max}/R \times 100\% \qquad (4\text{-}3)$$

式中：Z_0 ——零点读数初始值；

$\quad\quad Z_i$ ——第 i 次零点读数值；

$\quad\quad Z_d$ ——零点漂移；

$\quad\quad \Delta Z$ ——零点漂移绝对误差；

$\quad\quad \Delta Z_{max}$——零点漂移绝对误差最大值；

$\quad\quad R$ ——仪器满量程值。

b. 量程漂移：

$$\Delta S = S_i - S_0 \qquad (4\text{-}4)$$

$$S_d = \Delta S_{max}/R \times 100\% \qquad (4\text{-}5)$$

式中：S_0 ——量程值读数初始值；

$\quad\quad S_i$ ——第 i 次量程值读数；

$\quad\quad S_d$ ——量程漂移；

$\quad\quad \Delta S$ ——量程值漂移绝对误差；

$\quad\quad \Delta S_{max}$ ——量程值漂移绝对误差最大值。

② 相关校准

a. 测试期间，应均衡考虑排放源和（或）净化设施的过程操作、参比方法取样和颗粒物 CEMS 的运行，例如：必须确保过程操作在目标条件下，并且颗粒物 CEMS 及其数据采集和处理系统均正常运行。

Ⅰ. 协调参比方法取样和颗粒物 CEMS 操作的开始和停止的时间，对于间歇取样的颗粒物 CEMS，参比方法取样时间应和颗粒物 CEMS 的取样时间同时开始。

Ⅱ. 标记并记录参比方法取样孔改变的时间和参比方法被暂停的时间，以便相应地调整颗粒物 CEMS 的数据（如果必须如此的话）。

b. 参比方法与 CEMS 同步进行，CEMS 每分钟记录一次累积平均值，取与参比方法同时间区间测量值的平均值与参比方法测定值组成一个数据对，必须获得至少 15 个有效的测试数据对。

Ⅰ. 进行相关校准测试的数据对大于 15 个时，则可以舍弃部分测试数据对。

Ⅱ. 可以舍弃 5 个数据对而不需要任何解释。

Ⅲ. 舍弃数据对超过 5 个时，则必须解释舍弃的原因。

Ⅳ. 必须报告所有数据，包括舍弃的数据对。

c. 确保构造相关校准测试数据的适合分布范围。

Ⅰ. 通过改变过程操作条件、颗粒物控制设备的运行参数或通过颗粒物加标，获得 3 种不同分布范围的颗粒物浓度。

Ⅱ. 3 种不同浓度水平的颗粒物浓度应分布在整个测量范围内。

Ⅲ. 所有有效测试数据对中至少 20% 的测试数据对应分布在如下每个范围：

范围 1：零浓度至测定的最大颗粒物浓度的 50%；

范围 2：测定的最大颗粒物浓度的 25%～75%；

范围 3：测定的最大颗粒物浓度的 50%～100%。

d. 必须将参比方法结果的单位向颗粒物 CEMS 的测量条件（如：mg/m^3，实际体积）下转换。

e. 相关校准计算

相关校准前的计算：

首先将参比方法测量值 Y（合适的单位）与颗粒物 CEMS 平均响应 X（一段时间内平均值）配对，配对的数据必须符合质量控制/质量保证要求。

Ⅰ. 测定前调整颗粒物 CEMS 的输出和参比方法测试数据至统一时钟时间（考虑颗粒物 CEMS 的响应时间）。

Ⅱ. 计算颗粒物 CEMS 在参比方法测试期间的数据输出（算术平均），评价所有的颗粒物 CEMS 数据并确定在计算颗粒物 CEMS 数据平均值时是否舍弃。

Ⅲ. 确保参比方法和颗粒物 CEMS 的测量结果基于同样的烟气状态，将参比方法颗粒物浓度测量（干基标态）向颗粒物 CEMS 测量条件下单位转换。

③ 准确度

a. 将符合要求的校准曲线输入 CEMS。

Ⅰ. 复检期间，生产设备、治理设施正常运行，当达到被测设施最大生产能力 70% 以上时，可进行准确度检测。

Ⅱ. 至少获得 5 个有效数据对，但必须报告所有数据对，包括舍去的数据对和舍弃原因。

b. 绝对误差和相对误差

将参比方法测定值与输入校准曲线后的 CEMS 显示值进行对比，计算绝对误差或相对误差。

（3）气态污染物 CEMS（含氧）主要技术指标检测

① 标准气体

a. 零气：要求零气中含二氧化硫、氮氧化物均不超过 0.1 μmol/mol[SO$_2$、NO$_x$（以 NO$_2$ 计）分别为 0.3 mg/m^3、0.2 mg/m^3]，当测定烟气中二氧化碳时，零气中二氧化碳不超过 400 μmol/mol（786 mg/m^3），零气中含有的其他气体的浓度不得干扰仪器的读数或产生二氧化硫、氮氧化物或二氧化碳（测定烟气中二氧化碳时）的读数。

b. 标准气体：不确定度不超过±2%在有效期内的国家标准气体。低浓度标准气体：20%～30%满量程值；中浓度标准气体：50%～60%满量程值；高浓度标准气体：80%～100%满量程值。

② 线性误差

校准：

a. 仪器通入零气，调节仪器零点。

b. 对仪器进行校准，以中浓度标准气体作为校准气体，通入校准气体，使仪器显示值与标准气体浓度值一致。

c. 仪器经校准后，分别通入低浓度标准气体和高浓度标准气体，待示值稳定后读取测定结果。

d. 零气和每种标准气体交替使用，重复测定 3 次，取平均值。按式（4-6）计算线性误差：

$$Le_i＝（Cd_i－Cs_i）／Cs_i×100\% \qquad (4\text{-}6)$$

式中：Le_i —— 线性误差；

$\quad Cd_i$ —— 测定标准气体浓度平均值；

$\quad Cs_i$ —— 标准气体浓度值；

$\quad i$ —— 第 i 种浓度的标准气体。

③ 响应时间

在线性误差检测通入中浓度标准气体时，用秒表测定显示值从瞬时变化至达到稳定值 90% 的时间，取平均值作为响应时间。

④ 零点漂移、量程漂移

a. 用校准器件检测零点和量程漂移时，应选择能产生零点和 50%～100% 满量程响应值的校准器件进行零点漂移和量程漂移检测。

b. 用零气和标准气体检测

Ⅰ. 零点漂移：

仪器通入零气，待读数稳定后记录零点读数初始值 Z_0，按调零键，仪器调零。24 h 后，再通入零气，待读数稳定后记录零点读数 Z_1，按调零键，仪器调零。第二天重复以上操作，记录 Z_i，连续操作 7 天，按式（4-3）计算零点漂移 Z_d。

Ⅱ. 量程漂移：

仪器通入 50%～100% 满量程标准气体，待读数稳定后记录通入标准气体初始测定值 S_0，按校准键，校准仪器。24 h 后，再通入同一标准气体，待读数稳定后记录标准气体读数 S_1，按校准键，校准仪器。第二天重复以上操作，记录 S_i，连续操作 7 天，按式（4-4）计算量程漂移 S_d。

⑤ 相对准确度

a. 当零点漂移、量程漂移和线性误差检测通过并且生产设施达到最大生产能力 50% 以上时，可进行相对准确度检测。

b. CEMS 与参比方法同步，由数据采集器每分钟记录 1 个累积平均值，连续记录至参比方法测试结束，取与参比方法同时间区间值的平均值。

c. 取参比方法与 CEMS 同时间区间测定值组合一个数据对，确保参比方法与 CEMS 测量值在同一条件下（温度、压力、湿度和含氧量），每天获取 9 个以上数据对，至少取 9 对数据用于相对准确度计算，但必须报告所有的数据，包括舍去的数据对，连续进行 7 天。

（4）流速连续测定系统主要技术指标检测

① 速度场系数

由参比方法测定断面烟气平均流速和同时间区间流速连续测量系统测定断面某一固定点或测定线上的烟气平均流速，按式（4-7）确定速度场系数：

$$K_V = F_s/F_p \times V_s/V_p \qquad (4-7)$$

式中：F_s—— 参比方法测定断面面积，m^2；

F_p—— 固定点或测定线所在测定断面的面积，m^2；

V_s—— 参比方法测定断面平均流速，m/s；

V_p—— 固定点或测定线所在测定断面流速，m/s。

（5）温度连续测定系统主要技术指标检测

① 参比方法与 CEMS 同步进行，CEMS 每分钟记录一次显示值。

② 每天至少获得 5 个数据对，连续 3 天（检测期间），必须报告所有的数据，包括舍去的数据和原因。将参比方法断面测定平均值减去 CEMS 温度显示值，计算显示值偏差。

（6）湿度连续测定系统主要技术指标检测

① 干湿氧计算湿度连续测定系统

烟气除湿前、后氧含量连续测定系统需满足相应要求。

② 湿度传感器连续测定系统

a. 参比方法与 CEMS 同步进行，CEMS 每分钟记录一次显示值。

b. 每天至少获得 5 个数据对，连续 3 天（检测期间），必须报告所有的数据，包括舍去的数据和原因。将参比方法断面测定平均值减去 CEMS 湿度显示值，计算湿度绝对误差或相对误差。

质量保证：

（1）安装的质量保证

① 安装位置应符合本标准规定要求，测定路径不得有水雾和水滴出现，当对颗粒物 CEMS 进行相关校准达不到技术要求时，应作如下检查：

a. 参比方法的测试过程；

b. 采样位置；

c. 采样仪器的可靠性；

d. 固定污染源运行状况，特别是净化设施的运行状况；

e. 颗粒物组成、分布的变化；

f. 校准数据的数量和数据的分布。

经检查排除安装位置以外的其他原因时，应选择符合要求的位置安装 CEMS，重新进行检测。

② 原则上要求一个固定污染源（如锅炉、工业炉窑、焚烧炉等）安装一套 CEMS。若一个固定污染源排气先通过多个烟道或管道后进入该固定污染源的总排气管时，应尽可能将 CEMS 安装在总排气管上，但要便于用参比方法校准颗粒物 CEMS 和烟气流速 CEMS；不得只在其中的一个烟道或管道上安装 CEMS，并将测定值作为该源的排放结果；但允许在每个烟道或管道上安装相同的测定探头，每个探头在每小时的监测时间应符合相应要求。

③ 测定颗粒物的参比方法是以 S 型皮托管测定烟气流速实现等速采样的，当流速在 5 m/s 以下，用 S 型皮托管测流速比较困难，测定结果准确度差。因此，参比方法采样点应尽可能选烟气流速大于 5 m/s 的位置。

④ 锅炉烟尘最高允许排放浓度是指除尘器出口过量空气系数在规定值时的烟尘浓度，因此颗粒物 CEMS 探头应尽可能安装在离净化装置出口较近的位置上。

⑤ 设置的采样平台必须易于到达，有足够的工作空间，便于操作；必须牢固并有符合要求的安全措施；采样平台设置在高空时，应有通往平台的旋梯或升降梯。

⑥ 为保证准确地校准颗粒物 CEMS 和烟气流速连续测量系统，颗粒物 CEMS 和烟气流速连续测量系统应尽可能安装在流速大于 5 m/s 的位置。

⑦ 完全抽取式采样法从探头到除湿装置或分析器的整个管路，其倾斜度不得小于 5°。

⑧ 气态污染物 CEMS 相对准确度达不到要求，应查明原因并解决，若无法查明原因，可按式（4-8）和（4-9）

图 4-8 "Z"字形爬梯

对 CEMS 测定数据进行调节，经调节仍不能准确测定时，应选择有代表性的位置安装 CEMS，重新进行检测。

$$\mathrm{CEMSad}_i = \mathrm{CEMS}_i \times E_{\mathrm{ac}} \tag{4-8}$$

式中：CEMSad_i——CEMS 在 i 时间调节后的数据；

CEMS_i——CEMS 在 i 时间测得的数据；

E_{ac}——偏差调节系数。

$$E_{\mathrm{ac}} = 1 + d_i / \mathrm{CEMS}_i \tag{4-9}$$

式中：d_i——差的平均值；

CEMS_i——第 i 个数据对中的 CEMS 法测定数据的平均值。

⑨ 在室内安装 CEMS 测试和数据采集、处理子系统时，房间内应尽可能安装空调、保持环境清洁、空气相对湿度≤85%，室温在 5～30℃。

（2）检测时质量保证

① 初检和复检时，必须有专人负责监督工况，排污企业应根据相关校准工作的要求调整工况或净化设备的运行参数，在测试期间保持相对稳定。

② 为了减少测定误差，保证结果的准确度，建议使用自动跟踪烟尘采样器进行相关校准和准确度测试，初检和复检尽可能用同一台采样器。在测定前进行运行检查，保证采样器功能正常。

③ 参比方法在测定断面每采一次颗粒物样品，采样量应不低于 10 mg 或采气量不低于 0.5 m³。

④ 参比方法测定气态污染物时，采样前和采样后（立即进行）必须用标准气体进行校准。

⑤ 为了保证获得参比方法与气态污染物 CEMS 在同时间区间的测定数据，对于完全抽取式和稀释抽取式 CEMS 应扣除气态污染物到达污染物检测器的时间（滞后时间）和 CEMS 的响应时间。气态污染物到达污染物检测器的时间按式（4-10）估算：

$$t = V/Q_{sl} \tag{4-10}$$

式中：t ——滞后时间，min；

V——导气管的体积，L；

Q_{sl}——气体通过导气管的流速，L/min。

⑥ 参比方法采用国家或行业发布的标准分析方法或《空气和废气监测分析方法》中所列方法。

⑦ 对于完全抽取式和稀释抽取式气态污染物 CEMS，当进行零点和量程校准时，原则上要求零气和标准气体与样品气体通过的路径（如：采样管、过滤器、洗涤器、调节器）相同。

⑧ 对于直接测量气态污染物 CEMS，当进行零点和量程校准时，原则上要求导入零气和标准气体进行校准。

⑨ 应在固定污染源正常排放污染物条件下检测 CEMS。

（3）90 天运行期质量保证

CEMS 至少进行 90 天的运行，运行期间对 CEMS 质量保证提出以下基本要求。

① 颗粒物 CEMS

a. 具有自动校准功能的仪器，应不超过 24 h 自动校准一次仪器零点和量程，此期间的零点和量程漂移应符合相应标准要求。

b. 手动校准的仪器，应不超过 15 天用校准装置校正仪器的零点和量程，此期间的零点和量程漂移应符合相应标准要求。

c. 不超过 1 个月更换一次空气过滤器。

d. 不超过 3 个月清洗一次隔离烟气与光学探头的玻璃视窗，检查一次仪器光路的准直情况。

② 气态污染物 CEMS

a. 不超过 15 天用零气和高浓度标准气体或校准装置校准一次仪器零点和量程，并检查响应时间；不超过 30 天进行一次线性误差测试；不超过 3 个月进行一次相对准确度测试。

b. 不超过 3 个月更换一次采样探头滤料。

c. 不超过 3 个月更换一次净化稀释空气的除湿、滤尘等的材料。

d. 必须使用在有效期内的标准物质。

e. 必须每天放空空气压缩机内冷凝水。

③ 流速 CEMS

a. 具有自动校准功能的仪器，应不超过 24 h 自动校准一次仪器零点[和（或）量程]。

b. 手动校准的仪器，不超过 3 个月从烟道或管道取出测速探头，人工清除沉积在上面的烟尘并用校准装置校正仪器的零点[和（或）量程]。

④ 有效利用率

当低水平（零）或高水平校准漂移结果连续 5 天超过规定漂移指标的 2 倍时，仪器失控，失控期间，数据无效。失控期间不能用于仪器有效利用率计算，有效利用率规定如下：

仪器有效利用率（%）=仪器总运行时间/排放源总运行时间×100%

90 天运行期间，只有当仪器有效利用率大于或等于 90%时，才允许复检。

（二）验收技术要求

固定污染源烟气 CEMS 技术验收由参比方法验收和联网验收两部分组成。

（1）技术验收条件

固定污染源烟气 CEMS 在完成安装、调试检测并符合下列要求后，可组织实施技术验收工作。

a. 排污口安装的固定污染源烟气 CEMS 相关仪器（颗粒物、SO_2、NO_x、流速等）应具有国家环境保护总局环境监测仪器质量监督检验中心出具的适用性检测合格报告，型号与报告内容相符合。

b. 排污口安装的固定污染源烟气 CEMS 的安装位置及手工采样位置应符合规范要求。

c. 数据采集和传输以及通信协议均应符合 HJ/T 212 的要求，并提供 1 个月内数据采集和传输自检报告，报告应对数据传输标准的各项内容作出响应。

d. 根据标准 HJ/T 75—2007 的要求进行了 72 h 的调试检测，并提供调试检测合格报告。

（2）参比方法验收内容

① 验收时间可采用事先通知的形式或不通知的抽检形式进行，现场验收应尽可能控制在 1 天内完成。

② 现场验收期间，生产设备应正常且稳定运行，可通过调节固定污染源烟气净化设备从而达到某一排放状况，该状况在测试期间应保持稳定。用参比方法进行验收时，颗粒物、流速、烟温至少获取 5 个该测试断面的平均值，气态污染物和氧量至少获取 9 个数据，并取测试平均值与同时段烟气 CEMS 的分钟平均值进行准确度计算。

a. 颗粒物相对误差计算：

$$R_{ep}（\%）=（CCEMS-C_i）/C_i×100\% \qquad (4-11)$$

式中：R_{ep}——颗粒物相对误差，%；

C_i——参比方法测定的颗粒物平均浓度，mg/m^3；

CCEMS——颗粒物 CEMS 与参比方法同时段测定的颗粒物平均浓度，mg/m^3。

b. 流速相对误差计算：

$$R_{ev}（\%）=（VCMS-V_i）/V_i×100\% \tag{4-12}$$

式中：R_{ev}——流速相对误差，%；

V_i——参比方法测定的测试断面的烟气平均流速，m/s（可与颗粒物测定同时进行）；

VCMS——流速 CMS 与参比方法同时段测定的烟气平均流速，m/s。

　　c. 烟温绝对误差计算：

$$\Delta T=t_2-t_1 \tag{4-13}$$

式中：ΔT——烟温绝对误差，℃；

t_1——参比方法测定的平均烟温，℃（可与颗粒物测定同时进行）；

t_2——烟温 CMS 与参比方法同时段测定的平均烟温，℃。

（3）参比方法验收测试报告格式

a. 报告的标识——编号；

b. 检测日期和编制报告的日期；

c. 烟气 CEMS 标识——制造单位、型号和系列编号；

d. 安装烟气 CEMS 的企业名称和安装位置所在的相关污染源名称；

e. 参比方法引用的标准；

f. 所用可溯源到国家标准的标准气体；

g. 参比方法所用的主要设备、仪器等；

h. 检测结果和结论；

i. 测试单位；

j. 备注（技术验收单位认为与评估烟气 CEMS 的性能相关的其他信息）。

（4）参比方法验收技术指标要求

表 4-6　参比方法验收技术指标要求

验收检测项目		考核指标
颗粒物	准确度	当参比方法测定烟气中颗粒物排放浓度： ≤50 mg/m³ 时，绝对误差不超过±15 mg/m³； 50～100 mg/m³ 时，相对误差不超过±25%； 100～200 mg/m³ 时，相对误差不超过±20%； >200 mg/m³ 时，相对误差不超过±15%
气态污染物	准确度	当参比方法测定烟气中二氧化硫、氮氧化物排放浓度： ≤20 μmol/mol 时，绝对误差不超过±6μmol/mol； 20～250μmol/mol 时，相对误差不超过±20%； >250μmol/mol 时，相对准确度≤15%
		当参比方法测定烟气中其他气态污染物排放浓度： 相对准确度≤15%
流速	相对误差	流速>10 m/s 时，不超过±10%； 流速≤10 m/s 时，不超过±12%
烟温	绝对误差	不超过±3℃
氧量	相对准确度	≤15%

（5）联网验收内容

联网验收由通信及数据传输验收、现场数据比对验收和联网稳定性验收三部分组成。

① 通信及数据传输验收

按照 HJ/T 212 的规定检查通信协议的正确性。数据采集和处理子系统与固定污染源监控系统之间的通信应稳定，不出现经常性的通信连接中断、报文丢失、报文不完整等通信问题。为保证监测数据在公共数据网上传输的安全性，所采用的数据采集和处理子系统应进行加密传输。

② 现场数据比对验收

数据采集和处理子系统稳定运行一个星期后，对数据进行抽样检查，并对比上位机接收到的数据和现场机存储的数据是否一致，检验数据传输的正确性。

③ 联网稳定性验收

在连续一个月内，子系统能稳定运行，不出现除通信稳定性、通信协议正确性、数据传输正确性以外的其他联网问题。

（6）联网验收技术指标要求

表 4-7　验收检测项目考核指标

验收检测项目	考核指标
通信稳定性	1. 现场机在线率为 90%以上 2. 正常情况下，掉线后，应在 5 min 之内重新上线 3. 单台数据采集传输仪每日掉线次数在 5 次以内 4. 报文传输稳定性在 99%以上，当出现报文错误或丢失时，启动纠错逻辑，要求数据采集传输仪重新发送报文
数据传输安全性	1. 对所传输的数据应按照 HJ/T 212 中规定的加密方法进行加密处理传输，保证数据传输的安全性 2. 服务器端对请求连接的客户端进行身份验证
通信协议正确性	现场机和上位机的通信协议应符合 HJ/T 212 中的规定，正确率 100%
数据传输正确性	系统稳定运行一星期后，对一星期的数据进行检查，对比接收的数据和现场的数据完全一致，抽查数据正确率 100%
联网稳定性	系统稳定运行一个月，不出现除通信稳定性、通信协议正确性、数据传输正确性以外的其他联网问题

（7）验收结果

符合本验收技术指标要求的固定污染源烟气 CEMS，可纳入固定污染源监控系统。

四、环境空气质量自动监测系统

（一）安装技术要求

1．监测点站房要求

监测点站房（子站房）的建设和内部设计应满足以下要求：

（1）子站站房用面积应以保证操作人员方便地操作和维修仪器为原则，一般不少于 10 m²。

（2）站房为无窗或双层密封窗结构，墙体应有较好的保温性能。有条件时，门与仪器房之间可设有缓冲间，以保持站房内温湿度恒定和防止灰尘和泥土带入站房内。

（3）站房内应安装温湿度控制设备，使站房室内温度在 25℃±5℃，相对湿度控制在 80% 以下。

（4）站房应有防水、防潮措施，一般站房地层应离地面（或房顶）有 25cm 的距离。

（5）采样装置抽气风机排气口和监测仪器排气口的位置，应设置在靠近站房下部的墙壁上，排气口离站房内地面的距离应保持在 20cm 以上。

（6）在站房顶上设置用于固定气象传感器的气象杆或气象塔时，气象杆、塔与站房顶的垂直高度应大于 2 m，并且气象杆、塔和子站房的建筑结构应能经受 10 级以上的风力（南方沿海地区应能经受 12 级以上的风力）。

（7）站房供电建议采用三相供电，分相使用；站房监测仪器供电线路应独立走线。

（8）站房供电系统应配有电源过压、过载和漏电保护装置，电源电压波动不超过 220V±10%。

（9）站房应有防雷电和防电磁波干扰的措施。站房应有良好的接地线路，接地电阻＜4Ω。

（10）在已有建筑物屋顶上建立站房时，若站房重量经正规建筑设计部门核实超过屋顶承重，在建站房前应先对建筑物屋顶进行加固。

（11）开放光程监测仪器的发射光源和监测光束接收端应固定安装在基座上。基座不能建在金属构件上，应建在受环境变化影响不大的建筑物主承重混凝土结构上。基座应采用实心砖平台结构或混凝土水泥桩结构，建议离地高度为 0.6～1.2 m，长度和宽度尺寸应按发射光源和接收端底座 4 个边缘多加 15 cm 计算。

（12）开放光程监测系统的固定发射和接收端的基座位置应远离振动源，并且基座应设置在便于安全操作的地方。

2．设备安装的技术要求

在选择环境空气质量监测设备时，应考虑如下原则：

① 选购的仪器设备所用的分析方法、测量范围和各项技术指标应符合国家有关要求。

② 应具有数据采集及传输设备，用于对子站分析仪的控制、数据记录及向中心站传输数据。

③ 根据各分析仪的特点，系统应配备相应的校准设备。

④ 结构牢固可靠，便于搬运和安装。

⑤ 应便于保养维护、故障诊断和零部件更换及维修。

⑥ 长期运行安全可靠，故障率低。

⑦ 仪器设备厂家应有良好的售后服务，能及时向客户提供所需的备品备件、易损易耗件和技术支持。

（1）采样头安装

采样头设置在总管户外的采样气体入口端，防止雨水和粗大的颗粒物落入总管，同时避免鸟类、小动物和大型昆虫进入总管。采样头的设计应保证采样气流不受风向影响，稳定进入总管。

（2）采样总管

总管内径选择在 1.5～15 cm，采样总管内的气流应保持层流状态，采样气体在总管内的滞留时间应小于 20 s。总管进口至抽气风机出口之间的压降要小，所采集气体样品的压力应接近大气压。支管接头应设置于采样总管的层流区域内，各支管接头之间间隔距离大于 8 cm。

（3）制作材料

多支路集中采样装置的制作材料，应选用不与被监测污染物发生化学反应和不释放有干扰物质的材料。一般以聚四氟乙烯或硼硅酸盐玻璃等作为制作材料；对于只用于监测 SO_2 和 NO_x 的采样总管，也可选用不锈钢材料。

监测仪器与支管接头连接的管线也应选用不与被监测污染物发生化学反应和不释放有干扰物质的材料。

（4）其他技术要求

① 为了防止因室内外空气温度的差异而致使采样总管内壁结露对监测物质吸附，需要对总管和影响较大的管线外壁加装保温套或加热器，加热温度一般控制在 30～50℃。

② 监测仪器与支管接头连接的管线长度不能超过 3 m，同时应避免空调机的出风直接吹向采样总管和与仪器连接的支管线路。

③ 为防止灰尘落入监测分析仪器，应在监测仪器的采样入口与支管气路的结合部之间，安装孔径不大于 5 μm 聚四氟乙烯过滤膜。

④ 在监测仪器管线与支管接头连接时，为防止结露水流和管壁气流波动的影响，应将管线与支管连接端伸向总管接近中心的位置，然后再做固定。

⑤ 在不使用采样总管时，可直接用管线采样，但是采样管线应选用不与被监测污染物发生化学反应和不释放有干扰物质的材料，采样气体滞留在采样管线内的时间应小于 20 s。

⑥ 在监测子站中，虽然 PM_{10} 单独采样，但为防止颗粒物沉积于采样管管壁，采样管应垂直，并尽量缩短采样管长度；为防止采样管内冷凝结露，可采取加温措施，加热温度一般控制在 30～50℃。

（二）系统验收

（1）验收的基本条件

自动监测仪器和系统验收必须具备以下基本条件：

① 仪器设备及零配件按合同清单核查无误，外观无损；

② 完成单机测试，单机测试结果符合技术合同所列各项技术指标要求；

③ 完成空气质量自动监测系统联机调试；

④ 完成空气质量自动监测系统试连续运行 60 d 考核；

⑤ 建立完整的空气质量自动监测系统技术档案（应有完整的检测记录）；

⑥ 完成空气质量自动监测系统自检工作总结报告。

（2）验收准备

系统经过运行考核后若系统运行正常，应及时对有关技术资料、说明书、安装调试和运行考核原始数据及现场记录进行收集、整理并编写验收报告。验收报告应包括以下内容：

① 子站设置情况（包括：子站位置、采样高度、子站周围情况和执行规范情况说明）。

② 仪器设备选型报告或选型说明。

③ 系统仪器设备开箱检验情况（包括：合同仪器设备清单、到货装箱清单和开箱检验清单）。

④ 仪器设备安装调试情况（包括：合同确定的技术性能指标、仪器设备通电试验结果、单机测试结果和现场记录、联机调试结果和现场记录）。

⑤ 子站仪器设备运行考核情况（包括：运行考核结果、运行考核期间仪器设备通标气检查和校准现场记录）。

⑥ 子站和中心站计算机软件运行情况（包括：合同要求提供的软件功能、软件测试和运行结果及记录）。

⑦ 子站与中心站的数据传输情况。

⑧ 系统仪器设备故障情况和故障次数统计。

⑨ 有效数据获取率。

（3）验收检查表

表 4-8　验收检查表

项目	能/是	否
一、校准系统		
* 零气源		
（1）在压力为 0.2MPa 时，零气发生器的流量能否达到最大值 10L/min		
* 多元气体校准仪		
（2）校准仪能否正常校准 NO_2		
（3）校准仪可否既能手动又能自动生成一定体积分数的标气		
（4）校准仪能否把它在校准时的信息反馈给数据采集器		
（5）当校准仪的零气和标气入口的压力为 0.1～0.2MPa 时，校准仪内零气和标气的流量是否稳定		
（6）能否对校准时钟的频率进行手动调整		
二、数据采集系统		
* 数据采集器		
（7）数据采集器能否与气象设备相连接		
（8）数据采集器能否储存 15d 以上的小时平均值数据，同时保存相应时期发生的有关校准、事件记录		
（9）数据采集器能否生成校零、校标和多点校准的数据报告		

项目	能/是	否
（10）数据采集器能否正确显示分析仪测定的数据		
（11）数据采集器的时钟能否与中心站对时		
（12）数据采集器能否对每非正常监测数据（如校准数据、异常数据等）作标志		
（13）数据采集器显示的 PM_{10} 监测数据对应的监测时间应与 PM_{10} 监测仪显示的时间一致		
* 中心站软件		
（14）中心站软件应具有完整的备份安装软件		
（15）中心站软件将原始监测数据自动生成可在其他通用软件上使用的基础数据文件		
（16）中心站通过子站数据采集器下载的监测数据中应带有相应的数据标志（如校准数据、异常数据等）		
（17）中心站自动下载并储存子站的校准记录、校准设置及停电复电等事件记录		
（18）中心站软件能否手动和自动呼叫所有的子站来获取数据		
（19）中心站软件能否允许操作人员设置密码进行保护		
（20）中心站软件能否允许操作人员打印校零和校标报告		
（21）中心站软件能否让操作人员根据原始数据生成空气质量日报		
三、分析仪系统		
* 二氧化硫分析仪		
（22）二氧化硫分析仪的流量范围是否为 0.3～0.8L/min		
（23）停电复电后，分析仪能恢复到原来的工作状态		
* 氮氧化物分析		
（24）流量是否在 0.2 L/min 以上		
（25）停电复电后，分析仪能恢复到原来的工作状态		
*PM_{10}分析仪		
（26）是否带有流量控制装置，并可调节流量		
（27）在仪器记录到错误信息时，仪器监测的不正常数据应带有相应的标志		
（28）停电复电后，分析仪能恢复到原来的工作状态		
（29）能否对校准时钟的频率进行手动调整		
* 一氧化碳分析仪		
（30）停电复电后，分析仪能否恢复到原来的工作状态		
* 臭氧分析仪		
（31）停电复电后，臭氧分析仪能否恢复到原来的工作状态		
四、采样装置		
（32）样品空气通过采样管路的滞留时间是否小于 20s		
五、气象系统		
（33）气象传感器应在出厂前已被校准，并带有校准证书		
六、其他		
（34）是否提供多元气体校准仪到标气钢瓶间的必要连接管线		
（35）分析仪器是否有外排排气管路		

第三节 在线监测设备运营管理实例

一、工作流程

（1）市环境监控中心发现数据无法显示或数据异常，初步分析后，将结果立即通知县（市、区）环境监控中心和第三方运维公司。

（2）由第三方运维公司查明原因，县（市、区）环境监控中心当日将结果以书面报告反馈到市环境监控中心。

（3）因自动监控设备故障造成数据无法显示或数据异常，第三方运维公司确保 24 h 内设备恢复正常运行；不能在 72 h 内完成仪器设备恢复正常运行，启动《全市重点监管企业污染源自动监控设备运行情况应急处置管理方法》，力求确保 10 日内必须恢复设备正常运行；市环境监控中心判定排污企业日均值数据超标，以短信形式通知市局主要领导、市环境监察支队、县（市、区）环保局。市环境监控中心当日将省控以上重点监管企业和城镇污水处理厂自动监测数据异常原因（包括仪器设备、通信、监控平台故障及排污企业生产和治污设施等异常情况）和时段上报至省环境信息与监控中心。

（4）按环境监察联动工作制度，县（市、区）环境监察大队对每月日均值超标一天的提出处理意见，并报县（市、区）环保局及市环境监察支队处理；市环境监察支队对每月日均值超标一天后发生第二次日均值超标以上排污企业提出处理意见，并报市环保局政策法规科备案。

二、工作制度

（一）环境监察支队（大队）

（1）负责全市企业在线监控系统运行情况的稽查、违法案件的调查。

（2）对全市企业在线超标情况进行调查、处罚。

（3）组织、监督监控设备的安装、验收工作。

（4）对因企业自身原因造成监控设备长期运行不正常的进行处理。

（5）组织并参与对自动监控设备及其配套设施更换或改造的审核。

（6）负责组织并督促全市自动监控系统正常运行的其他工作。

① 接到市环境监控中心自动监控设备每月连续 72 h 故障名单通知，负责监督排污企业及运维公司处理自动监控设备运行的检查、维护维修及应急处置等工作。确保 10 日内必须恢复设备正常运行。

② 接到市环境监控中心排污企业超标数据通知，第一时间或通知县（市、区）环境监察大队到现场进行核查和取证工作，并提出处理意见。

③ 接到市环境监控中心通过监控数据发现排污企业偷排、破坏自动监控设备、弄虚

作假及擅自更改自动监控设备参数等违法行为报告，第一时间到现场查明原因和取证，证实存在，按有关规定三日内进行严肃处理，并上报市环保局。

④ 督促排污企业安装自动监控设备，接到排污企业递交的《自动监控设备验收申请报告书》后，负责组织人员，30 个工作日内完成自动监控设备初验收工作。省控以上排污企业自动监控设备验收由市环境监察支队负责；市控排污企业自动监控设备由县（市、区）环保局负责。

⑤ 根据《国家重点监控企业污染源自动监测数据有效性审核办法》及《国家重点监控企业污染源自动监测设备监督考核规程》（环发[2009]88 号）的要求，市环境监察支队每季度负责完成国家重点监控企业污染源自动监测数据有效性审核现场考核工作，在每季度第三个月前十个工作日内完成资料汇总、整理和填表，并将《国家重点监控企业污染源自动监控设施现场核查表》（废水、废气）提交到市环境监控中心。

（二）环境保护监测站

（1）负责完成自动监控系统管理技术服务。接到市、县（市、区）环境监察支队（大队）和环境监控中心要求协同解决自动监控设备有关问题的通知，第一时间组织人员到现场采集样品，协同核查，并进行现场监测分析。

（2）负责本辖区排污企业自动监控设备每季度比对监测工作。并将比对监测结果按期上报市环境监控中心。

（3）负责本辖区排污企业自动监控设备验收比对监测工作。接到企业《自动监控设备验收比对监测申请报告书》后，于 30 个工作日内完成自动监控设备比对监测工作，省控以上重点企业及省级审批以上项目自动监控设备验收比对监测由市环境监测站负责；市控重点以下企业及市级审批以下项目由县（市、区）环境监测站负责。验收监测比对结果及时通知市、县（市、区）环境监控中心。

（4）负责国家重点监控企业污染源自动监测数据有效性审核比对监测工作。根据《国家重点监控企业污染源自动监测数据有效性审核办法》及《国家重点监控企业污染源自动监测设备监督考核规程》（环发[2009]88 号）的要求，市环境监测站每季度安排完成国家重点监控企业污染源自动监测数据有效性审核比对监测工作，在每季度第三个月前十个工作日内完成资料汇总、整理和填表，并将《污染源自动监测设备比对监测报告》（废水、废气）提交到市环境监控中心。

（三）环境监控中心

（1）市、县（市、区）环境监控中心负责每日 11：00 前完成本辖区污染源自动监控系统数据的统计、分析、判定及自动监控设备运行信息的收集和填报，并通过电话、传真或短信形式及时向局领导、有关科室及第三方运维公司发布信息。

（2）县（市、区）环境监控中心负责本辖区自动监控数据的管理。发现数据异常，设备出现问题，及时通知第三方运维公司，并第一时间到现场查明原因，将检查结果当日上报市环境监察支队及市环境监控中心。

（3）市环境监控中心参与省控以上排污企业自动监控设备的初验收，初验收通过后，三日内以书面申请上报省环境信息与监控中心要求正式验收，并协调安排排污企业、设备生产厂家及运维公司做好正式验收准备工作，协助省环境信息与监控中心完成正式验收；县环境监控中心参与市控排污企业自动监控设备的初验收。

（4）负责国家重点监控企业污染源自动监测数据有效性审核工作，县（市、区）环境监控中心督促国家重点监控企业完成每季度《自查报告》《自检分析报告》及《产品产量证明报告》，并在下一季度前两个工作日内完成汇总、整理，提交到市环境监控中心；市环境监控中心在下一季度前四个工作日内完成资料汇总、整理和填报，组织市环保局有关科室，在下一季度前十个工作日内完成对国家重点监控企业污染源自动监测数据的综合评价考核工作。

（5）根据《济宁市环境和重点污染源自动监测监控系统运维管理考核办法》的要求，县（市、区）环保局负责每月本辖区第三方运维公司现场自动监控设备运维的考核，县（市、区）环境监控中心将考核结果上报市环境监控中心；市环境监控中心负责对数据采集、传输和监控平台存储、处理系统维护的第三方运维单位的考核。

（四）第三方运维公司（以济宁市为例）

（1）每日通过监控平台第一时间查看数据，及时发现数据异常的自动监控设备站点，根据省控以上排污企业自动监控设备优先巡检原则，合理安排技术人员，按主次顺序逐一到现场进行处理，发现设备问题及时解决，并将原因、时段等情况当时上报市环境监控中心。

（2）每日在巡检和维护时，污染源自动监控设施因维修、更换、停用、拆除等原因将影响设施正常运行情况的，应当事先报告县级以上环境保护行政主管部门，说明原因、时段等情况；设施的维修、更换、停用、拆除等相关工作均须符合国家或地方相关的标准。

（3）污染源自动监控设施运行单位每半年向市环境监控中心报送设施运行状况报告，并接受社会公众监督。

（4）污染源自动监控设施的维修、更换，必须在 24h 内恢复自动监控设施正常运行，设施不能正常运行的，要采取应急措施，要采取人工采样监测的方式报送数据，数据报送每天不少于 4 次，间隔不得超过 6h。常年备有日常运行、维护所需的各种耗材、备用整机或关键部件。

（5）运行单位应当保持在线监测室内卫生干净，监测设备位置安装合适，室内线路布局合理，在线监测设备清洁，监测室内的防雷，UPS 电源，室内监控和温湿度的运行维护，确保在线监测室内配套设备的正常运行，为在线监测仪的良好运行打下坚实的基础。

三、在线自动监控系统管理制度

（一）运维公司管理制度（以济宁市为例）

1. 在线监测运维组职责

（1）负责在线监测房内部、仪器内外、巴歇尔槽周围以及采样管路的清洁卫生工作。

（2）负责日常的巡检工作，发现问题及时反映，严禁问题积压，要做好巡检记录及现场其他表格的填写。每周六应把本周内的巡检记录等表格汇总，交调度中心存档保存。

（3）巡检过程中要仔细检查设备状况，各个阀体的工作状态，试剂剩余量以及废液量，采样探头滤芯，过滤滤芯元器件的状态，数据是否正常，视频监控是否正常。

（4）对已损坏并不能正常工作的部件；或经检查即将要损坏的部件要记录在巡检记录、设备故障及处理记录，由运维公司承担费用更换的要及时更换，备品备件落实到备品备件更换台账上由企业负责人签字确认，由企业承担费用更换的备品备件现场向企业负责人说明，落实到巡检记录和设备故障以及处理记录，同时以书面形式汇总到调度中心，由调度中心申请环保部门协助解决。

（5）在巡检过程中，为保证数据的准确性，严格按照备品备件的使用寿命进行备品备件的更换，更换的备品备件一定要带回以旧换新，严禁乱丢乱弃，定期对试剂进行清瓶处理，更换新试剂，已经更换的备品备件和试剂记录必须做好备品备件更换记录，以备后查。

（6）巡检过程中发现的能够独立解决的及时解决，运维小组不能独立处理的问题或者花费时间太长的问题或严重影响正常巡检的问题，及时汇总到调度中心，由调度中心统筹安排。

（7）水质在线监测设备要定期或者用质控样进行标定，标定过程严格按照标定步骤进行，标定结果务必要实事求是，标定结果记录在校准校验记录表并填写标准物质定期更换及使用记录，由企业负责人签字确认，误差超出允许误差的设备要用多个质控样进行多次标定，并采集实际水样交付实验室化验，最终根据标定结果和实际水样结果判断设备工作状态，经领导批准后对设备进行调整；定期用便携式流速仪比对现场流量计工作是否正常，比对结果落到巡检记录上，并由企业负责人签字。

（8）烟气在线监测设备，包括分析仪、烟尘测试仪、流速测试仪、烟气温度等，要定期或者不定期进行零点和量程校准，校准结果务必实事求是，校准记录在校准校验记录表并填写标准物质定期更换及使用记录，由企业负责人签字确认，偏差超出允许误差的及时根据校准结果进行调整。

（9）每天早上观察平台，发现数据异常或者数据超标要及时赶到现场，检查发现的问题要如实反应，检查发现：

① 数据异常、数据超标是设备故障原因引起的，要及时解决，不能解决的汇总到调度中心，由调度中心统筹安排。

② 检查现场设备正常，采集现场实际水样分析仪与在线监控数据在允许误差范围内的，数据异常、数据超标是由企业方面原因导致的，及时将现场实际情况汇总到调度中心，由调度中心向环保部门各级领导以书面形式回报。

2. 实验室职责

（1）执行实验室的各项规章制度，做好实验室的科学管理，热爱本职工作，认真刻苦钻研业务，积极参加业务进修，不断提高管理水平和实验技能。

（2）负责水质在线监测设备的试剂配制，做好药品消耗记录和试剂取用记录，保证试剂的稳定性和准确性，保证各运维组的正常运维。

（3）负责对实际水样的分析仪化验，保证分析数据的准确性，做好原始数据的记录，并与在线监控平台数据进行比对，同时把水样结果与比对结果及时反馈到各运维组。

（4）负责化学实验室一切仪器物品保管，制订仪器、物品的更新添置计划，并对实验室内所有财产登记造册建账。建立健全仪器、设备、药品的保管、使用账目，做到进出、缺损、消耗登记，做到账物相符，仪器、设备摆放有条理、科学、美观。努力做到三清：账卡清、数量清、质量清。四懂：懂性能、懂用途、懂操作、懂维修保养。

（5）仪器药品分橱归类编号：存放橱柜和仪器药品号统一，仪器药品存放整齐，便于拿存。化学药品必须有标签，经常对化学药品进行观察，标签若坏的应重新换上，对原标签及过期失效药品要及时处理。对危险品，要做定期检查，要求包装完好，标签齐全，标识明显。

（6）加强精密仪器的质量管理，如验收、实验效果、故障、维修保养等均要做记录。根据说明书的要求，定期对仪器进行保养并做好记录，每次维修与保养均有记录，贵重仪器的维修记录应存入仪器的技术档案。

（7）实验中的废水、废液、废包装，以及其他残存物，应做妥善处理，不要乱扔乱放，以防发生事故。

（8）仪器室要有通风、遮光设施，经常保持清洁卫生，并保持合理的温度和湿度。要有强烈的安全防护意识，严格遵守操作规程实验，采取措施确保生命安全和健康，保护环境，做好废液、试剂的处理及回收工作，对掌管实验室的安全、卫生负责。

3．应急大修组职责

（1）应急大修组负责对经常出现故障，不能正常运行的设备进行全面检查，判断设备故障原因所在，应由运维公司承担费用解决的及时解决，故障原因，如何解决以及更换的备品备件落实到相应的记录表格中，并有企业负责人签字。

应由企业承担费用解决的故障，应写出详细的故障分析，在现场向企业说明，并落实到巡检记录和设备故障及状况表上，由企业负责人签字确认，同时以书面形式汇总到调度中心，由调度中心上报环保部门。

（2）根据调度中心汇总的近期运维工作出现的大故障或者需要耗时太长的故障，对出现问题的设备进行彻底全面的检查，实事求是反映在线监测设备的实际状况，认真填写设备故障及状况表，并及时反馈的调度中心。

（3）各运维组人手不够时，根据调度中心安排，协助运维组进行正常巡检。

（4）负责落实完成领导安排的各项临时性工作。

（5）负责对在线监测设备的升级改造工作。

（6）负责对在线监测站房整改以及配套安装工作。

（7）负责出现重大污染设备时的在线监测运行维护，实际水样采集比对工作。

（8）负责对更换的备品备件进行深入检查，拆卸重组，进行废旧利用处理。

（9）每周五将本周巡检记录汇总到调度中心，调度中心对巡检记录检查核实并存档，同时汇总本周工作的完成情况，以便于下周工作的安排。

4．调度中心职责

（1）能够熟练使用调度室内的各种通信工具与内外通话设施、计算机、各种电话和传真机，能够熟练应用计算机办公软件等。

（2）每天根据各运维组在运维工作中发现的问题，及时向分管领导请示，统筹安排：各运维能够解决的问题及时反馈到运维部部长，进行安排；需要应急维修组解决的及时安排；需要环保部门协助解决的及时向环保部门写报告申请；需要企业解决的问题及时以书面形式通知企业；以上各项工作均需做好书面记录，记录包括时间，内容，负责人以及具体内容，以备后查，并对以后完成的情况进行实时跟踪。

（3）每周定期与县市区环保局负责人沟通，确认下周需要有运维公司配合参加的工作安排，并做好详细记录，记录时必须写明单位名称、具体负责人、时间、内容等，以便各运维组下周的工作安排。

（4）每周定期与县市区环保局负责人沟通，传达运维公司下周运维工作中需要由县市区环保局配合的工作安排，并做好详细记录，记录时必须写明单位名称、具体负责人、时间、内容等，以便具体工作时的沟通联系。

（5）调度中心对分配的各项工作必须要及时跟踪工作完成的情况，并做好详细记录。

（6）必须认真如实地做好各项调度记录，准确无误地计算各种数据，整理运维工作的问题以及相关信息，给领导提供参考资料。

（7）负责传达领导运维工作的通知、指示、命令，并做好详细记录，并负责完成领导交办的临时性工作。对于各运维组汇报需要解决、协调或上级领导临时安排的事项，不得拖延，处理结果及时通知单位或个人，并做好详细记录。

（8）电话通知环保局，企业和各运维小组工作内容时，做好记录时必须写明来电单位、时间、来电内容、要求及注意事项等。无论是电话通知还是传真电文等，调度人员接受后必须立即通知到相关运维组或个人，并记录通知结果，电话通知或传真电文，领导审阅或批示后必须要签字。

（9）每周末，调度人员必须做好当周各项调度记录的汇总，解决问题状况、任务完成进度、影响运维工作的因素等，待办事宜等，以便下周工作的安排。

（10）每周五汇总各运维组巡检记录，根据调度情况对巡检记录进行检查核查后存档保存，并根据各组周工作汇总、县市区环保局提交的下周需运维公司工作技术人员配合检查的工作计划及下周运维公司需要县市区环保配合工作的计划，做好下周的工作计划安排，上报领导审阅。

5. 驾驶员职责

（1）驾驶员应有较强的组织纪律观念，服从领导，听从调动，工作尽职尽责。

（2）严格遵守交通管理部门制定的交通法规，要时刻把安全放在首位；讲究职业道德，每季一次安全学习，树立安全行车意识，养成"宁停三分，不抢一秒"的良好习惯，不开情绪车，不准超速行驶、酒后驾车和做其他妨碍安全行车的事情。

（3）注意车容车貌，每天出车前搞好车内外卫生，使乘车人有舒适感，驾驶员要穿戴整洁，礼貌待人。

（4）要经常保养车辆，保持车辆性能时刻处于良好的状态，严禁车辆带病行驶。

（5）加强团结，互相帮助，不做损害集体和他人的事情，保证出勤，不擅离职守，以良好的精神面貌投入工作，为公司的发展和建设贡献应尽的责任和义务。

（6）车辆实行定员管理，责任到人。做好出车记录，不准随意把车辆借给他人驾驶，车辆外借做好借车记录。

（7）自觉遵守公司有关规章制度，因工作失误给公司造成重大影响，经济损失严重的责任者，多次违反有关规定制度，经教育不改的，调离岗位。

（二）在线监测设备管理制度

1. 水质在线监测仪校准校正管理制度

（1）标准物质使用的注意事项

① 氨氮零点校正液：无氨水；量程校正液：量程值 80%的溶液。

② COD 零点校正液：蒸馏水；量程校正液：量程值 80%的溶液。

（2）根据被测水样的浓度，确定标准液浓度，要严格校准液的配制过程，保证校准液的质量。

（3）定期校准和校验

① 设备发生严重故障，维修后设备恢复正常，在使用前必须进行校准和校验。

② 每月对所有监测设备至少进行 1 次质控样试验，采用接近实际废水浓度的质控样样品和超过相应排放标准浓度的质控样样品。

③ 每月对所有自动监测设备至少进行 1 次实际水样比对。

④ 每季度对所有在线自动监测设备进行重复性试验、零点漂移和量程漂移试验。

（4）操作要求

① 在校准校验过程中，严格按照环保部下发的相关标准进行操作。

② 校准和校验的结果必须满足相应的要求。

③ 在测试期间保持相对稳定，做好测试记录和调整、维护记录。

④ 仪器校准和检验完成后，要求认真填写校准校验记录表。

2. 烟气在线监测仪校准校正管理制度

（1）标准物质使用的注意事项

① 检查标准物质的不确定度、资质和检定证书。

② 检查标准物质浓度值的选择。

③ 检查标准物质使用有效期。

④ 检查气瓶压力：低于 0.1 MPa 时，停止使用。

⑤ 检查取样气路的气密性。

（2）定期校准和校验

① 设备发生严重故障，维修后使用前必须进行校准和校验。

② 每月至少 2 次用标气或校准装置校准一次仪器零点和量程并观察响应时间和回零时间。

③ 每三个月对仪器进行一次标定校验和对比监测，根据测定结果对仪器测试准确度进行常规校准。

④ 每年使用国家标准物质进行一次全系统的校准，包括采样探头、采样管路、过滤系统、调节器等，对准确度、重复性、相关系数进行标定校准，并检查响应时间和回零时间。

（3）操作要求

① 在校准校验过程中，严格按照环保部下发的相关标准进行操作。

② 校准和校验的结果必须满足相应的要求。

③ 在测试期间保持相对稳定，做好测试记录和调整、维护记录。

④ 仪器校准和检验完成后，要求认真填写校准记录表和校验记录表。

四、在线运维工作操作维护规程

（一）水质在线监控系统操作维护规程

（1）检查采样管路是否畅通，管路是否损坏，检查进水阀、排水阀能否正常开启闭合，水泵开启后能否正常采集水样。

（2）检查试剂剩余量、添加日期、使用期限，检查试剂内是否出现浑浊、结晶、沉淀、变色等现象。

（3）检查氨氮仪器电极表面是否洁净，检查内充液是否充足（针对河北先河氨氮设备），滴定过程是否均匀，电极反应是否灵敏（针对江苏绿叶设备），检查消解瓶内部有结晶、沉淀消解瓶下部有漏液现象，光源是否损坏（针对美国哈希设备）。

（4）检查 COD 仪器消解装置能够正常工作，能否快速加热，温度能否达到要求，是否保持恒温消解，检查消解装置内是否有结晶、沉淀，是否漏气。

（5）检查仪器开启后各电磁阀是否正常工作，能否精确添加试剂和水样，检查仪器内部管路是否有液体流动。

（6）检查仪器内部管路是否存在漏液、漏气现象。

（7）检查仪器断电后能否恢复到正常状态。

（8）检查历史数据，观察数据是否有缺失或异常。

（9）检查仪器能否正常排空废液。

（10）检查流量计是否工作正常，测量信号返回是否稳定，检查堰槽种类和转换系数是否与备案一致。

（11）检查仪器显示数据与数据采集仪记录数据是否一致，检查网络传输是否正常，数据传输是否真实准确。

（12）检查视频服务器、硬盘录像机、室内外摄像头运行是否正常，空调运转是否正常，UPS 电源是否正常。

（13）不定期进行保洁，对监测房进行通风透气，清理仪器内部、面板、玻璃上污渍、机壳尘土等，打扫监测房内卫生。

（14）若因特殊原因停机超过 48 h 的，需做好仪器停机准备工作并认真做好记录。

（15）认真、详细填写"巡检记录"，发现有异常情况，应立即汇报。

（二）烟气在线监控系统操作维护规程

（1）检查加热采样探头温度是否达到规定要求，是否松动，采样探头表面有腐蚀情况、黏附有湿、黏的颗粒物，探杆内是否有积灰。

（2）检查伴热管线是否加热，加热温度是否符合要求，管线内是否有积水，伴热管线与采样探头连接处是否松动。

（3）检查空压机是否按照要求正常启动，反吹气压力是否达到要求，空压机内是否有积水。

（4）检查采样泵是否工作正常，采样泵振动声音是否正常。

（5）检查冷凝器温度是否在规定范围内，冷凝管内是否有积水。

（6）检查蠕动泵是否正常工作，泵管是否破裂，能否正常排水。

（7）检查进分析仪气流量是否正常。

（8）检查采样管路中各个接头是否有损坏，并及时更换。

（9）检查烟尘测试仪探头是否堵塞，反吹能否正常开启、闭合，反吹管路是否漏气，反吹风机滤芯是否需要更换。

（10）检查皮托管是否变形，是否与气流方向垂直，手摇紧固法兰是否松动。

（11）检查热敏温度计是否工作正常，表面是否有积灰。

（12）检查系统参数设置，空气过剩系数、皮托管 K 值、烟道截面积、速度场系数是否与备案一致。

（13）检查仪器显示数据与数据采集仪记录数据是否一致，检查网络传输是否正常，数据传输是否真实准确。

（14）检查视频服务器、硬盘录像机、室内外摄像头运行是否正常，空调运转是否正常，UPS 电源是否正常。

（15）不定期进行保洁，对监测房进行通风透气，清理仪器内部、面板、玻璃上污渍、机壳尘土等，打扫监测房内卫生。

（16）若因特殊原因停机超过 48 h 的，需做好仪器停机准备工作并认真做好记录。

（17）认真、详细填写"巡检记录"，发现有异常情况，应立即汇报。

（三）环境空气质量自动监测系统操作维护规程

系统日常维护

对监测子站应定期进行巡检，每次对监测子站巡检时应做到：

① 检查子站的接地线路是否可靠，排风排气装置工作是否正常，标准气钢瓶阀门是否漏气，标准气的消耗情况。

② 检查采样和排气管路是否有漏气或堵塞现象，各分析仪器采样流量是否正常。

③ 检查监测仪器的运行状况和工作状态参数是否正常。

④ 对子站房周围的杂草和积水应及时清除，当周围树木生长超过规范规定的控制限时，对采样或监测光束有影响的树枝应及时进行剪除。

⑤ 在经常出现强风暴雨的地区，应经常检查避雷设施是否可靠，子站房屋是否有漏雨现象，气象杆和天线是否被刮坏，站房外围的其他设施是否有损坏或被水淹，如遇到以上问题应及时处理，保证系统能安全运行。

⑥ 在冬、夏季节应注意子站房室内外温差，若温差较大使采样装置出现冷凝水，应及时改变站房温度或对采样总管采取适当的控制措施，防止出现冷凝现象。

⑦ 检查监测仪器的采样入口与采样支路管线结合部之间安装的过滤膜的污染情况，若发现过滤膜明显污染应及时更换。

（四）水质自动监测站操作维护规程

（1）定期对水站室内外管路、辅助设备，分析仪器和预处理设备进行检查，判断系统是否工作正常，并填写检查维护记录。

（2）每月进行一次实验室比对，一次校标，并做好记录，每 2 周检查一下试剂和去离子水的使用情况。及时更换试剂，更换时同时清洗试剂容器。每三个月更换一次蠕动泵管；根据运行情况，6～12 个月更换一次重金属分析仪的工作电极。

（3）pH、溶解氧、电导率、浊度传感器的清洗：将电极小心的取出，用清洁的柔软纸巾轻轻擦去传感器表面的污垢，用去离子水清洗电极头部，一定不要损伤电极膜片，检查顶部，如果仍未清洗干净，重复上述步骤，清洗完毕将电极安装回原处。

（4）氨氮、高锰酸盐指数、重金属分析仪内部管路如果出现沉积物要进行手动清洗，如清洗仍未干净则更换该段管路，清洗或更换管路后按原装方式安装好，并进行各个管路的试剂填充，保证管路内无气泡。

（5）分析仪器如果出现严重的工作不正常状态或者出现严重的仪器故障报警，应立即关闭仪器电源，与集成商或仪器厂商联系解决。

第四节 在线监测设备的操作、使用和维护保养要求

一、水质在线监测设备的操作、使用和维护保养要求

1. 重铬酸钾法 COD 在线自动监测仪

（1）操作

一般 COD 自动监测仪操作内容主要包括仪器参数的设定、校准、维护和仪器故障及废液处理等。

① 参数设定：设备安装完毕后，做好各项准备工作，放置仪器测量所需的各种试剂，仪器上电稳定半小时。按照使用要求设置、调整仪器各个测量参数。

② 曲线校准：仪器在使用前需要对仪器进行人工校准，具有自动校准功能的设备可设定好校准间隔，让仪器自动校准标定。

（2）使用

对仪器的采水时间、测量周期（或者定点分析次数及时间）等参数进行相关的设定。各参数确认无误后，便可进行 COD 在线监测分析。

（3）维护

① 定期检查试剂量，液位较低时，应及时添加。

② 废液定期收集。

③ 仪器定期保洁。

④ 污水含一定杂物，需根据水质情况，定期清理采样系统。

⑤ 定期检查进样管路及排液管路。

（4）废液的处置

废液为强酸性液体，含有 Ag^+ 和 Cr^{6+} 等重金属离子，可用高密度聚乙烯类塑料桶收集，交由有危险废物处理资质的单位集中处理。处理后的残渣做危险废物处置处理，防止二次污染。

2．氨氮在线监测仪

（1）氨气敏电极法氨氮在线监测仪

① 操作

氨氮在线监测仪的操作内容主要包括仪器参数的设定、仪器的维护等。

仪器参数的设定：在使用氨氮在线监测仪之前应进行相关参数的设定，设定参数主要有工作参数设置、报警参数设置和系统参数设置。

a．工作参数设置：量程设定，测量周期的设定，采样间隔的设定。

b．报警参数设置：报警上、下限设置。

c．系统参数设置：系统的日期、时间设置，测试或校准过程的时间设置。

② 维护

氨氮在线监测仪在使用中应严格按照说明书要求定期维护，以保证仪器正常工作。一般氨氮在线监测仪应定期进行如下维护：

a．定期添加试剂，添加频次根据单次试剂用量，分析频次和试剂容器容量来确定。

b．定期更换泵管，防止泵管老化而损坏仪器，更换频次为每 3～6 个月更换一次（与分析频次有关）。

c．定期清洗采样头、采样管，防止采样头堵塞而采不上水，防止采样管脏后影响测量结果。一般 2～4 周清洗一次，主要视水质情况而定，水质越差，清洗周期越短。

d．电极的维护，主要是电极气透膜的更换、电极内充液的更换、电极长期停机的保存和电极的更换。

e．具体维护项目见表 4-9。

表 4-9　氨氮分析仪定期维护项目

序号	名称	型号	数量	更换周期	备注
1	硅胶管	Tygon R-3603	15 m	4 月	
2	泵管	Tygon R-3603	6 根	4 月	
3	三通接头		12 个	4 月	
4	两通接头		9 个	4 月	
5	电极内充液	951202	1 瓶	1 月	
6	电极气透膜		2 盒	1 月	
7	氢氧化钠	分析纯	3 000 g	2 周	
8	柠檬酸	分析纯	3 000 g	2 周	
9	氯化铵	优级纯	5 g	2 周	根据测试周期不同增减
10	乙二胺四乙酸二钠	分析纯	1 000 g	2 周	
11	氨气敏电极	9512	1 支	1 年	
12	钛过滤芯	过滤精度 50 μm	1 个	1 年	
13	无氨水		若干		

（2）纳氏试剂比色法氨氮在线监测仪

① 操作

a．开机之前检查所有的试剂管及样品管连接是否正确，接通电源、仪器初始化。

b. 检查测量的量程，可根据试剂进行调整。

c. 为了防止试剂管路堵塞，在关机之前用去离子水清洗整个管路系统。

② 维护

a. 更换试剂：定期更换试剂。

b. 更换管路：更换新管，装管之前在泵桥上涂点硅油。

c. 仪器系统清洗：用合适的试剂清洗污物（稀释的 5%HCl 溶液，5%次氯酸钠溶液等）。

③ 废液处理

废液中主要污染物是由显色剂带来的汞盐，可用高密度聚乙烯类塑料桶集中收集仪器产生的废液，达到一定的量后集中处理。

3. 流量在线监测仪

采用明渠测量时，在明渠上安装量水堰槽。量水堰槽把明渠内流量的大小转成液位的高低。利用超声波传感器测量水堰槽内的水位，再按相应量水堰槽的水位—流量关系计算出流量。

一般流量监测系统的操作使用包括设置、查询和维护等。

① 安装：超声波探头应安装在《中华人民共和国国家计量检定规程明渠堰槽流量计》规定的位置，显示表安装在远离电磁干扰源、温湿度符合要求的地方，可以挂在墙上或安装于仪表柜内。

② 设置：仪器安装完毕后，应按照实际情况进行堰槽类型、堰槽规格、报警参数、系统时间、模拟输出等进行设置，然后校准液位。

③ 查询：利用仪器按键，可以查看一些参数的设置及仪器显示的当前液位。

④ 液位校准：校准液位时用测量尺量取探头测量点的实际液位，然后在液位校准界面输入实际液位即可。

⑤ 维护保养：流量计的维护主要是定期检查探头下方是否有杂物，如果有则清理掉。

⑥ 校准：定期校准液位，每季度或半年校准一次。

二、固定污染源烟气在线监测设备的操作、使用和维护保养使用

由于烟气 CEMS 是个组成复杂的技术系统，且由于烟气成分的特殊性，如果不定期进行维护，很容易导致严重的腐蚀和堵塞、数据漂移等问题，从而会使整个系统瘫痪。

操作人员必须按照国家相关规定，经培训考核合格，持证上岗。操作人员必须遵守设备的操作规模，按照设备的使用操作维护说明书进行操作维护保养。按设备的使用操作维护说明书定期更换设备所使用的易耗品、标准试剂、标准气体，填写易耗品更换记录。

每日远程检查仪器运行状态，检查数据传输系统是否正常，如发现数据有持续异常情况，应立即前往现场进行检查。每周到现场进行一次设备巡检。每月进行一次维护保养，安排每月的维护保养工作与每周的某一次巡检工作同时进行，避免重复工作；维护保养后，填写维护保养记录。维护保养结束后，要对仪器进行校准；每 3 个月进行一次手动对比校验测试（维护保养结束后），根据测定结果对仪器进行相关参数校正。

因 CEMS 的烟气监测系统、烟尘监测系统、烟气参数监测系统的方法原理各不相同，以下对其分别进行说明。

（一）烟气监测系统

对于抽取式烟气监测系统，对采样探头滤芯、采样泵、过滤器、排水管路、流量计等易污染堵塞部件进行清洗检查。对于直接测量法烟气监测系统，对分析仪探头角反射镜、前窗镜进行一次清洁工作，并遵守仪器设备说明书的要求和规定进行相应易损件零部件的更换。对于稀释抽取法烟气监测系统，应对稀释采样探头的滤芯、真空度、仪器滤膜、分子筛、活性炭等进行更换检查。抽取式烟气监测系统主要工作应包括：

1．易耗品的定期更换

探头过滤器芯、分析仪内各种过滤器芯、分子筛、活性炭、氧化剂、油雾分离器、泵膜及轴承、密封圈等易耗品应按照系统说明书的要求定期地更换。这是保证分析仪器正常工作，延长设备寿命的基本保证。

2．采样管线定期清理

取样分析法烟气的抽气量很大，探头过滤器的负担重。另外，若加热管线伴热不良，由于烟气的含水量较高，烟气温度一般在 130℃左右，水以气态形式存在，在采样传输过程中，会因为温度的下降导致水汽的冷凝，冷凝的水不但溶解烟气中污染物成分，使监测数据不准。而且往往有很强的腐蚀作用，会造成相关气路上的元件损坏，还会吸收烟尘，阻塞采样管路，腐蚀管路和元器件。烟气进入冷凝装置后，虽然经过了冷凝除湿，但仍会有少量水分未被除尽，而凝结在冷凝器后端管壁上，进入分析仪表。所以一定要使伴热温度满足要求，不使取样管内生成水滴。否则不但会使未除尽的灰尘带入仪表，长期运行，堵塞仪表而形成堵塞式吸附，而且烟气若将冷凝水吹入仪表，SO_2 在表内被吸收，不但会造成测量误差，更会对仪表测量部件造成腐蚀。因此，需要对系统管路及测点进行定期反吹，日程巡检时，检查伴热温度，注意检查仪表的进气流量，检查系统管路冷凝水管壁吸附情况，及时进行吹扫干净。

3．定期检查冷凝装置

检查制冷装置工作情况，热交换管是否堵塞，排液蠕动泵是否正常工作，冷凝液是否正常排出，热交换器是否严重吸附。在冷凝过程中，水分会在冷凝通道内挂壁，从而不可避免地形成挂壁吸附，随着时间的推移，这种情况会越来越严重。如果冷凝器工作不正常，样气只通过自然降温，样气内的水分在控制机柜内取样管壁吸附凝结，因无法排出而越积越多；冷凝器内玻璃热交换管堵塞或冷凝液泵故障，以及排水管路堵塞，造成抽水不畅，烟气通过冷凝装置降温过程中冷凝的水汽不能及时排出，都会造成烟气中的 SO_2 大量溶解于水中被水吸收，致使 SO_2 测量浓度降低。

4．定期检查分析仪表

烟气分析仪表属于精密的光学仪器，需要定期进行零点漂移、量程漂移的检查和校正。为了防止采样管路泄漏造成的数据不准确，进行零点和量程校正时，应采用从探头通入标气的全程校正方法。标定时要注意检查标气的有效期，使用超过有效期的标气进行标定将会产生数据的偏差。同时还要对仪器光源电压、电流、温度等内部参数进行检查，确保仪器工作正常。

5．环境的清洁

烟气分析系统通常放置在监测小屋内，应保持屋内的环境卫生，否则因灰尘产生的静电会损坏分析仪表。另外，烟气分析仪器的使用环境通常为 0～40℃，因此监测间内应安装空调系统，以保证仪器的正常工作。如果房间内温度过高或过低，不仅会对数据准确性产生影响，而且会造成设备故障，影响设备的使用寿命。系统排气、排水必须接到室外，否则会造成对屋内设备的腐蚀，并影响仪器零点的校准，增加运行成本。

（二）烟尘监测系统

目前，绝大多数的安装烟尘监测系统为光学法烟尘监测仪，因此这里主要针对光学法烟尘仪的使用和维护要求进行说明。

1. 清洁玻璃窗口

光学法烟尘仪直接安装在烟道上，由玻璃镜片将烟气与仪器内部器件隔离开，当烟尘附着在玻璃镜片上时，会引起测量光的散射，从而对测量烟尘数据造成误差。因此，在日常维护中，需要定期清洁玻璃窗口。

2. 光路校准

由于烟道内压力的变化，以及热烟气的作用，烟道会产生振动或发生变形，使得烟尘仪的光路发生偏移，产生测量误差。定期地对光路准直进行校准，以保证数据的准确性。

3. 反吹系统的维护

为了降低烟道内灰尘污染玻璃窗口，通常烟尘仪需要配备空气幕系统，以便隔离烟道内的灰尘和镜片，同时对镜片上灰尘进行反吹。定期更换空气幕系统的过滤器，检查管路的密封情况，检查风机的工作状况和风压大小，确保反吹系统有效工作。

4. 零点、量程校准

烟尘仪的零点和量程校准，通常采用反光镜片和滤光片来模拟，定期的校准可以降低烟尘仪自身原因引起的数据偏差。当煤质进行改变时，脱硫、除尘工艺有改变时，或仪器测量结果有重大影响的其他工艺过程改变时，应用手工方法，对仪器进行比对校验，根据要求，每 3 个月还需要用手工标准分析方法进行相关校验。

5. 外观维护

烟尘仪直接安装在烟道上，环境条件十分恶劣，在维护时，应对仪器防尘罩进行清洁，对电缆、管线的破损等情况进行检查。特别是在北方寒冷的环境下，还要对加热系统进行检查。而在南方多雨潮湿环境下，应重点检查仪器的密封圈（垫）以及设备腐蚀情况。

三、重金属在线设备使用操作及日常维护

（一）重金属在线监测系统

重金属在线监测系统是一套系统工程，主要由以下几部分组成：
（1）外围供样系统（采配水系统、预处理系统）。
（2）仪器分析系统（主测参数——重金属污染物、辅助参数——pH 值）。
（3）控制系统。
（4）数据存储及显示。

（二）日常维护与保养

（1）定期添加工作溶液。

（2）定期更换电极。

（3）蠕动泵转动轮每年润滑一次。

（4）每3个月更换一次泵管。

（5）定期填充参比电解液。

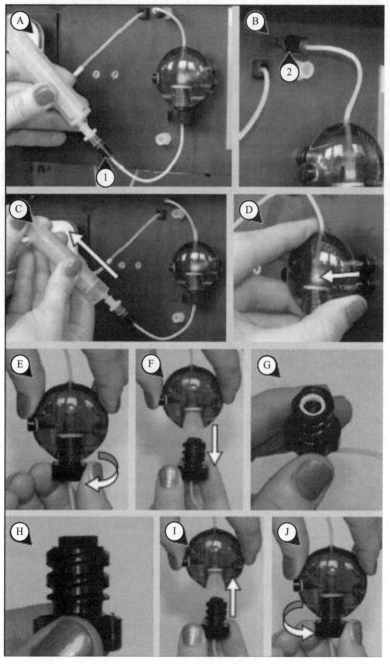

图 4-9　电极更换步骤

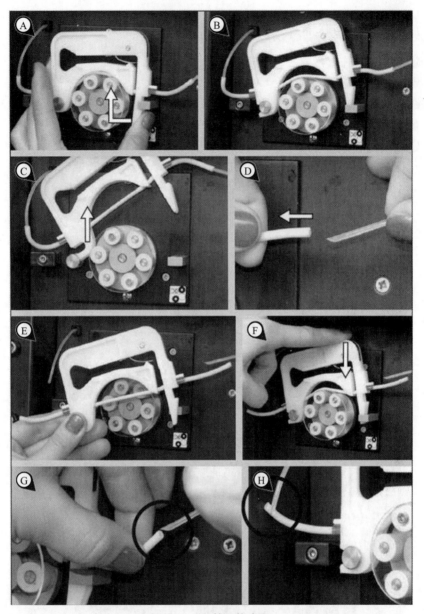

图 4-10　泵管更换步骤

四、水质自动站监测系统使用操作及日常维护

（一）WTW 在线氨氮分析仪日常维护保养

（1）每周检查管路，试剂瓶是否要填充。

（2）每 30 d 移位一次软管，每 180 d 更换一次软管和 T 形片。

（3）对于氨氮电极来说，每 180 d 更换一次薄膜。

（二）WTW 常规五参数日常维护保养

表 4-10　WTW 常规五参数日常维护保养

维护对象＼维护周期	例行保养	30 d	60 d	180 d	一年以上
pH 电极单元	每周例行保养：把探头从测试液中取出来，放在一个装有清水的塑料桶中，用布擦洗电极顶部	校正 pH 电极。如果校正失败，请参见"校正失败处理规程"	—	—	更换
DO 电极单元		校正溶氧电极。如果校正失败，请参见"校正失败处理规程"	—	更换一次溶解氧膜头	更换
电导单元		—	化学法清洗浊度和电导率探头。步骤如下：①先用 20%稀醋酸溶液浸泡 3 min；②再用加有洗洁精的温水浸泡 5 min；③最后用蒸馏水彻底漂洗干净	—	更换
浊度单元		—		—	更换
管路和流通池		清洗	—	—	—
停机维护	① 短期关机：断电 24 h 以内无任何伤害性影响；氨氮分析仪最好运行一次 AUTOCLEAN 程序（清洗，校正一次）；② 长期关机：五参数按以下步骤进行，Ⅰ. 关掉仪器；Ⅱ. 拆下 pH 传感器，清洗并沥干，放回含有饱和 HCl 的凸起电极帽中。溶解氧传感器最好放置到存在饱和湿空气的环境中，其他传感器盖上保护帽即可				

五、环境空气质量自动监测系统使用操作及日常维护

日常巡检及维护

运营人员每周对各子站至少巡检 1 次（突发事故除外），并现场填写巡检记录表。如发现参数异常，立即采取现场排除或更换备用机等措施。子站巡检应按以下要求进行：

（1）检查空气子站的供电、接地线路是否可靠，排风排气装置工作是否正常，采样和排气管路是否有漏气或堵塞现象，站房门窗是否牢固、安全。异常天气时应检查站房是否有漏雨现象，气象杆和探头是否被刮坏，站房的其他设施是否有损坏或被水淹现象，保证系统的安全运行。

（2）检查空气子站各仪器设备运行参数设置、采样流量及系统通信线路、MODEM、数据采集器等是否正常，如出现异常情况，应现场排除并作好记录。如现场不能排除，按照故障处理要求及时处理，并通知省信息与监控中心。

（3）检查空气子站数据采集器模拟输入量与数据显示值之间的关系，如有偏差加以调整，并做好现场巡检记录。

（4）检查并及时更换各空气子站仪器设备滤膜、泵膜、纸带、烧结过滤片等耗材和配件，每月更换滤膜，每 2 个月更换烧结过滤片，每 6 个月更换催化剂、活性炭、气路尘和干扰物质剔除管等，每年更换限流孔，每 18 个月更换紫外灯、光电倍增管、反映室滤光片并做好更换记录。

（5）保证每月清洗一次 PM_{10} 采样头，至少每半年清洗一次采样总管和气路管线，清洗完后，应做检漏测试确保工作正常，并做好记录。

（6）检查室内空调是否正常运行，空调的过滤网每月至少清洗 1 次，在冬、夏季节应注意站房室内外温差，及时调节站房内控制温度或对采样总管采取适当的控制措施，防止出现冷凝现象。

（7）及时对所有备用仪器进行开机检查及故障修复，检查仪器各主要参数、校准结果是否正常，保证备用机处于良好的工作状态；如开机时发现仪器有异常情况，应立即修复。

（8）及时清理空气子站房内和周围环境卫生，保持其干净整洁。

（9）对子站房周围的杂草和积水应及时清除，当周围树木生长超过规范规定的控制限时，对采样有影响的树枝应及时剪除。

第五节　重铬酸钾法 COD 在线监测仪废液的处置

一、废液的二次污染问题

目前不少 COD 在线监测仪，分析原理都是重铬酸钾氧化法，需要消耗较多的化学试剂，如浓硫酸、重铬酸钾、硫酸汞、硫酸银等，产生的废液含强酸、铬、汞、银等，腐蚀性很强，同时存在二次污染的问题。如果这些废液不进行回收，直接进入环境中，会造成严重的环境问题。强酸性物质必须经过酸碱中和处理后再排出，废液中的铬、汞等重金属需要特别处理。

二、废液的处理与处置

对于重铬酸钾氧化原理的 COD 在线监测仪所产生的废液应以专用容器予以回收，并按照《固体废物污染防治法》及《危险废物贮存控制标准》（GB 18597—2001）的有关规定，交由有危险废物处理资质的单位集中处理，不得随意排放或者回流入污水排放口。

在日常的运营维护过程中，建议按照下面的步骤操作进行处置：可用高密度聚乙烯类塑料桶收集，一般进行集中处理，处理方法：在 10 L 废液中加入 30 g NaCl，充分搅拌，使其生成 AgCl 沉淀，静置 12 h 以上，倾出上清液，并在分离出的上清液中加入 15～20 g $FeSO_4 \cdot 7H_2O$，以还原过量的 Cr^{6+}，充分搅拌后加入约 1 600 g NaOH 以中和过量的 H_2SO_4，调节 pH 为 8～9。再加入 40g $Na_2S \cdot 9H_2O$，使 Cr^{3+}、Fe^{3+}、汞等共沉淀。沉淀完成后，上清液直接排放，残渣做危险废物处理。

三、在线监测仪器发展趋势

重铬酸钾氧化法 COD 的试剂成本较高，尤其是近年来硫酸价格的暴涨，日常运行成本俱增。配制试剂需专业人员，且工作量和危险性大；试剂对仪器及管路产生腐蚀，需要经常进行人工清洗，日常维护工作量很大；由于排放的废液中含强酸、铬、汞、银等，对环境极易造成二次污染。近年来，随着科学技术的发展，COD 的监测方法和监测仪器不断更新，例如 TOC 在线监测仪、UV 紫外吸收在线监测仪等，这些仪器操作简单、维护量小，不需要过多的化学试剂，不会造成环境的二次污染，使 COD 的测量进入新的时代，彻底解决困扰环保监测的"二次排放污染"问题。

第六节　在线监测设备的定期校准、校验与标准物质

一、术语和定义

1. 校正液：为了获得与试样浓度相同的指示值所配制的校正液。有零点校正液和量程校正液。

2. 零点校正液：指在校正仪器零点时所用的溶液，除 pH 外，其余参数用蒸馏水作零点校正液。

3. 量程校正液：指在校正仪器量程时所用的标准溶液，不同的方法采用不同的标准溶液。80%量程。

4. 零点漂移：采用零点校正液为试样连续测试，自动分析仪的指示值在一定时间内变化的大小。

5. 量程漂移：采用量程校正液为试样连续测试，相对于自动分析仪的测定量程，仪器指示值在一定时间内变化的大小。

6. 重复性：在相同测量条件下，对同一被测量进行连续多次测量所得结果之间的一致性。

7. 重现性：在不同测量条件下，对同一被测量的测量结果之间的一致性，再现性、精密度。

8. 相对误差：测量的绝对误差与被测量［约定］真值之比。

9. 引用误差：测量的绝对误差与仪表的满量程值之比。

二、在线监测仪的校准、校验

1. 与标准方法比对

除流量外，运维人员每月应对每个站点所有自动分析仪至少进行 1 次自动监测方法与

实验室标准方法的比对试验，试验结果应满足 HJ/T 355—2007 规定的要求。

① 化学需氧量（COD~Cr~）水质在线监测仪。

以化学需氧量（COD~Cr~）在线监测方法与实验室标准方法 GB 11914—89 进行现场 CODcr 实际水样比对试验，比对过程中应尽可能保证比对样品均匀一致。比对试验总数应不少于 3 对，其中 2 对实际水样比对试验相对误差应满足 HJ/T 355—2007 规定的要求。

表 4-11　实际水样比对结果判断与处理表

测量范围	技术要求	试验方法	结果判断
COD$_{Cr}$<30 mg/L	±5 mg/L	用接近实际水样浓度的低浓度质控样替代	80%试验结果符合要求
30 mg/L≤COD$_{Cr}$<60 mg/L	±30%	与 GB11914 比较，保证监测仪与国标方法组成一个数据对，至少获得 6 个数据对	
60 mg/L≤COD$_{Cr}$<100 mg/L	±20%		
COD$_{Cr}$>100 mg/L	±15%		

注：连续三次结果不符合要求，应采用备用仪器或手工法监测。

② 氨氮水质在线分析仪

以氨氮水质在线分析仪与实验室标准方法 GB 7479—87（或 GB7481）进行实际水样比对试验，比对过程中应尽可能保证比对样品均匀一致，比对试验总数应不少于 3 对，其中 2 对实际水样比对试验相对误差应满足 HJ/T 355—2007 规定的要求。

表 4-12　实际水样比对结果判断与处理

校验内容	技术要求	试验方法	结果判断
实际水样比对	±15%	与 GB 11914 比较，保证监测仪与国标方法组成一个数据对，至少获得 6 组数据对	80%试验结果符合要求

注：连续三次结果不符合要求，应采用备用仪器或手工法监测。

2. 质控样试验

每月至少 1 次；

国家认可两种浓度的质控样：接近实际废水浓度、超过排放浓度；

每种样品至少测定 2 次；

相对误差≤10%。

3. 日常校准、校验

表 4-13　定期校准的要求与方法

仪器名称	零点漂移	量程漂移	重复性	实际水样比对实验相对误差
COD$_{Cr}$ 在线仪	±5 mg/L	±10%	10%	COD$_{Cr}$<30 mg/L 时，绝对误差不超过±5 mg/L，以接近实际水样的低浓度（约 20 mg/L）质控样代替实际水样进行试验
				±30%（30 mg/L≤COD$_{Cr}$<60 mg/L）
				±20%（60 mg/L≤COD$_{Cr}$<100 mg/L）
				±15%（COD$_{Cr}$≥100 mg/L）

仪器名称		零点漂移	量程漂移	重复性	实际水样比对实验相对误差
TOC 法 COD 仪		±5%	±5%	5%	同上
氨氮在线仪	电极法	±5%	±5%	5%	±15%
	光度法	±5%	±10%	10%	±15%

表 4-14　COD 在线仪日常校验

校验内容	铬法	TOC 法
依据标准	HJ/T 377—2007	HJ/T 104—2003
重复性	10%	5%
零点漂移	±5 mg/L	±5%
量程漂移	±10%	±5%

表 4-15　NH₃-N 在线仪日常校验

校验内容	电极法	比色法	依据标准
量程	0.05～100 mg/L	0.05～50 mg/L	HJ/T 101—2003 氨氮水质自动分析仪技术要求 354
重复性	5%	10%	
零点漂移	±5%	±5%	
量程漂移	±5%	±10%	

在现场采集污水水样时必须做到

① 采集试样时注意不让取样点的侧壁或底部的沉积物混入；

② 为准确把握排水的特性，随机采集包括水样浓度最高时、平均以及最低时的试样；

③ 将采集的试样保存于约 5℃的冰箱中，并尽快送到实验室，应在 12 h 内测定。

校准、校验的要求：

① 当设备发生严重故障，经维修后在正常使用和运行之前必须对仪器进行一次校准和校验；

② 校准和校验的结果必须满足相应的技术要求；

③ 进行相关校准和校验时，必须有专人负责监督工况，在测试期间保持相对稳定，做好测试记录和调整、维护记录；

④ 仪器校准和校验完成后，要求认真填写校准记录表及校验记录表。

4．标准物质

COD 标准物质：

① 国家认可，例如：可在国家标准物质中心购买，用蒸馏水稀释至所需浓度。

② 用国标方法标定的邻苯二甲酸氢钾溶液。

③ 首先配置 1 000 mg/L 或 500 mg/L，50 mg/L、100 mg/L、200 mg/L 的可由其稀释。

配置标准溶液用水要求：采用 GB 11914 规定的方法制备的无还原性物质的水。

氨氮标准物质：

① 国家认可，例如：可在国家标准物质中心购买，用蒸馏水稀释至所需浓度；

② 用国标方法标定的氯化铵溶液。

配置标准溶液用水要求：采用 GB 7487 或 GB 7479 规定的方法制备的无氨水。

表4-16　GB 6682 分析实验室用水规格

名称		一级	二级	三级
pH 范围（25℃）	≤	—	—	5.0～7.5
电导率（25℃）/（mS/m）	≤	0.01	0.10	0.50
可氧化物［以（O）计］/（mg/L）	≤	—	0.08	0.4
吸光度（254 nm，1 cm 光程）	≤	0.001	0.01	—
蒸发残渣（105±25℃）/（mg/L）	≤		1.0	2.0
可溶性硅［以（SiO_2 计）］/（mg/L）	≤	0.01	0.02	—

表4-17　GB 6682 分析实验室用水规格

名称		一级	二级	三级
pH 值范围（25℃）	≤	—	—	5.0～7.5
电导率（25℃）/（mS/m）	≤	0.01	0.10	0.50
可氧化物［以（O）计］/（mg/L）	≤	—	0.08	0.4
吸光度（254 nm，1 cm 光程）	≤	0.001	0.01	—
蒸发残渣（105±25℃）/（mg/L）	≤	—	1.0	2.0
可溶性硅［以（SiO_2 计）］/（mg/L）	≤	0.01	0.02	—

二、固定染源烟气自动监测设备的定期校准、校验

1．定期校准、校验的要求及方法

固定污染源烟气 CEMS 运行过程中的定期校准是质量保证中的一项重要工作，定期校准应做到：

（1）具有自动校准功能的颗粒物 CEMS 应每 24 h 至少自动校准一次系统零点和量程；具有自动校准功能的气态污染物 CEMS 应每 24 h 至少自动校准一次仪器零点，每周自动校准一次仪器量程（全程校准）。

（2）直接测量法气态污染物 CEMS 每个月用校准装置通入零气和接近烟气中污染物浓度的标准气体校准一次仪器的零点和工作点。

2．定期校验

（1）至少 6 个月做一次标定校验；标定校验用参比方法和 CEMS 同时段数据进行比对，按照 HJ/T 75—2007 标准 7.2.2 进行。

（2）当校验结果不符合规定的技术指标时，则须扩展为对颗粒物 CEMS 方法的相关系数的校准和/或评估气态污染物 CEMS 的相对准确度和/或流速 CMS 的速度场系数（或相关性）的校准，直到烟气 CEMS 达到 HJ/T 75—2007 标准 7.4 条技术指标的要求。方法见 HJ/T 75—2007 标准附录 A。

3．标准物质的使用

（1）标准物质的选择（不确定度、资质和检定证书）；

（2）标准物质浓度值的选择；

（3）使用有效期；

（4）取样管线的选择：防吸附；

（5）气瓶压力：低于 0.1 MPa 时，应停止使用；

（6）取样气路的气密性。

表 4-18　烟气 CEMS 校准失控数据的判别

CEMS 类型	检验项目	技术指标要求	失控指标
气态污染物	零点漂移	不超过±2.5%F.S	不超过±2.0%F.S
	跨度漂移	不超过±2.5%F.S	不超过±2.0%F.S
颗粒物	零点漂移	不超过±2.0%F.S	不超过±2.0%F.S
	跨度漂移	不超过±2.0%F.S	不超过±2.0%F.S
流速	零点漂移	不超过±3.0%F.S 或绝对误差不超过±0.9 m/s	不超过±8.0%F.S 或绝对误差不超过±1.8 m/s

注：F.S 为仪器满量程值。

三、空气自动站监测设备的校准、校验

校准的要求和周期

（1）根据工作需要，对监测仪器的性能和工作状态进行检查和了解时，应做零/跨校准。

（2）监测仪器设备安装调试期间，应对监测仪器做零/跨和多点校准，检验仪器的准确度和精密度是否符合要求。

（3）对运行中的监测仪器每半年至少进行一次多点校准。

（4）对于不具有自动校零/跨的系统，一般每 5～7d 进行 1 次零/跨漂检查。将不含待测及干扰物质的零气和浓度为仪器测量满量程，75%～90%的标气通入仪器进行零/跨漂检查，并按要求进行对仪器进行零/跨漂调节。如仪器的性能状况已变差，应视情况缩短检查或调节周期。

（5）对于用β射线法和 TEOM 法（微量振荡天平法）监测 PM_{10} 项目的监测分析仪器，每 6 个月应进行一次流量校准。每次换滤膜后，应检查仪器的采样流量。在有条件时，可同时用标准膜进行标定。

（6）对于使用开放光程监测分析仪器，应每 3 个月进行 1 次单点检查（选择 1 个项目用等效浓度为满量程 10%～20%的标气），每年进行 1 次多点校准（等效浓度）。

第七节　在线监测设备常见故障及排除

一、水污染源在线监测系统

1. 重铬酸钾法 COD 在线监测仪（以美国 HACH 公司：COD_{max} 为例）

表 4-19　常见故障及排除

故障	原因	措施
清洗计量试管	计量试管内壁有附着物	清洗计量试管
没有安全面板	没有正确安装安全面板	重新安装安全面板、检查机械和电子元件
湿度报警	导管、零件、阀组箱、密封装置有泄漏，消解试管有泄漏，计量试管有泄漏	检查，如有必要进行更换
内部 Bus 错误	Bus 通讯有问题	需联系设备厂家或运营公司高级服务人员
控制单元没反应	控制单元有故障	需联系设备厂家或运营公司高级服务人员
暂停	控制单元有故障	需联系设备厂家或运营公司高级服务人员
过程时间限值	加热器有故障/温度控制运转（在小试管） 温度传感器有故障 风扇有故障或者通道堵塞——冷凝过程耗时过长 环境温度过高——冷凝过程耗时过长	更换小试管 更换小试管 检查/更换风扇，检查电路板输出的塞子位置 改变仪器位置
没有样品报警	三次进样未成功，不能从外部系统获得水样，阀、阀组件或水样导管堵塞或在计量试管中没有反应/信号，活塞泵被损坏	检查、清洗或者更换有故障的零部件，联系客户维修部门
没有汞，没有重铬酸钾，没有硫酸，没有消解液，没有标液	两次提取试剂都未成功 阀、阀组件或者水样导管堵塞或者有故障在计量小试管中没有反应/信号 活塞泵被损坏	添加试剂或更换试剂瓶 清洗或者更换有故障的零部件（如有必要） 需联系设备厂家或运营公司高级服务人员
斜率限值	标液不正确 传送有问题（堵塞、泄漏）	检查标准溶液或运营公司高级服务人员 需联系设备厂家或运营公司高级服务人员
放大补偿	计量或者消解小试管水平补偿不正确	需联系设备厂家或运营公司高级服务人员
温度传感器	温度传感器有故障	检查连接，更换消解小试管

故障	原因	措施
放大测量	消解小试管光度强烈	检查可视系统，清洗、更换小试管，需联系设备厂家或运营公司高级服务人员
放大计量	计量小试管光度强烈	检查可视系统，清洗、更换小试管，需联系设备厂家或运营公司高级服务人员
排空废液	导管、阀组件堵塞 空气阀或者活塞泵损坏	检查、清洗或者进行更换（如有必要）
填充消解试管	导管、阀组件堵塞 空气阀或者活塞泵损坏	检查、清洗或者进行更换（如有必要）

2. 纳氏试剂比色法氨氮在线监测仪（以美国HACH公司氨氮：Amtax Compact型为例）

表4-20　纳氏试剂比色法

问题	补救措施
测量值总是过高或者过低	使用校正因子校正测量值。在Setting菜单中选择Corr.Factor
显示屏难以阅读	在Setting菜单中选择Contrast选项调整对比度
模拟输出不正常	1. 进入Setting菜单，选择Recorder 0。 2. 调整浓度，在此浓度下输出20 mA电流。 3. 在Analog Output选项里选择0~20 mA或者4~20 mA。 4. 在Fault选项里将出错时的模拟信号设置为0 mA，20 mA，或者Off。 测试模拟输出：在Output Test菜单，将Current 1设置为0.0 mA和20.0 mA之间的一个值，在仪器连接和电流循环内部测试

错误信息	原因	纠正措施
NO TRIMMING	电子设备错误	需与设备厂家联系
CHECK SETTINGS	可能进行了不正确的设置	进入Setting菜单，检查所有的选项
HUMIDITY!	水蒸气感应器有了响应	将引起潮湿的源头去掉。将水蒸气感应器烘干，并且在Status菜单中确认这个错误
CU NOT RESPONDING	电子设备错误	需与设备厂家联系或运营公司高级服务人员
CU TIME OUT	电子设备错误	需与设备厂家联系或运营公司高级服务人员
PROCESS TIME LIMIT	电子设备错误	需与设备厂家联系或运营公司高级服务人员
LEVEL LIMITS	光度计错误	在Status菜单中确认这个错误，错误信息仍然出现，需与设备厂家联系或运营公司高级服务人员
LEVEL OFFSET	光度计错误	在Status菜单中确认这个错误，错误信息仍然出现，需与设备厂家联系或运营公司高级服务人员
MEAS. AMPLIFIER	光度计错误	需与设备厂家联系或运营公司高级服务人员
CALIBRATION FACTOR	斜率超过了范围（0.2~2.0）	检查试剂，试剂的使用是否正确，以及操作顺序是否正确

3. 氨气敏电极法氨氮在线监测仪（以河北先河环保科技股份有限公司氨氮：XHAN-90B 型为例）

表 4-21 氨气敏电极法

故障	可能原因	排除方法
无水样报警	不能从外部系统获得水样，阀、阀组件或水样导管堵塞或采样杯内液位传感器损坏	检查、清洗或者更换有故障的零部件
校准无效报警	电极头有污物，试剂被污染或试剂进样捏阀故障配制的校准液不准确、电极响应缓慢、气透膜沾污、校准液用光、气透膜老化、电极故障	更换电极膜、更换内充液，更换试剂，更换试剂捏阀重新配制校准液、换内充液重装电极、清洗气透膜、配制校准液、更换气透膜、电极维护或更换电极
流通池温度异常	温度传感器故障、环境温度超出仪器环境温度范围	检查温度传感器并维修或更换、检查室内空调运行情况
无试剂报警	缺少试剂或未设置试剂量	添加试剂或重新设置试剂量
测定值偏高	配制的校准液不准确或时间太长、气透膜有气泡、气透膜沾污、电极故障、气透膜老化或损坏	重新配制校准液、用手轻轻向下按电极，排除气泡、清洗气透膜、维护或更换电极、更换气透膜
测定值偏低	配制的校准液不准确、试剂用完、电极响应缓慢、气透膜老化、电极故障、气透膜沾污	重新配制校准液、添加试剂、换内充液重装电极、更换气透膜、维护或更换电极、清洗气透膜

4. 蒸馏法氨氮在线监测仪（以江苏绿叶环保科技仪器有限公司氨氮：JHN 型为例）

表 4-22 蒸馏法氨氮在线仪

故障	原因	措施
设备无法自动做样	缺少试剂	添加试剂或更改试剂量
数据异常（偏低）	电极故障，信号放大板故障，电极电位异常，气泵故障	更换电极，更换信号放大板，调试电极电位，更换气泵
数据异常（偏高）	蒸馏瓶堵塞或蒸馏液排液阀故障，电极电位异常	清理蒸馏瓶或更换蒸馏瓶，调试电极电位

二、固定污染源烟气排放连续监测系统

1. 中科天融（北京）科技有限公司 TR-II 型 CEMS

（1）没有输出信号/信号低

表 4-23 无输出信号/信号低

原因	确认项目	处理方法
处于模拟输出模式	确认画面是否处于模拟输出模式	退出模拟输出模式，进入测试状态
配管脱落	确认采样配管是否脱落、折断	对配管进行修复
泵停止不动	通过分析仪前部面板的流量计确认流量。确认泵电源开关	将泵的电源置于 ON

原因	确认项目	处理方法
1 次过滤器漏气	确认过滤器滤芯已经正确的安装。确认 O 状环、垫圈没有老化	正确的安装。更换 O 状环、垫圈
驱雾器安装位置漏气	对驱雾器的安装进行确认。确认橡胶接头没有龟裂	重新进行安装。更换橡胶接头
2 次过滤器的安装部位漏气	对 2 次过滤器的安装进行确认。确认没有忘记安装 O 状环、垫圈	重新进行安装
NO_x 转换器的安装部位漏气	对 NO_x 转换器的安装进行确认。清理确认橡胶接头没有龟裂	重新进行安装。更换橡胶接头
样气出口堵塞	对样气的出口部位进行确认	清理放开大气，或进行不产生回压的配管施工
不是规定的流量（0.6±0.1L/min）	通过分析仪前部面板的流量计确认流量	使用用于调整流量的针阀的阀调整为规定流量
量程不合适	确认显示的浓度值	把测试量程变更为合适的量程
校正不能正确的进行	确认校正浓度设定值和气瓶浓度	再次进行零值量程校正
零校正气体正在通过	确认及校正模式是否是零校正气体	将校正模式返回测试

（2）输出信号高

表 4-24　输出信号高情况下

原因	确认项目	处理方法
量程不合适	确认显示的浓度值	把测试量程变更为合适的量程
校正不能正确的进行	确认校正浓度设定值和气瓶浓度	再次进行零值量程校正
电子冷凝器故障	对电子冷凝器电源指示灯是否点亮以及冷却风扇的动作进行确认。确认电子冷凝器温度是否在 0℃以上 8℃以下（机柜内温度如果超过 4℃则为 15℃以下）	确认冷却风扇在转动。对排热风扇进行清扫。如果没有复原的话，更换电子冷凝器
处于模拟输出模式	确认画面是否处于模拟输出模式	退出模拟输出模式，进入测试状态
量程校正气体正在通过	确认校正模式是否是量程校正气体	将校正模式返回到测试

（3）O_2 分析仪输出为大约 21 vol%（体积百分比），O_2 分析仪输出信号高。

表 4-25　O_2 分析仪输出信号高情况下

原因	确认项目	处理方法
泵停止不动	通过分析仪前部面板的流量计确认流量。确认泵电源开关	将泵的电源置于 ON
1 次过滤器漏气	确认过滤器滤芯已经正确的安装。确认 O 状环、垫圈没有老化	正确的安装。更换 O 状环、垫圈
驱雾器接头部位漏气	对驱雾器的安装进行确认。确认橡胶接头没有龟裂	重新进行安装。更换橡胶接头
2 次过滤器的安装部位漏气	对 2 次过滤器的安装进行确认。确认没有忘记安装 O 状环、垫圈	重新进行安装
NO_x 转换器的安装部位漏气	对 NO_x 转换器的安装进行确认。清理确认橡胶接头没有龟裂	重新进行安装。更换橡胶接头

（4）不能进行校正

表 4-26　不能校正情况下

原因	确认项目	处理方法
校正气体为空瓶	确认校正气瓶压力	更换新的气瓶
校正气体种类错误	确认校正气体的种类	重新设定校正气体的种类
校正浓度的设定值和气体浓度值有差异	确认校正浓度设定值以及气瓶浓度的显示值	再次进行校正浓度的设定，再次进行零值量程校正
校正气体流量少	通过分析仪前部面板的流量计确认流量	将流量调节为规定流量
处于键锁定状态	确认键锁定图标是否有显示	输入密码，解除键锁定

（5）流量小

表 4-27　流量小情况下

原因	确认项目	处理方法
配管堵塞	确认配管	对配管进行清扫
配管破损	确认配管	修复、更换配管
1 次过滤器堵塞	确认过滤器滤芯	更换过滤器滤芯
驱雾器堵塞	给予更换	如果复原保持更换以后的状态
NO_x 转换器滤芯堵塞	给予更换	如果复原保持更换以后的状态
2 次过滤器堵塞混入排水喷雾	对 2 次过滤器进行确认	对 2 次过滤器进行更换以及清扫

2. 北京雪迪龙科技股份有限公司 SCS-900 型 CEMS

表 4-28　常见故障及处理方法

故障现象	故障原因	排除方法
流量低	1. 探头过滤器堵塞和泵工作不正常 2. 采样管线堵塞 3. 保护过滤器积尘多	1. 应对二者进行检查。需要时还应做系统气密性检查（依据气路流程图） 2. 应及时清洗 3. 探头过滤器损坏，应及时检查清洗或更换
保护过滤器变色	探头加热及取样管加热是否正常及压缩机冷凝器、蠕动泵工作是否正常	如出现保护过滤器异常不及时处理，将可能造成取样管线的堵塞。那时清洗的工作量将加大
制冷器后管路有水汽	应检查致冷器及蠕动泵。尤其要检查蠕动泵泵管	如泵管不在正常位置时应及时调整，如泵管损坏应及时更换

3. 武汉宇虹环保产业发展有限公司 TH-890 型 CEMS

表 4-29　常见故障与维修

故障现象	原因分析	维　修
流量小于 0.5 L/min	陶瓷过滤芯已脏	更换陶瓷过滤芯
	采样气管或采样管堵塞	清洁，疏通
	分析仪排气管冰塞或堵塞	清洁，疏通
	进分析仪前漏气	检查气密性
湿度报警	蠕动泵管子破损或蠕动泵不转	更换蠕动泵管子，更换固定转轴的顶丝
采样温低报警	温控仪故障	更换温控仪
制冷器温高报警	周围环境温度过高	请将温度维持在 25℃ 以内
SO_2 数据异常，O_2 为 21%	流量小，或有报警	排除此类故障
	系统气密性不好	检查系统气密性，特别检查蠕动泵管子与制冷器上的两极制冷筒子
烟尘数据低	镜头污染	清洁镜头与反吹风机过滤器

三、重金属在线监测系统（以广州伊创的 EcaMon 系列为例）

表 4-30　基本故障与解决方案

基本故障	解决方案
校准失败（Bad Calib.）	1. 首先检查各试剂是否足够，若不够，需添加相应试剂；管路和测量池有无气泡，若有，需手动填充试剂 2~3 次，活化 1 次后再进行校准； 2. 检查校准溶液和其他试剂（若自配或自稀释各试剂，须核实浓度，确保无误）； 3. 检查参比电解液是否足够，若不够，添加参比电解液； 4. 电极活化后再手动校正一次，如果失败，继续上述操作； 5. 如果仍不成功，更换新的工作电极
显示屏出现 OVERFLOW 信息	非故障，测试继续进行，待测样品浓度远远超过测量量程上限
乳胶管和 PTFE 管断开，试剂不断从 PTFE 管滴下	1. 固体颗粒堵塞流路系统——联系制造商或运营公司高级服务人员； 2. 电磁阀运行不正常——联系制造商或运营公司高级服务人员； 3. 线路脱落——联系制造商或运营公司高级服务人员
无样品进入样品管	1. 样品管堵塞——拆开样品管或过滤器，用注射器注水到样品管，或者通过样品管直接注水到连接样品管的螺母中； 2. 如果有过滤器，清洗或更换过滤器
显示屏无显示	1. 程序失败——重启系统； 2. 硬件出错——联系制造商或运营公司高级服务人员
键盘按键失灵	1. 程序失败——重启系统； 2. 硬件出错——联系制造商或运营公司高级服务人员； 3. 线路脱落——联系制造商或运营公司高级服务人员

基本故障	解决方案
开机出现乱码，仪器直接进入测试模式	仪器非正常关机，如仪器在运行中断电，正常关机后重启一次
模拟输出端电流在 1 mA 以下	1. 校正失败——参考校准失败原因； 2. D/A 转换器故障——联系制造商或运营公司高级服务人员
模拟输出端电流稳定在 20 mA	待测浓度超出最大浓度范围
数据无法传输到电脑	查看 com 串口是否与电脑上显示一致，否则重新启动系统再试一次

四、水质自动站监测系统（以德国 WTW 为例）

1. WTW IQ 五参数故障排除列表

（1）pH 电极

表 4-31　pH 电极故障分析

故障现象	原因分析	措施
无测试值	1. 传感器组件未连接 2. 未知因素	1. 连接传感器组件 2. 查看记录簿
不能测试	1. 电极上的保护帽未摘下 2. 电极没连接 3. 液体已经进入传感器组件 4. 传感器组件没连接 5. 仪器设置错误	1. 拔下保护帽并进行校正 2. 连接电极 3. 传感器已坏，送回维修 4. 连接传感器 5. 正确设置仪器
系统不能进行校正	1. 电极斜率太低 2. 电极零点电位太高 3. 组件安装的是 ORP 电极	1. 更换电极 2. 更换电极 3. 采用 pH 电极
测试值太离谱	1. 没进行校正 2. 电极没连接或已经坏了 3. 电极受污染 4. 液体已经进入传感器组件 5. 仪器设置有误	1. 进行校正 2. 检查电极和电极连接 3. 清洗电极 4. 组件已坏，送回维修 5. 正确设置仪器

（2）溶氧电极

表 4-32　溶氧电极故障分析

故障现象	原因分析	措施
显示 0.0 mg/L 或 0%（在空气中）	薄膜头中无电解液	更换 WP 600 薄膜头
电极不能校正	电极薄膜头污染	清洗电极，等 15 min 后再校正，若还不能清除杂质，则需更换电解液及盖式薄膜
更换完电解液和盖式薄膜后电极还是不能校正	电极污染严重或电极中毒	清洗电极

故障现象	原因分析	措施
测试值过低	1. 薄膜污染，电极很久没校正 2. 薄膜与金工作电极之间间隔太大	1. 外部清洗电极，校正 2. 更换盖式薄膜，校正
测试值过高	1. 电极没完全极化 2. 电极很久没校正	1. 等至少 1 h 充分极化 2. 外部清洗电极，校正
测试值不稳，一直在跳	1. 薄膜与金工作电极之间的距离过大 2. 薄膜头松动	1. 更换薄膜，校正 2. 旋紧薄膜头
温度显示错误	温度探头坏	送回 WTW 修理
电极机械损坏		送回 WTW 修理

（3）电导测试

表 4-33　电导测试故障分析

故障现象	原因分析	措施
无温度值和/或电导值显示	1. 系统设置不正确 2. 温度探头或电导探头损坏	1. 纠正系统设置 2. 送回 WTW 修理
测试不能进行	1. 保护帽没有摘掉 2. 系统设置不正确	1. 摘下保护帽 2. 纠正系统设置
难以置信的测试值	1. 电导电极严重污染 2. 电导电极周边不够空旷 3. 电极破损 4. 系统设置不正确 5. 测试超量程	1. 清洗电导电极 2. 电导电极方圆 5 cm 内必须保持空旷，否则将导致电极常数的改变 3. 送回维修 4. 纠正系统设置 5. 采用正确的电极

（4）浊度测试

表 4-34　浊度测试故障分析

故障现象	原因分析	措施
调试后电极自动进行周期性的开关	电源只够电极进行初始化不够驱动自清洗系统。电极一开机就与控制器中断通信	在尽可能靠近 VisoTurb 700 IQ 电极的地方安装另一电源模块
电极遭受机械损坏		送回 WTW 服务中心维修
显示 OFL 或 "----"	测试超量程 液体不流动，测试值无效	让液体流动起来
测试值严重波动	1. 在电极测试面前有气泡 2. 低浊度值的信号平均时间太短	1. 检查电极的安装位置 2. 加大信号平均时间
测试值太低	电极测试面受污染	清洗电极测试面
测试值太高	1. 在电极测试面前有气泡 2. 墙体散射光	1. 检查电极的安装位置 2. 检查电极的安装位置（必要时，采用应用调整功能进行修正补偿）
测试值闪烁	保养状态 ON	1. 如果手动有了保养状态（当按了 C 键），则关闭保养状态（在 Display/Options 菜单，参阅主机说明书） 2. 如果仪器自动有了保养状态，则表明仪器正在保养，如清洗过程中，保养完成后即正常

五、环境空气质量自动监测系统

表 4-35　SO₂ 自动监测仪的故障诊断和维修

故障现象	故障原因	排除方法
上电后无显示及泵启动声音	1. 电源没接好 2. 仪器运输损坏	1. 接好电源插座 2. 与厂家联系解决或运营公司高级服务人员
状态显示中稳定性大于额定范围	1. 反应室脏 2. 紫外灯输出信号不稳定	1. 清洗反应室 2. 更换紫外灯
状态显示中样气流量小于额定范围	1. 限流孔阻塞 2. 烧结过滤器 3. 样气滤膜太脏 4. 泵抽力不足	1. 清洗或更换限流孔 2. 清洗或更换烧结过滤器 3. 更换滤膜 4. 检修泵
样气压力下限报警	1. 采样口到压力传感器之间有堵塞 2. 传感器校准数据漂移	1. 更换滤膜 2. 重新进行压力传感器校准
UV 灯读数小于 600 mV	1. UV 灯老化 2. 光电管校准数据漂移	1. 更换 UV 灯 2. 重新校准光电管
SO₂ 显示值响应慢	1. 反应室脏 2. 气路脏，流量小	1. 清洗反应室 2. 清洗管路
测量数据偏小	1. 标定的零点太高 2. 活性炭失效	1. 重新标定零点 2. 更换活性炭

表 4-36　NOₓ 自动监测仪的故障诊断和维修

故障现象	故障原因	解决方法
样气流量不正常	1. 限流孔堵塞 2. 泵的抽气能力下降 3. 漏气	1. 清洗或更换限流孔 2. 更换泵 3. 检漏
臭氧流量不正常	1. 限流孔堵塞 2. 泵的抽气能力下降 3. 漏气	1. 清洗或更换限流孔 2. 更换泵 3. 检漏
自动零点偏高	1. 反应池被污染 2. 自动零阀和 NO/NOₓ 阀之间漏气	1. 清洗反应池 2. 检漏
反应池压力超出范围	1. 漏气 2. 泵的抽力降低 3. 压力传感器损坏	1. 检漏 2. 更换泵 3. 更换压力传感器
样气压力超出范围	1. 漏气 2. 管路有堵塞的地方 3. 压力传感器损坏	1. 检漏 2. 检查管路 3. 更换压力传感器
斜率超出范围	1. 跨度气体不准确 2. 漏气 3. 漏光	1. 重新校准 2. 检验是否漏光，漏气
截距超出范围	1. 校零时零点较高 2. 漏光 3. 反应池被污染	1. 用零气重新校准 2. 检验是否漏光 3. 清洗反应池
倍增管温度不在范围	1. 风扇没有工作 2. 制冷片损坏	1. 检验接线是否正常 2. 检验制冷器是否损坏

表 4-37　PM$_{10}$ 自动监测仪的故障诊断和维修

故障现象	故障原因	解决方法
源电机报警	密封套内积尘过多，摩擦导致	拧开密封套的四个螺丝取下密封套，用镜头纸擦拭干净，将柱体也擦拭干净，分别涂抹少量黄油，重新固定即可
GUAGE 报警	1. 未走纸，纸带积尘过多，导致记数值偏低 2. GUAGE 高压不足导致记数值过低 3. 盖格管上积尘太多	1. 首先检查纸带是否打滑，如打滑则重新固定，如不打滑则手动走纸，按"走纸"键应正常走纸 2. 调节高压模块与主板连接处的电位计将高压调高，使记数值在 15 000～30 000，按"测量空纸"键检查记数 3. 拆下盖格管部分，拆下密封套，擦拭盖格管
PAPER 报警	1. 无纸 2. 高压过高 3. 盖格管坏	1. 首先检查是否为无纸，及时更换纸带，为正常报警 2. 首先观察高压源是否工作正常，可通过调节高压排除故障或更换集成电路 3. 夏季潮湿多雨，需尽量保持内外温差不要过大，以免造成盖格管烧坏
电机报警	1. 源电机报警 2. 走纸电机报警 3. 平台电机报警	1. 机械故障 2. 电机坏或电路有问题 3. 由于平台电机轴和偏心轮不同轴，应力大，旋转时发出刺耳响声，重新调整平台电机座的固定螺丝，以固定后电机无声音为准，另外弹性连轴节顶丝松动，也会造成报警，这时就需要重新调节固定
显示流量偏小	1. 走纸机构出现故障 2. 鼓轮与源电机顶丝松动 3. 流量调节阀阻力大 4. 质量流量传感器堵塞	1. 查看走纸机构 2. 检查流量调节阀，如果损坏需更换
流量不准确	若仪器实际流量转化为标况时与显示流量不符，则可能是流量传感器偏移太大	需重新校正流量传感器
显示屏无规律出现乱码	1. 更换 AT89C55WD 2. 若故障仍然存在，应查与显示有关电路是否存在虚焊	
不与采集仪通信	1. 确定采集仪是好的 2. 更换 MAX202ECPE，AT89C55WD，通信线	
纸带走偏	调整压纸轮使其压力平衡，调整相关机械机构	
采样管温度低或太高	1. 保险丝坏 2. 加热电源中的温控仪坏 3. 变压器坏	
如何判断走纸电机，平台电机，源电机好坏	给电机加 220V 50Hz 电压应该低速稳定无噪声转动	

第八节 突发性环境污染事故应急监测预案

一、总则

（一）编制目的

建立健全突发环境事件应急机制，提高运营公司应对涉及公共危机的突发环境事件的能力，及时有效地应对各类突发性环境污染事故的发生，及时高效地做好应急处置工作，有效控制和监测环境污染，及时修复、消除在线监测设备故障，提高济宁市在线监测的运营管理水平，促进运营公司健康持续发展，根据有关法律、法规，结合济宁本地实际，特制订本应急预案。

（二）编制依据

（1）《中华人民共和国环境保护法》；
（2）《中华人民共和国水污染防治法》；
（3）《中华人民共和国大气污染防治法》；
（4）《全国环境监测管理条例》；
（5）《污染源自动监控设施运行管理办法》；
（6）《国家突发环境事件应急预案》；
（7）《山东省环境保护条例》。

（三）适用范围

本预案适用于应对下列情况下各类事件的应急响应：
（1）企业在线监测设备出现严重故障或因恶劣天气条件、自然灾害等不可抗力因素，造成在线监测设备短时间内无法修复，影响正常监测，同时企业排污可能危及周边环境和人体健康，造成环境污染事故。
（2）重金属在线监测数据超标异常。
（3）企业发生其他突发性环境污染事故。

（四）应急处置工作原则

（1）坚持以人为本，预防为主的原则。加强对在线设备的日常维护和巡检力度，积极预防、及时控制，及时发现，及时处理设备缺陷，防止重大事故的发生。
（2）坚持统一领导，协调互动的原则。在调度室和应急指挥组的统一领导下，加强各部门协同合作，提高快速反应能力，及时限制事故的发展，降低事故影响程度，及时修复设备故障。
（3）坚持定期上报的原则。出现环境污染事故后，每24 h向上级环保主管部门报告一次污染事故的处置动态和在线监测设备的运行、维护情况，直至恢复正常。

二、应急预案组组织机构、成员及职责

（一）组织机构

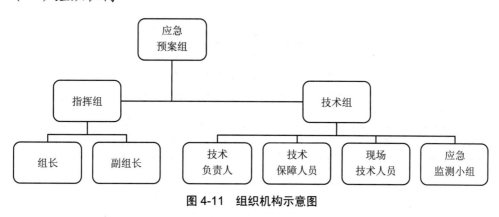

图 4-11　组织机构示意图

（二）应急预案组成员

组长：1人；副组长：2人；技术负责人员：2人；技术保障人员：2人；现场技术人员：6人；应急监测小组：3人。

（三）应急预案组各成员及工作职责

1. 指挥组工作职责

负责突发环境污染事故应急处置工作的现场指挥、组织领导、综合协调和调查工作，并配合技术组和相关部门分析事故原因；负责对各应急组成员的调度工作，决定临时调度有关部门的人员、车辆、物资等；负责定期组织开展反事故训练和演习等。

2. 技术组工作职责

（1）技术负责人及保障人员

负责根据现场污染事故的原因和污染程度、在线监测设备故障情况、重金属监测数据异常情况，制定应急处置技术方案，保障方案的可行性、合理性和科学性，保证事故得到及时控制、消除。

（2）现场技术人员

负责应急处置技术方案的现场实施工作，并负责对发生故障的监测设备进行全面检修、维护、维修和调试，快速恢复在线监测设备的正常工作能力，保证在线监测设备正常运行。

（3）应急监测小组

负责组织实施在线监测设备故障或污染事故发生现场的监测，负责采用人工监测方式进行跟踪监测，直至在线监测正常运行或污染事故处理正常，并将监测数据及时上报环保局和企业。

三、应急处理流程

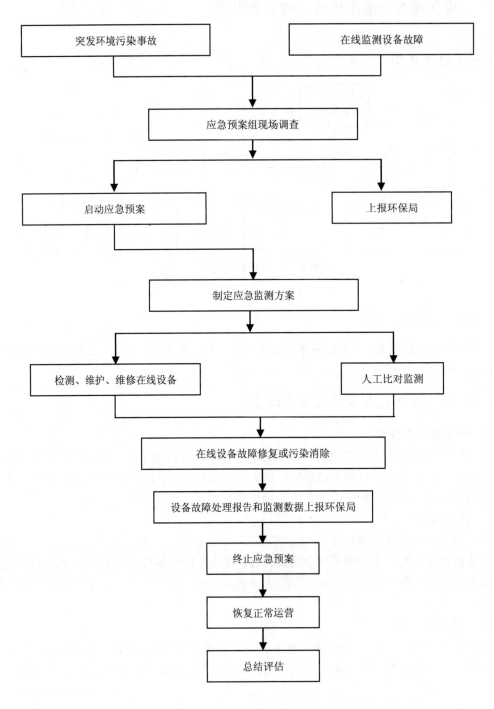

图 4-12 应急处理流程

四、应急响应与处置

（1）应急响应

当在线监测设备出现严重故障短期内无法修复、因恶劣天气和自然灾害导致设备无法正常运行或出现其他突发性环境污染事故时，运营公司将迅速启动应急预案。

接到突发环境事件报警或确认在线监测设备严重故障后，相关工作人员接到指令后应急指挥组率技术组和应急监测小组携带工具和环境应急专用设备，在规定时间时内赶赴事发现场，展开现场调查、查明事件原因、初步分析影响程度等，根据实际情况制定应急技术方案，并将现场调查情况、应急技术方案、应急监测数据和现场处置情况，及时报告公司领导、企业和各级环保部门。

（2）应急处置

① 在线监测设备故障

现场技术人员根据应急技术方案，全面检查、检测在线监测设备，确认在线监测设备故障原因、维修周期。若设备故障维修周期超过 48 h，必须迅速启用备机，同时，及时快速地维修故障设备。

应急监测小组根据技术方案对现场进行应急监测，并将监测数据按规定上报。

② 企业出现环境污染事故

现场技术人员根据应急技术方案，全面检查、检测在线监测设备，保证在线监测设备的正常运行，保证监测数据的准确性。

应急监测小组根据技术方案对现场进行应急监测，并将监测数据按规定上报。

③ 应急指挥组根据现场应急情况决定是否增派技术人员、应急物资和应急车辆。

④ 已经指挥组每 24 h 向公司、企业和各级环保部门汇报一次故障处理情况和应急监测情况。

五、保障措施

（1）应急预案组相关人员要保持手机 24 h 开机，保证随时能联系到本人。

（2）物质保障。备品备件、备机要保证及时供应，确保尽快恢复在线设备，降低设备故障影响力。

（3）技术保障。公司常配一支专业技术队伍，聘请若干高级专业技术工程师提供技术支持。

（4）车辆保障。保证在突发事件发生后，应急人员能迅速赶赴现场并及时完成现场应急处置工作。

六、应急终止

符合下列条件之一的，即停止应急处置工作。

（1）在线监测设备故障修复，经校准、校验后正常运行，监测数据已开始正常上传；

（2）企业突发环境污染事故得到全面控制，危害已被彻底消除，无继发可能，事件现场的各种专业应急处置行动已无继续的必要。

七、责任追究

为切实增强责任感，随时做好各项应急准备，对各类环境污染事件和设备重大故障，按照早发现、速报告、快处理的原则，迅速开展污染事件的处置工作，对工作中因迟报、误报、瞒报、推诿、拖沓、对事件不重视等情况贻误污染处置和救援时机，以及违反规定，未经允许，擅自发布、泄露污染事件信息在当地群众及新闻媒体造成不良影响的，依照相关规定，视情节情况，给予相应处罚。

八、存档备案

在线监测设备故障修复或污染事故处理完毕，应急监测结束后，及时归纳、整理，形成总结报告，按照一事一卷要求存档备案，以备后查，并上报有关部门。

九、应急培训与演练

应急预案组定期组织在线运营人员进行培训，培训内容主要涉及在线监测设备的现场抢修、调试和维护以及应急监测等现场处置工作。通过加强日常培训和管理，提高运营人员的应急处置能力，从而更好地应对突发性环境污染事件，保障运营工作顺利开展。

每年由应急预案组指挥组负责定期组织预案组各成员进行有针对性的联合反事故演习，以提高应急人员防范和处置突发环境事件的技能水平，增强实战能力。

十、预案管理与更新

根据国家环保形势的发展，依据相关法律法规的制定、修改和完善，在线设备运营相关政策的改变和调整，以及应急处置工作过程中发现的新问题、新情况，及时修订和完善本预案，保证预案的可行性、合理性和科学性。

第九节　环境安全防控体系建设

一、前言

目前，经济持续快速发展，所面临的环境安全压力越来越大，突发环境事件的影响程度和波及范围也越来越大，为增强应急反应能力，建立健全突发环境事件应急机制，提高应对涉及公共危机的突发环境事件的能力，维护社会稳定，保障公众生命健康和财产安全，保护环境，促进社会全面、协调、可持续发展，建立更加完善的环境安全预警与应急处置指挥体系尤为重要。

济宁市主要可能的发生环境污染事件的类型有：水体污染，大气污染，土壤污染，噪声污染，电磁污染，放射性污染等.这就要求有效应对各类环境突发事件，必须着力防范各种潜在风险，只有建立健全环境安全预警与应急处置指挥体系，统筹搞好常态管理与非常态管理，才能提高趋利避害、化险为夷、转危为安的能力，为全面、协调、可持续发展创造条件。

因此，建设多网联动、快速响应、处理有效的环境安全预警与应急处置指挥系统，进一步提高监控预警能力以及应对突发事件的应急指挥调度和辅助决策能力，具有十分重要的意义。

二、环境安全防控体系建设总体需求

环境安全防控系统包括应急指挥管理系统、重点污染源监控系统、环境风险源监控管理系统、危险化学品监控管理系统、在线监控反向控制、视频监控系统、机动车尾气监控管理系统、手机在线监测系统、短信报警系统、电子地图（谷歌地图、三维 GIS 地图）和电子沙盘演示等系统组成。

环境安全防控体系要求遵照国家应急平台规范标准，充分利用现有资源，环境预警系统与应急指挥系统通过与污染源监控系统、环境质量监控系统、核与辐射监督管理系统、视频监控系统等系统的数据共享，对来自环境质量、污染源以及水文、气象等各类环境信息的全过程进行跟踪、分析和处理，实现对日常环境质量的预警和突发环境事件相关数据采集、事件危机等急判定、决策分析、命令部署、实时通讯沟通、联动指挥、现场支持等功能。面对各类突发环境事件，提高应急指挥和决策分析，提升对各种突发事件的快速反应能力、指挥调度能力和防范处理能力。安全防控体系集成信息处理技术、科学的危机处理方法和现代化的管理手段实现对突发环境事件相关数据的采集、应急指挥、应急处置、应急管理、视频监控系统、地理信息系统等功能。实现日常应急值班与信息处理，事件发生时能按时间处置流程为核心在最短的时间对突发环境事件做出最快的响应，采取合理的预案和有效的措施，事实快速的动员和调度各种资源进行指挥决策，通过信息和资源共享，有效的应对各类突发性环境事件。

三、环境安全防控体系总体建设目标

（1）建立应急指挥管理系统，提高应急指挥和决策分析，提升对各种突发事件的快速反应能力、指挥调度能力和防范处理能力。

（2）建立应急预案、事故处理、空间分析模型、风险源管理、危险化学品管理、基础信息等数据模块，增强安全预警与应急处置指挥的效能；

（3）基于 GIS 地理信息系统打造应急指挥辅助平台，实现应急指挥快速响应、准确定位以及指挥的可视化；

（4）通过标准化业务规范以及统一数据格式，实现应急指挥信息共享和提高指挥联动能力。

四、技术要求及技术参数

（一）应急指挥管理系统

应急指挥管理系统应根据《中华人民共和国环境保护法》、《国家突发环境事件应急预案》要求，结合济宁本地实际情况已建立应对突发环境污染事件工作机制，规范济宁市环保局各部门应急管理工作职责和程序，确保各部门高效、有序地做好突发环境污染事件防范和处置工作。

1. 应急指挥管理系统能够与现有市应急指挥系统无缝对接，实现以下建设目标

（1）建立应急预案、事故处理、空间分析模型、基础信息等数据库，增强安全预警与应急处置指挥的效能；

（2）基于 GIS 地理信息系统打造应急指挥辅助平台，实现应急指挥快速响应、准确定位以及指挥的可视化；

（3）通过标准化业务规范以及统一数据格式，实现应急指挥信息共享和提高指挥联动能力。

2. 应急指挥管理系统建设主要内容

建立基于 GIS 地理信息系统的济宁市环境安全预警与应急处置指挥系统应急软件平台。重点完成应急值守、应急处置、应急管理、应急指挥、应急预警、应急预案及演练、应急保障、事后恢复与重建、数据库系统、视频监控系统、地理信息系统等功能，系统具有强大的信息化处理能力、完备的通讯指挥能力及全面的综合保障能力，提高常态时的应急值守和非常态时的应急处置水平，以及在应急指挥过程中充分利用各部门的应急指挥数据，并从信息化角度提高各部门的指挥联动能力，满足同时处置多起特别重大突发事件需要。

系统建设将重点污染源监测监控平台、大气在线监测监控平台、城镇污水处理厂在线监控平台、视频监控平台、重点河流断面在线监测监控平台、放射源实时在线监控平台、机动车尾气监控管理平台等现有系统进行整合，提高本市预防和处置突发环境事件的能力，控制和减少各类灾害事故造成的损失，提供应急决策和指挥平台，将日常工作与应急指挥工作有机结合。

（二）环境安全防控体系需求分析

1. 环境风险源管理功能

系统提供建立风险源动态管理档案库功能，能够新建、动态维护风险源档案信息，保证风险源信息的准确可靠，为环境安全预警和应急处置提供基础信息。

风险源动态管理功能如下：

（1）风险源信息建立

系统能够提供风险源信息新建功能，各级环保部门建立本级管理的风险源信息库，包括企业的基本信息、地理信息（地址、经纬度等）、环境风险评估、企业生产工艺流程、应急防控技术方案等。

（2）风险源信息维护

系统提供风险源信息修改、删除功能，实现用户动态更新风险源基础信息。

（3）风险源信息分类管理

系统能够按照风险评估等级、风险源类型等关键要素对风险源信息进行分类管理。

（4）风险源信息汇总

风险源信息汇总功能提供各级风险源信息汇总、按类别风险源汇总等功能。

（5）风险源查询

系统提供快速查询和用户自定义条件查询两种 查询方式，便于用户便捷查询到各种类型条件的风险源信息。

（6）风险源统计

提供分类、分级（省、市、县）统计风险源功能。

2．危险化学品管理

按照《全国重点行业企业环境风险及化学品检查工作方案》要求，建立重点行业企业环境风险和化学品档案及数据库。

（1）危险化学品库建立

系统能够提供危险化学品新建功能，包括危险品名称、危险品编码、危险品类别、危险品 UN、危险品别名、化学分子式、外观和性状、数量、危险品描述、处置方法等。

（2）危险化学品分类管理

危险化学品存放地理位置（地址、经纬度等）。

按照危险品类别对危险化学品进行分类管理。

（3）危险化学品查询

系统提供快速查询和用户自定义条件查询两种查询方式，快速查询条件：危险品名称、危险品编码、危险品类别风险源信息。自定义查询：用户自定义查询条件进行查询。

3．应急预案管理功能需求

建立以《济宁突发环境事件应急预案》为总纲，以各县市区应急预案、应急监测预案、重点工业企业应急预案、专项预案为分支，以流域、区域、重点工业企业应急防控工程技术方案、应急指挥操作规程、分类应急操作手册为支撑的应急预案体系。

体系中的重点是作为预案支撑的应急监测预案、企业应急预案和根据不同类型、不同等级、不同因子所制定的应急防控工程技术方案、应急指挥操作规程、分类应急操作手册等。

具体功能要求如下：

（1）建立应急预案库

建立地市应急预案库、应急监测预案库、重点工业企业应急预案库、专项预案库、应急指挥操作规程信息库、流域应急防控技术方案库、区域应急防控技术方案库、重点工业企业应急防控工程技术方案库、分类应急操作手册数据库等。

（2）应急预案库维护

提供新增、修改、删除功能，用户可动态维护应急预案库。

（3）应急预案查询

根据应急预案类别、污染因子等查询相关应急预案及应急指挥操作规程和分类应急操作手册。

（4）应急预案汇总统计

汇总各地市应急预案、应急防控工程技术方案等应急方案，形成全省应急预案信息库，并对各地应急预案进行统计。

（5）系统能够实现应急预案推理、预演功能。

系统实现根据需要选择应急预案，对于使用预案后的事故的发展情况进行推演，以验证当前事故预案适用后的效果及影响，根据推演过程及结果，调整预案的内容并保存。

系统具有任务生成功能，根据经推演、修改的预案和事故案例生成一个任务包，发布给各个事故处理单位，供处理单位使用。

4. 应急处置方法管理

系统能够提供应急处置方法新建、修改、删除功能，形成济宁市应急处置方法管理库，应急处置方法按照污染因子不同进行分类管理，用户可通过系统对应急处置方法进行分类管理，并提供查询、汇总、统计功能。

5. 法律法规管理功能

法律法规包括国家和地方污染标准、环境质量标准、卫生安全防护标准及环境事件应急有关法律、规章、制度，根据需要对标准分类，以便选择符合要求的标准。

（1）系统提供应急法规、标准、制定等信息的导入、编辑、删除、查询等功能。

（2）支持灵活分类，能够根据用户业务需要自定义分类标准，如按行政区划或按事件类型等划分。

（3）能够根据业务需要设定是否支持由权限来过滤登录者权限以外的文档。

6. 事故案例管理功能

事故案例管理模块能够包括应急事故的各种案例，系统提供案例分类管理、快速检索等功能。

对处理结束的事故，能够存入历史事故案例库，进行事故备案管理，为事故预防、应急预案评估和修订、应急能力评估等提供参考依据。

（1）案例详细信息

系统中应包括详细的案例信息参数：事件编码、地区编码、企业编码、危险源名称（企业名称）、事件名称、所在地址、联系人、联系电话、发生时间、结束时间、主要污染物、经度（Y）、纬度（X）、事后总结报告、事件类别等。

（2）案例库检索

系统能够提供案例库信息多主题的查询，如按事件类别、主要污染物、发生时间为条件单独或组合查询。

7. 应急组织机构人员管理需求

系统提供应急组织机构人员管理功能，用户可建立、修改、删除应急组织机构及人员相关信息，形成动态的应急组织机构人员信息库。

8. 环境安全预警功能

环境安全预警子系统主要包括视频监控系统、应急值守系统、预警监测与发布系统三部分。其中安全预警模块与现有的环境监控系统实施对接，实现信息共享；应急值守与12369 报警热线连接。下面对视频监控、应急值守、预警监测需求进行分析。

（1）视频监控功能能够与现有视频监控成功实现对接，实现视频远程连接、多路监控、视频录像、视频检索与回放、云台与镜头控制等功能。

（2）应急值守功能

应急值守功能实现值班管理、12369接警与接警信息管理、信息接报、通讯录管理、领导活动、收文等级、电话记录、工作动态、短信报警等功能。

（3）预警监测与发布功能实现监测信息管理、预测分析、综合判研、超标提示、预警信息汇总统计、预警信息发布等功能。

① 监测信息管理功能：

环境监测信息管理功能实现对环境监测数据进行管理，环境监测数据来源于环境监测中心，系统能够对全市各监测点数据按监测因子种类不同进行管理。系统能够提供监测数据同步、监测数据查询、监测数据汇总、统计分析等功能。

监测数据同步：系统按照监测中心数据采集频度最小值进行监测数据同步更新功能，系统与监测中心的监测数据进行同步，保证实时监控环境变化。监测数据包括：站点名称、监测项、编码、检测值、超标倍数、站点类型、采集时间等。监测数据同步能够实现手动更新、自动更新两种，自动更新频率可自行定义。

监测数据查询：可通过查询功能查找相应的监测数据，查询分为快速查询、分类查询、超标数据查询等。

监测数据汇总：系统将各监测点数据进行汇总管理，形成监测数据库。

监测数据统计分析：系统按统计指标对监测数据进行统计，形成统计报表，报表可输出打印。

② 预测分析功能

环境预警分析功能能够实现将监测数据与"警戒线"进行比对，分析出超标监测点位并自动定位预警级别，能够实现"警戒线"管理、监测值比对、报警级别管理、预警监测点历史数据分析等功能。

"警戒线"管理：系统能够根据行业标注初始化各类污染因子监测临界值，用户可手动维护临界值。

监测数据比对：系统自动对监测数据与临界值进行比对，超过临界值的监测点将触发报警功能，并且系统自动计数出超标倍数以提供数据支持。

报警级别管理：系统能够根据不同超标程度可设定四级报警级别，系统根据预警级别由低到高，颜色依次为蓝色、黄色、橙色、红色。

预警监测点历史数据分析：系统能够实现预警监测点历史数据分析功能，可任意设定时间段起始点（起点用户自定义，终止点为最近的监测数据采集时间点），系统能够对采集时间段中的数据进行分析，并且形成监测点位污染状况趋势图，便于掌握监测点状况提供数据。

③ 分级预警功能：

系统能够实现分级预警功能，对监测超标情况进行自动分级，根据预警等级不同报送到不同的组织机构。如：二氧化硫排放超标程度弱（系统可手工维护设定该标准），超标信息自动报送给应急值守人员。二氧化硫排放强（可设定标准），超标信息报送给应急办主管人员。系统实现分级预警功能提供对超标程度与报送角色进行映射，保证监测超标值及时报送给相关责任人。

④ 综合判研功能

系统能够实现综合判研功能，提供人工核实结果记录功能，人为判断是否触发应急流程。综合判研功能能够自动展现监测点数据和相关联系人信息，便于联系相关责任人对现场情况进行核实，并记录核实结果，确定是否触发应急流程。

监测数据展现及相关联系人关联查询：能够通过系统看见预警点源的监测数据和点源核实负责人信息，便于值守人员及时联系责任人进行污染事件核实。

核实结果记录、级别评估：值守人员对核实反馈信息进行记录，并对污染级别进行评估，判断是否启动应急处理流程。

⑤ 预警提示功能

超标提示手段分为系统提示、手机提示两种。

系统提示：经过预警分析功能发现污染物超标信息能够自动在首页弹出框上进行提示。

手机提示：系统能将超标预警信息自动发送至相关责任收手机上进行提示。

⑥ 预警信息汇总统计功能

系统能够实现对预警信息的汇总、查询，便于预警信息的管理。

按地区预警信息汇总：按地区对预警信息汇总，基于 GIS 展现各地环境超标情况。

按时间段预警信息汇总：按时间段对预警信息汇总，能够以图表形式展现。

9. 环境应急处置指挥管理功能

环境应急处置指挥子系统主要包括应急指挥调度、决策辅助、扩散模型、事故模拟、应急保障、应急演练等系统功能。下面对各功能进行详细需求分析。

（1）应急指挥调度

应急指挥调度系统主要是利用现有通讯工具实现现场指挥调度。支持一对一、一对多等多种通讯方式。

利用卫星多媒体双向通信、视频会议技术和 GPS 技术，在环境应急指挥中心和现场移动应急指挥中心之间建立视频互动联系，实现远程应急指挥。

在系统中设定各种突发事件的响应模式和响应流程，一经触发，立即产生联动响应。

（2）决策辅助

决策辅助系统应包括数据模型分析、技术资料库（化学字典、法律法规等）、应急预案库（预案＋操作规程）、专家库、应急物资库等组成。其主要功能是为应急指挥过程提供技术支持。

① 数据模型分析。

大气、水污染扩散模型分析能够根据污染事故发生的时间、地点、污染类型、气象、水文等信息，通过污染扩散模型预测环境污染的发展趋势，确定污染物在不同时段内的扩散浓度、扩散的范围，生成污染预测图形。

② 应急专家库。应急专家按照应急管理类、工程类、技术类、其他类进行分类，实行分类管理。

③ 应急物资储备库和信息库。建立环境应急物资储备库和信息库存、以重点工业企业及相关部门物资储备的环境应急物资保障体系。应急物资库是一套完整的物资调度管理

系统。系统对各种物资储备情况、地理信息、调运程序、线路规划等进行科学化管理，对重点工业企业及相关部门物资储备情况建立应急物资储备信息库，明确联系人和调集方式。

同时系统为应急指挥提供完整的应急处置方法、化学字典库信息、相关法律法规、地方性政策文件信息和典型案例分析等。

10．地理信息管理功能

主要实现济宁市空间地理信息数据库的建设与维护。包括济宁市矢量图（1∶10 000）、卫片、航片、DEM（数字高程模型）、路网、POI 及三维模型在内的空间信息，并在此基础上结合实际业务需要形成各类专题图，下面对各类专题图功能需求进行分析。

（1）流域应急管理指挥

流域应急管理指挥功能主要承担流域突发污染事件应急处置的技术支持工作。要求能够实现如下功能：

①　济宁市内各流域水文、地理、人文等大量基础信息；

②　流域内主要环境风险源、风险因子评估报告；

③　每条河流分段应急防控工程、技术方案；

④　水污染扩散预测模型；

⑤　GIS 地理信息系统；

⑥　应急物资储备、调度、线路规划；

⑦　应急指挥操作规程、应急响应流程、应急操作手册、分段监管体系等制度和规范性文本；

⑧　三维动态事故模。

（2）重点工业企业应急指挥功能

重点工业企业应急指挥系统实现在企业发生突发事件时为应急指挥工作提供相关技术支持。实现功能如下：

①　系统提供企业完整的风险源档案。

②　提供矢量化的厂区平面图。

③　三维动态显示厂区地下管网及污水流向。

④　企业突发环境事件应急处置操作规程。

该系统作为区域应急指挥的一个支持系统存在。

（3）区域应急指挥功能

区域应急指挥系统实现区域大气环境污染事件所建立的应急管理系统。实现功能如下：

①　区域应急实行网格化管理。

②　系统提供每个网格内的详细人文地理信息。

③　系统能够实现大气污染物扩散模型，及时预测污染物扩散、发展变化趋势。根据模型分析，确定疏散范围、疏散线路规划。

④　系统实现利用三维动态成像技术对污染因子扩散方式进行动态模拟。

（4）饮用水源地管理功能主要是当饮用水源地可能或已经受到影响时作为其他应急指挥系统的辅助系统运行，包括最终汇入地表饮用水源地的电子地图及相关的企业信息和人文、地理等信息。

11．事故影响评估管理功能

系统能够实现事后影响评估，影响评估分为应急档案系统和事后恢复评估系统。其中应急档案系统记录整个突发环境事件应急处置的全过程，为事后的恢复与重建的评估提供依据。

（1）档案归档功能

应急档案管理包括应急归档启动、操作记录归档、通讯语音信息归档、归档模板定义、归档分类、归档汇总统计等功能。

（2）事后恢复评估功能

事后恢复评估初步设计为事后恢复方案管理和事后恢复进度管理，由于应急事后环境评估体制正在建设，系统将随业务建设同步完善应急事后环境评估管理功能。

（三）与现有自动监控平台整合

环境安全防控系统能够与现有监控平台实现无缝整合，能够直接调用现有平台实时监测数据和历史数据，将已建成的环境空气质量自动监控系统、重点监管企业自动监控系统、污水处理厂自动监控系统、地表水水质自动监控、河流断面自动监控系统、机动车尾气监控系统等系统纳入，实现与现有数据库系统的整合以及系统信息同数据库的交互。

重点污染源和环境风险源监控系统具有高可靠性、安全性、高实用性和易用性，能够充分利用现有资源，能够灵活配置性，提供个性化服务，具有高可管理性。

（1）重点污染源和环境风险源监控系统能够从现有监控平台数据数据库中提取数据，显示现场设备实时数据、标准限值、超标范围、数据上传时间、运行状态和故障报警信息。

（2）能够生成各种统计报表，统计时间段：以当前年份或选择的年份为基准，分为按固定时间（日、月、季、年）、任意时间段（跨日、跨月）统计。

统计报表要求如下：

① 统计时间段：以当前年份或选择的年份为基准，分为按固定时间（日、月、季、年）、任意时间段（跨日、跨月）统计；

② 统计范围：单一企业，区域内、行业内或全部企业；

③ 支持模糊查询功能，如查询结果有多项，则列出多项数据列表，供系统用户进一步点选；

④ 系统查出符合条件的企业监测信息时，同时在系统界面上显示以该企业为中心的地图画面。

（3）报警管理约束条件说明

① 报警条件

a. 排放浓度超限；

b. 排放总量超限；

c. 设备运行异常。

② 报警方式

a. 在地图画面上通过特殊图标、颜色和或图标闪烁标识；

b. 数据报表中超标或异常数据用特殊颜色和或特殊字体、字号标识。

（4）异常查询

① 功能说明

a. 根据所选择的异常类型，查询符合条件的企业，并进一步查询异常数据；

b. 根据输入的企业信息以及所选择的异常类型，查询企业的异常数据；

c. 查询某一区域内的所有数据/设备异常企业；

d. 查询某一行业内的所有数据/设备异常企业。

② 输入说明

a. 异常类型：浓度超限、总量超限、设备异常；

b. 企业信息；

c. 行业信息；

d. 区域信息。

③ 输出信息

a. 输出内容：数据/设备异常企业列表；

b. 输出类型：数据表格、导出文件。

（5）超标查询

① 功能说明

a. 输入任意界限数值，如排放浓度、排放总量，查询超出设定界限的企业；

b. 浓度（平均排放浓度）超标企业列表；

c. 总量排放超标企业列表。

② 输入说明

a. 查询时间段；

b. 指标类别：浓度、总量；

c. 界限数值。

③ 输出说明

a. 输出内容：超标企业列表；

b. 输出类型：数据表格、导出文件。

④ 界面需求

通过企业列表信息，可查出相关企业详细信息，以及超标数据的详细信息。

（四）系统要求实现在线监测反向控制，实现在线监测远程监视和远程控制。

1. 废水在线监测：

（1）能够通过 WEB 浏览器即可实现对其所管理的现场端监测监控设备发送远程控制命。实现启动测量、启动停止、启动清洗、启动校正；

实现修改测量时间、测量周期、消解时间、清洗时间、清洗周期、校准时间、校准周期；

实现修改测量模式：周期测量、定时测量、手动测量、连续测量；

实现数据查询功能：通过发送命令提取设备上的历史数据，能够跨年、月、分时段查询，能够提取系统工作日志、系统参数设置；

（2）上传现场设备运行状态：就绪、清洗、校正、进样、测量、排空等。

上传现场设备报警状态：无硫酸汞报警、无重铬酸钾、无硫酸报警、无消解液报警、无标液报警、消解温度异常报警、室内温度异常报警、清空废液报警、湿度报警等。

上传现场设备上电、断电记录。

2. 废气在线监测：

（1）能够通过WEB浏览器即可实现对其所管理的现场端监测监控设备发送远程控制命。

实现启动手动反吹、校零、校满；

实现数据查询功能：通过发送命令提取设备上的历史数据，能够跨年、月、分时段查询，能够提取系统工作日志、系统参数设置；

实现修改反吹周期、反吹时间、自动校零周期、自动校满周期。

（2）上传现场设备运行状态：测量、反吹、校零、校满、排水、冷凝温度等

上传现场设备上电、断电记录。

（五）电子地图

环境安全防控系统电子地图要求具有二维地图（1：10 000）和三维 GIS 地图。系统要求以谷歌地图为基础，结合济宁市环境地理信息系统分别形成图层和单个点的信息库，将地理信息系统与在线系统整合，实现污染源实时数据、运行状态、报警状态和视频监控等基本信息在地图上的展现，能够实现空间数据和相关应急业务属性数据的快速存取和管理功能。

（1）地图中包含有济宁市行政区划图、污染源分布图和监测点位图，能够把空间信息和污染源信息有机地结合起来进行综合管理，直观地将危险源、预案图层、应急场所等应急资源在空间上分布情况以图形方式显示，为济宁市环境安全防控提供更好的服务和支持。

（2）在地图中对济宁市标志建筑物、污染源厂区、监测点位、重点交通要道、重点河流湖泊等进行三维建模，进行三维场景展现，专属图层分层次属性显示，各监控企业按照国控、省控、市控、县控，将企业分类展现，显示企业地理位置（县、市区，经纬度）、建设时间、生产规模、环保批复总量、企业排污口编号，企业现场视频监控、排污口全景和监测站房内照片等静态的基本属性信息。

（3）提供空间和属性数据间的互动查询、检索、定位功能。

（4）系统地图能够实现拉框放大、拉框缩小功能灵活的框选区域放大到整个地图或缩小到合适的地图比例、能够快速放大、快速缩小、调节比例尺调节杆等功能，快速、灵活、方便的调节地图比例尺，并且支持向东、南、西、北四个方向的地图平移，也可使用鼠标自由拖拽地图，系统呈现"所拖即所得"的结果视图。

（5）系统地图能够实现在浏览器上进行距离量算，可进行半径选择，矩形选择，多边形选择，边界选择，对象选择，并能根据所选图形，测量距离和面积。

（6）系统能够与现有视频监控系统相融合，收集现场视频监控的视频摄像头所在位置等地理信息，加载视频摄像头图层，并在地图上显示视频摄像头图层，能够显示当前视频摄像头图层上的视频摄像头信息。

地图中视频监控的选择分两种方式，一种是在地图上，直接点击某一点位的摄像头，二是在地图上画出一个范围，选择这个范围内的全部视频摄像头，选择摄像头后，能够显示摄像头详细信息，能够查看现场视频，并且能够远程控制云台，对现场录像进行回放等功能。

（7）系统地图能够实现动态 GPS 图层的显示功能。通过 GPS 图层，实现对 GPS 车载设备、手持设备等移动目标的工作状态控制和调度，对大量的移动目标具有良好的运行管理策略，要充分评估并保持系统的快速和可靠。

在地图中能够显示 GPS 移动目标，并且能够按照条件查询地图中 GPS 移动目标。查询方式能够实现以下三种方式：一是可以查询地图上指定范围的全部 GPS 移动目标，二是一定的过滤条件进行查询，输入查询条件，如：移动目标编号、分类（车辆/手持设备）、名称、位置、所属单位、属性、状态；三是在地图上指定一定范围，显示指定范围内所有位置 GPS 移动目标等。

在地图中能够实现 GPS 移动目标跟踪显示功能，选择 GPS 移动目标后，可以在当前的地图平台上，单独打开一个地图窗口，跟踪显示这个移动目标。在这个地图窗口中，始终保持这个移动目标的可见，并且对该移动目标具有越界报警等功能

（六）电子沙盘演示系统

三维电子沙盘，又称三维数字地图，三维地理信息系统，是遥感、地理信息系统、三维仿真等高新技术的结合，电子沙盘展示内容广、简单明了，直观的显示济宁市安全防控体系建设全貌。

该系统要求采用国家标准地形图建立数字地面模型，可以准确的按比例还原地貌形，要求采用卫星遥感影象的色彩，利用合理的波段组合和时相选取，可以模拟实地景观，

（1）电子沙盘能够显示济宁市标志性建筑物、主要交通干道、河流、湖泊、重点监控企业、重点监控点位，能够显示地理坐标和高度信息，电子沙盘中包含建筑物、道路、树木、人物等三维设施，建筑物可设计成实景或模拟方式。

（2）沙盘能够实现在三维环境中浏览，高度、角度、俯仰任意控制、在三维电子沙盘中进行任意缩放和漫游、可以模拟飞行，对目标进行全方位的观察分析。

（3）电子沙盘要求实现地形信息检索，可以查询任意某地的地理坐标和海拔高度。

（4）电子沙盘要求实现地形分析和量算，能够在沙盘上面进行距离、面积、体积的量算，进行通视、剖面、淹没等分析。

（5）电子沙盘能够实现案例模拟和应急预案预演功能，能够在电子沙盘上面任意位置进行模拟、预演等，并能够进行路线选择和规划。

（6）实现属性查询功能，可以直接在三维电子沙盘上查询各种信息。

（7）电子沙盘集成 GPS 系统，实现直接在三维电子沙盘上跟踪和调度

五、安全防控体系设计性能要求

安全防控体系具有系统管理、后台管理、权限管理、数据库管理、信息全文检索、数据采集与更新、数据共享与交换、平台监控、信息安全、数据恢复与备份、数据字典等功能。

（1）系统具有管理海量数据的能力，系统性能不能因数据的增长而下降。

（2）系统具有自动识别用户的数据输入错误功能，给出提示和进行相应的处理，具有数据校验和信息反馈机制，保证数据的一致性和完整性。

系统能自动识别相应设备的故障，并给出提示和进行相应的处理。

系统具有运行日志，记录系统的使用情况、运行状况，能够保留故障现场，对可自动修复的故障能够自我修复。

（3）系统的软件体系结构应具有充分的可扩展性，能够随时加入新的相关软件模块，具有统一的用户界面，设置灵活，适应性强。

（4）系统接口技术要求，系统按照国家应急平台总体框架的规划，在重大突发事件发生时，能够接受省级应急指挥系统的指挥和调度，同时能够指挥调度县、市区政府和环保部门。

系统接口能够与相关部门进行衔接，如公安、水利等，通过系统接口方式进行相关数据共享，同时获取系统所需的相关数据，满足济宁市环境应急监控中心指挥和调度的需求。

（5）系统能够存储 5 年以上的备份数据，系统通过与存储设备系统软件的集成，提供导入与查询的功能。

（6）系统能够主要从身份认证、权限控制、数据安全和系统日志等几个方面采取相应的安全策略，具有校验码机制以提高应用系统的安全性，并且具有日志的记录机制，对于每一个系统用户的操作都会进行相应的记录，以便出现问题时，及时追查问题，解决问题。

系统能够实现监测数据同步、监测数据查询、监测数据汇总、统计分析等功能，并且能根据数据情况与界定值进行比对，分析出超标监测点位并自动定位预警级别。

系统能实现综合判研功能，系统能够提供人工核实结果记录功能，人为判断是否触发应急流程。超标预警提示手段分为系统提示、手机提示两种。

第五章　环境污染源自动监控信息、数据传输论述

　　环境监测不仅要做好浓度控制的监测，而且要进一步开展污染物总量控制的监测，环境监督靠监测，环境执法靠监察，污染源在线监控系统建成并运行可以改变环境监督和环境执法的方式，提高环境监督和执法的科学性，克服环保监测和监察人员不足的困难，对加强环境监管具有非常大的促进作用，使环境管理向科学化、规范化进程迈进重要一步，监测数据的重要性日益引起各方面的共同关注。

　　为了我国生态安全和经济社会可持续发展，需要采取严格的污染防治措施，实现排污总量控制，这中间，在线监测设备切实发挥作用，是重要的保证。原国家环保总局《污染源自动监控管理办法》（环保总局 28 号）第四条"自动监控系统经环境保护部门检查合格并正常运行的，其数据作为环境保护部门进行排污申报核定、排污许可证发放、总量控制、环境统计、排污费征收和现场环境执法等环境监督管理的依据，并按照有关规定向社会公开"，进一步规定了污染源自动监控数据的使用范围，即不仅可作为总量核定的依据，也可以作为现场执法等得依据。

　　国务院转批的《主要污染物总量减排监测办法》规定，安装了自动监测设备的污染源可以用自动监测数据计算化学需氧量和二氧化硫排放量，自动监测设备与环保部门联网并实施传输数据的，环保部门据此数据对污染源排放量进行核定。

　　在线监测的对象具有成分复杂，随即多变，时间、空间、量级上分布广泛等特点，因此，环境监测是包含环境监测数据正确可靠的全部活动和措施，监测中要求监测数据具有代表性、完整性、准确性、精密性和可比性，所有这一切给监测数据传输带来一个重要的考验：如何建立起实用性强、覆盖面广、灵活性好的环保数据采集传输系统，满足各方面对环境监测数据的需求。

第一节　环境污染源自动监控信息传输、交换技术

　　为贯彻《中华人民共和国环境保护法》，加强对环境污染源的监督管理，提高对环境污染源的自动监控水平，规范污染源自动监控的数据传输流程，保证污染源自动监控数据的实时、有效传输，为污染源自动监控数据传输、交换提供统一的技术要求，实现污染源自动监控数据资源的信息共享，为环境保护管理和决策提供信息服务，制定环境污染源自动监控信息传输、交换技术，该标准规定了国家级、省级之间的信息交换流程、交换模型，以及环境污染源自动监控系统信息的内容和格式要求。

一、污染源自动监控信息交换方式

1. 上传数据

省级节点自动传输污染源信息到国家级节点。

2. 调用数据

国家级节点调用省级节点数据或者查询省级节点数据。

3. 污染源自动监控信息传输交换总体架构（见图5-1）

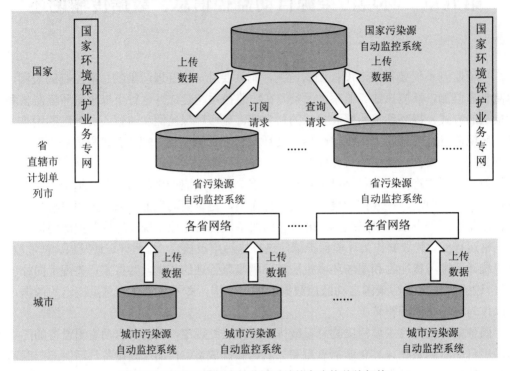

图5-1 环境污染源自动监控系统信息交换总体架构

二、污染源自动监控信息交换模型

污染源自动监控信息交换的流程为：

（1）省级节点登录国家级节点，省级节点使用国家级节点统一颁发的数字证书登录，确认节点身份。

（2）国家级节点和省级节点之间采用如下方式进行数据交换：

省级节点通过定时或实时的方式将数据传输到国家级节点。定时是指省级节点定时将污染源自动监控小时均值、日均值等信息传输至国家级节点；实时是指国家级节点向省级节点发出数据查询请求时，由省级节点将当前实时数据传输至国家级节点。国家级节点主动向省级节点发出数据查询请求，双方通过节点确认身份后，由省级节点将国家级节点所请求的数据传输至国家级节点。

污染源自动监控信息交换流程见图5-2。

三、数据信息交换流程

1. 交换操作

（1）上传数据

省级节点向国家级节点传输数据。传输数据可以是一个或多个数据，数据报文包括：

报文头、包文体。

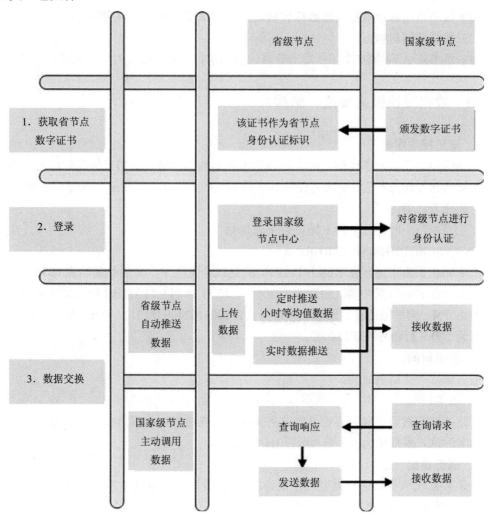

图 5-2 国家级节点与省级节点之间信息交换模型图

（2）查询要求

国家级节点向省级节点发出调用数据传输请求。

（3）查询响应

省级节点对查询请求响应。

（4）订阅查询

一个省级节点向另一个省级节点发出数据传输请求。

（5）订阅响应

省级节点对订阅请求的响应，订阅响应包含订阅的数据报文。

2. 交换流程

（1）上传数据

省级节点向国家级节点传输数据流程，省级节点与国家级节点之间的数据交换使用国家级节点颁发的数字证书进行身份认证。

（2）数据查询与响应

国家级节点向省级节点发出数据传输请求，省级节点对查询响应的流程。

（3）数据订阅与响应

由省级节点 A 向省级节点 B 发出数据传输请求，省级节点 B 对订阅请求响应的流程。

四、数据交换报文规范、结构

1. 消息接收序号

污染源自动监测数据传输发起方与响应方之间数据交换时数据包的匹配序号。消息序号由数据传送发起方产生，响应方在消息序号的基础上加 1，其采用 21 个字节长的可见字符串，构成方式为：

年＋月＋日＋时＋分＋秒＋随机数＋累加数

YYYYMMDDHHMMSSRRRRnnn

其中随机数为十进制表示的小于 9999 的随机产生数字，累加数起始为 001。

若某一个省的数据传输发起时间为 2006 年 12 月 24 日 9 时 38 分 13 秒、随机数为 1234、累加数为 001，则数据传输的发起消息序号为：200612240938131234001；响应方产生的消息序号为 200612240938131234002。

2. 服务时间

服务请求产生时的时间。

3. 服务时限

规定接收方对数据包内容定义的业务操作的应答时间，单位为秒。服务时限的开始时间为服务时间，若取值为 0，则表示没有时间限制。

4. 服务类型

表示数据包承载信息的类型，分别为："上传数据"、"查询请求"、"查询响应"、"订阅请求"、"订阅响应"等。

具体说明如下：

上传数据：省级节点主动传输数据到国家级节点的服务。

查询请求：国家级节点请求省级节点的查询服务。

查询响应：省级节点对国家级节点的查询响应服务。

订阅请求：由省级节点 A 通过国家级节点向省级节点 B 发出的订阅请求服务。

订阅响应：省级节点 B 通过国家级节点对发出请求的省级节点 A 的订阅响应服务。

服务类型可以根据需要扩充。

5. 服务优先级

表示数据包在网络传输交换以及系统处理时的优先级。一般分为 5 级，级数越高，优先级越高。若请求数据包规定服务优先级为 5 级，则响应数据包的服务优先级也为 5 级。

6. 回执要求

定义是否需要接收方给出回执表示对方已经收到数据包。0 表示不需要回执，1 表示需要回执，缺省值为 0。当数据包信息类型为管理类信息时，不需要回执。

五、数据安全保障

1. 身份认证

采用颁发数字证书的方式进行身份认证。由国家级节点为省级节点颁发数字证书，省级节点使用证书信息登录，完成身份认证，如图 5-3 所示。

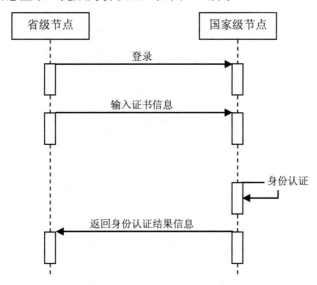

图 5-3　身份认证流程图

2. 加密传输

国家级节点采用 SSL 配置的方式，要求省级节点使用 HTTPS 的方式登录到国家级节点，通过身份认证后，对数据加密传输。可以根据情况采用其他方式加密传输。

3. 签名

在数据传输过程中，要求传输节点加入数据签名信息。签名信息元素表示对数据元素内容的摘要进行签名。

4. 数据一致性

数据传输过程中，要求保证数据一致性。当出现同一条数据重复传输时，以最后一条数据为准，传输时间以国家级节点时间为准。

六、污染源自动监控信息

1. 污染源自动监控信息结构（见图 5-4）

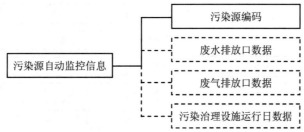

图 5-4　污染源自动监控信息结构

2. 污染源基本信息

污染源基本信息包括新增或变更信息，由省级节点上报国家级节点，其结构见图 5-5。

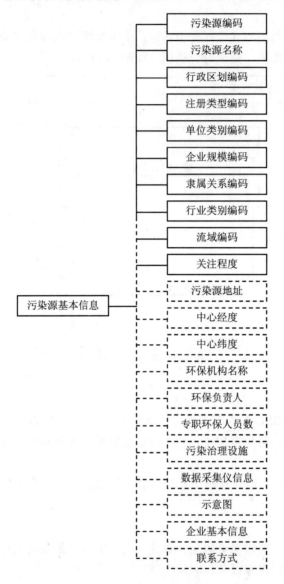

图 5-5　污染源基本信息

3. 废水排放口基本信息（见图 5-6）

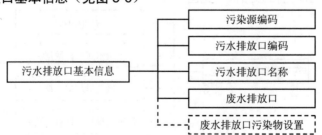

图 5-6　废水排放口基本信息

废水排放口结构见图 5-7。

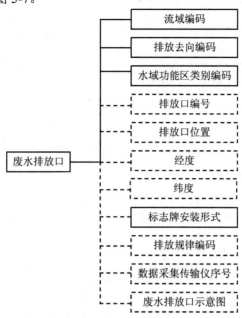

图 5-7　废水排放口结构

4．废气排放口基本信息（见图 5-8）

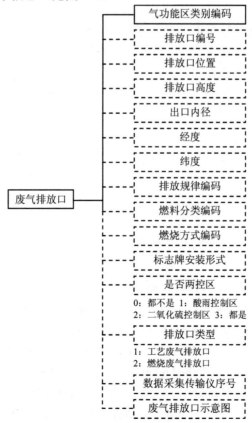

图 5-8　废气排放口基本信息

废气排放口污染物设置结构见图 5-9。

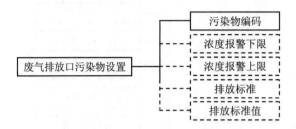

图 5-9 废气排放口污染物设置结构

第二节 污染源在线自动监控（监测）系统数据传输标准

为贯彻《中华人民共和国环境保护法》，指导污染源在线自动监控（监测）系统的建设，规范数据传输，保证各种环境监控监测仪器设备、传输网络和环保部门应用软件系统之间的连通，制定本标准。本标准规定了污染源在线自动监控（监测）系统中监控中心（上位机）和自动监控设备（现场机）之间数据通信、控制和报警等信息的传输协议。

一、系统结构

污染源自动监控系统从底层逐级向上可分为现场机、传输网络和上位机三个层次。上位机通过传输网络与现场机交换数据、发起和应答指令。

自动监控设备有两种构成方式：

（1）一台（套）现场机集自动监控（监测）、存储和通信传输功能为一体，可直接通过传输网络与上位机相互作用。

（2）现场有一套或多套监控仪器、仪表，监控仪器、仪表具有模拟或数字输出接口，连接到独立的数据采集传输仪，上位机通过数据采集传输仪实现数据交换和收发指令。

（3）协议层次。

数据传输通信协议对应于 ISO/OSI 定义的 7 层协议的应用层，在基于不同传输网络的现场机与上位机之间提供交互通信。

基础传输层依据不同的传输网络可有两类实现方式：

① 基于 TCP/IP 协议的，此方式的使用建立在 TCP/IP 基础之上。常用如：

通用无线分组业务（General Packet Radio Service，GPRS）；

非对称数字用户环路（Asymmetrical Digital Subscriber Loop，ADSL）；

码分多址（Code Division Multiple Access，CDMA）等。

② 基于非 TCP/IP 协议的，此类方式的使用建立在相关通信链路上。常用如：

公共电话交换网（Public switched telephone network，PSTN）与短消息数据通信等。

应用层依赖于所选用的传输网络，在选定的传输网络上进行应用层的数据通信，在基础传输层已经建立的基础上，整个应用层的协议和具体的传输网络无关。本标准体现通信介质无关性。

二、协议层次

1．应答模式

完整的命令由请求方发起，响应方应答组成，具体步骤如下：

① 请求方发送请求命令给响应方；

② 响应方接到请求命令后应答，请求方收到应答后认为连接建立；

③ 响应方执行请求的操作；

④ 响应方通知请求方请求执行完毕，没有应答按超时处理；

⑤ 命令完成。

2．超时重发机制

（1）请求回应的超时

一个请求命令发出后在规定的时间内未收到回应，认为超时。

超时后重发，重发规定次数后仍未收到回应认为通信不可用，通信结束。

超时时间根据具体的通信方式和任务性质可自定义。

超时重发次数根据具体的通信方式和任务性质可自定义。

（2）执行超时

请求方在收到请求回应（或一个分包）后规定时间内未收到返回数据或命令执行结果，认为超时，命令执行失败，结束。

表 5-1　缺省超时定义表（可扩充）

通信类型	缺省超时定义/s	重发次数
GPRS	10	3
PSTN	5	3
CDMA	10	3
ADSL	5	3
短信	30	3

3．通信协议数据结构

所有的通信包都是由 ACSII 码字符组成（CRC 校验码除外）。

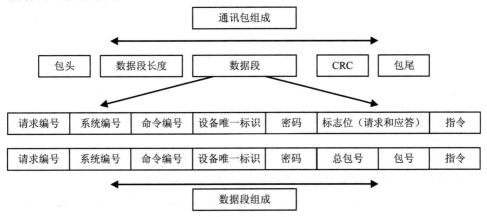

图 5-10　通信包的组成

（1）通信包结构组成

表 5-2　通信包结构组成

名称	类型	长度	描述
包头	字符	2	固定为##
数据段长度	十进制整数	4	数据段的 ASCII 字符数例如：长 255，则写为"0255"
数据段字符	字符	0≤n≤1 024	变长的数据（短信为 140）
CRC 校验	十六进制整数	4	数据段的校验结果，如 CRC 错，即执行超时
包尾	字符	2	固定为<CR><LF>（回车、换行）

（2）数据段结构组成

表 5-3　数据段结构组成

名称	类型	长度	描述
请求编号 QN	字符	20	精确到毫秒的时间戳：QN=YYYYMMDDHHMMSSZZZ，用来唯一标识一个命令请求，用于请求命令或通知命令
总包号 PNUM	字符	4	PNUM 指示本次通信总共包含的包数
包号 PNO	字符	4	PNO 指示当前数据包的包号
系统编号 ST	字符	5	ST=系统编号
命令编号 CN	字符	7	CN=命令编号
访问密码	字符	6	PW=访问密码
设备唯一标识 MN	字符	14	MN=监测点编号，这个编号下端设备需固化到相应存储器中，用作身份识别。编码规则：前 7 位是设备制造商组织机构代码的后 7 位，后 7 位是设备制造商自行确定的此类设备的唯一编码
是否拆分包及应答标志 Flag	字符	3	目前只用两个 Bit `0 0 0 0 0 0 0 D A` AA：数据是否应答；Bit：1—应答，0—不应答；D：是否有数据序号；Bit：1—数据包中包含包序号和总包号两部分，0—数据包中不包含包序号和总包号两部分；如：Flag=3 表示拆分包并且需要应答
指令参数	CP	字符	0≤n≤960，CP=&&数据区&&

（3）数据区

① 结构定义

字段与其值用"="连接；在数据区中，同一项目的不同分类值间用","来分隔，不同项目之间用"；"来分隔。

② 字段定义

字段名：字段名要区分大小写，单词的首个字符为大写，其他部分为小写。

数据类型：

C4：表示最多 4 位的字符型字串，不足 4 位按实际位数；

N5：表示最多 5 位的数字型字串，不足 5 位按实际位数；

N14.2：用可变长字符串形式表达的数字型，表示 14 位整数和 2 位小数，带小数点，带符号，最大长度为 18；

YYYY：日期年，如 2005 表示 2005 年；

MM：日期月，如 09 表示 9 月；

DD：日期日，如 23 表示 23 日；

HH：时间小时；

MM：时间分钟；

SS：时间秒；

ZZZ：时间毫秒。

4．通信流程

（1）请求命令（四步或者三步）

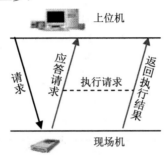

图 5-11　请求命令示意图

（2）上传命令（一步）

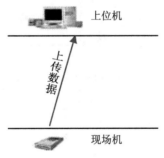

图 5-12　上传命令示意图

（3）通知命令（两步）

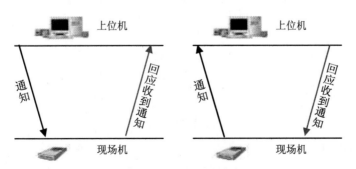

图 5-13　通知命令示意图

（4）代码定义

表 5-4　系统编码表（可扩充）

系统名称	系统编号	描述
地表水监测	21	
空气质量监测	22	
区域环境噪声监测	23	
大气环境污染源	31	
地表水体环境污染源	32	
地下水体环境污染源	33	
海洋环境污染源	34	
土壤环境污染源	35	
声环境污染源	36	
振动环境污染源	37	
放射性环境污染源	38	
电磁环境污染源	41	
系统交互	91	用于现场机和上位机的交互

表 5-5　执行结果定义表（可扩充）

编号	描述	备注
1	执行成功	
2	执行失败，但不知道原因	
100	没有数据	

表 5-6　请求返回表（可扩充）

编号	描述	备注
1	准备执行请求	
2	请求被拒绝	
3	密码错误	

表 5-7　命令列表（可扩充）

命令名称	命令编号		命令类型	描述
	上位向现场	现场向上位		
初始化命令				
设置超时时间与重发次数		1000	请求命令	
设置超限报警时间		1001	请求命令	
预留初始化命令			预留命令	范围 1002~1010
参数命令				
提取现场机时间	1011		请求命令	用于同步上位机和现场机的系统时间
上传现场机时间		1011	上传命令	

命令名称	命令编号		命令类型	描述
	上位向现场	现场向上位		
设置现场机时间	1012		请求命令	用于同步上位机和现场机的系统时间
提取污染物报警门限值	1021		请求命令	用于污染物超标报警
上传污染物报警门限值		1021	上传命令	
设置污染物报警门限值	1022		请求命令	
提取上位机地址	1031		请求命令	提取上位机地址
上传上位机地址		1031	上传命令	上传上位机地址
设置上位机地址	1032		请求命令	指定上位机地址
提取数据上报时间	1041		请求命令	提取数据上报时间
上传数据上报时间		1041	上传命令	上传数据上报时间
设置数据上报时间	1042		请求命令	指定数据上报时间
提取实时数据间隔	1061		请求命令	提取实时数据间隔
上传实时数据间隔		1061	上传命令	上传实时数据间隔
设置实时数据间隔	1062		请求命令	指定实时数据间隔
设置访问密码	1072		请求命令	
交互命令				
请求应答		9011		用于现场机回应上位机的请求。例如是否执行请求
操作执行结果		9012		用于现场机回应上位机的请求的执行结果
通知应答	9013	9013	回应通知命令	
数据应答	9014	9014	数据应答命令	
数据命令				
实时数据				
取污染物实时数据	2011		请求命令	
上传污染物实时数据		2011	上传命令	
停止察看实时数据	2012		通知命令	告诉现场机停止发送实时数据
设备状态				
取设备运行状态数据	2021		请求命令	
上传设备运行状态数据		2021	上传命令	
停止察看设备运行状态	2022		通知命令	告诉现场机停止发送设备运行状态数据
历史数据				
取污染物日历史数据	2031		请求命令	
上传污染物日历史数据		2031	上传命令	
取设备运行时间日历史数据	2041		请求命令	
上传设备运行时间日历史数据		2041	上传命令	

命令名称	命令编号		命令类型	描述
	上位向现场	现场向上位		
分钟数据（可以自定义分钟间隔数，例如 5 min 或 10 min）				
取污染物分钟数据	2051		请求命令	
上传污染物分钟数据		2051	上传命令	
小时数据				
取污染物小时数据	2061		请求命令	
上传污染物小时数据		2061	上传命令	
报警数据				
取污染物报警记录	2071		请求命令	
上传污染物报警记录		2071	上传命令	
上传报警事件		2072	通知命令	用于现场机采样值超过报警门限时向上位机报警
控制命令				
校零校满	3011		请求命令	
即时采样命令	3012		请求命令	
设备操作命令	3013		请求命令	
设置设备采样时间周期	3014		请求命令	
预留控制命令				预留命令范围 3015—3099

第三节　污染源在线自动监控（监测）数据采集传输仪技术要求

数据采集仪是环境监控系统的重要组成部分，具有数据收集、存储、传输、报警、命令反控等功能。数据采集仪与现场监测仪表连接，采集监测结果，并进行数据的处理与存储，并将各项数据如瞬时值、平均值、最小值、最大值以及环保设施的运行监测等，以如GPRS/CDMA、以太网等方式通过网络传输层实时传送到控制中心的通信服务器，从而监控中心可以远距离的监控、监测。

一、术语和定义

1．污染源自动监控（监测）系统
由对污染源主要污染物排放实施监控的数据收集子系统和信息综合子系统组成的系统。

2．数据采集传输仪
指用于采集、存储各种类型监测仪表的数据，并具有向上位机传输数据功能的单片机系统、工控机、嵌入式计算机或可编程控制器等。

3．上位机
指安装在各级环保部门，有权对数据采集传输仪发送规定的指令、接收数据采集传输仪的数据和对数据进行处理的系统，包括计算机信息终端设备、监控中心系统等。

4．监测仪表

指安装于监测站点的在线自动监测仪表，如流量计、COD 监测仪、烟气监测仪等。

5．数字通道

指数据采集传输仪的数字输入、输出通道，用于接收监测仪表的数据、状态和向监测仪表发送控制指令，实现数据采集传输仪与监测仪表的双向数据传输。

6．模拟通道

指数据采集传输仪的模拟输入通道，用于采集监测仪表等的模拟输出信号。

7．开关量通道

指数据采集传输仪的开关量输入通道，用于采集污染治理设施等的运行状态。

8．小时数据

指数据采集传输仪以 1 h 为单位采集并存储的数据，包括 1 h 内的平均值、最大值、最小值等。

二、技术要求

（1）数据采集传输仪工作原理

数据采集传输仪通过数字通道、模拟通道、开关量通道采集监测仪表的监测数据、状态等信息，然后通过传输网络将数据、状态传输至上位机；上位机通过传输网络发送控制命令，数据采集传输仪根据命令控制监测仪表工作。

（2）性能指标要求

数据采集传输仪性能指标应符合表 5-8 的要求。

表 5-8 数据采集传输仪性能指标

项　目	性能要求	检测方法
通信协议	符合 HJ/T 212 要求	见本书 p201
数据采集误差	≤1‰	
系统时钟计时误差	±0.5‰	
存储容量	至少存储 14 400 条记录	
控制功能	能通过上位机控制监测仪表进行即时采样和设置采样时间	见本书 p201
平均无故障连续运行时间（MTBF）	1 440 h 以上	
绝缘阻抗	20MΩ以上	

（3）仪器外观要求

数据采集传输仪表面不应有明显划痕、裂缝、变形和污染，仪器表面涂镀层应均匀，不应起泡、龟裂、脱落和磨损。

（4）通信方式要求

数据采集传输仪应至少具备下列通信方式之一：

① 无线传输方式，通过 GPRS、CDMA 等无线方式与上位机通信，数据采集传输仪应能通过串行口与任何标准透明传输的无线模块连接。

② 以太网方式，直接通过局域网或 Internet 与上位机通信。

③ 有线方式，通过电话线、ISDN 或 ASDL 方式与上位机通信。

（5）构造要求

数据采集传输仪从功能上可由数据采集单元、数据存储单元、数据传输单元、电源单元、接线单元、显示单元和壳体组成。

① 数据采集单元应满足如下要求

应至少具备 5 个 RS232（或 RS485）数字输入通道，用于连接监测仪表，实现数据、命令双向传输。

应至少具备 8 个模拟量输入通道，应支持 4～20 mA 电流输入或 1～5V 电压输入，应至少达到 12 位分辨率。

应至少具备 4 个开关量输入通道，用于接入污染治理设施工作状态。开关量电压输入范围为 0～5V。

② 数据存储单元

用于存储所采集到的监测仪表的实时数据和历史数据，存储容量应符合表 5-8 的要求，存储单元应具备断电保护功能，断电后所存储数据应不丢失。

③ 数据传输单元

数据传输单元应采用可靠的数据传输设备，保证连续、快速、可靠地进行数据传输；与上位机的通信协议应符合 HJ/T 212 要求，通信方式应符合本章技术要求。

④ 电源单元

负责将 220V 交流电转换为直流电，为控制主板提供电源，要求具备防浪涌、防雷击功能，要求在输入电压变化±15%条件下保持输出不变。

⑤ 接线单元

用于实现监测仪表与数据采集传输仪的连接，要求采用工业级接口，接线牢靠、方便，便于拆卸，接线头应被相对密封，防止接线头腐蚀、生锈和接触不良。

⑥ 显示单元

数据采集传输仪应自带显示屏，应能显示所连接监测仪表的实时数据、小时均值、日均值和月均值，还应能够显示污染物的小时总量、日总量和月总量。

⑦ 壳体

数据采集传输仪壳体应坚固，应采用塑料、不锈钢或经处理的烤漆钢板等防腐材料制造壳体应密封，以防水、灰尘、腐蚀性气体进入壳体腐蚀控制电路。

（6）数据采集传输仪适应温度环境的能力应符合 GB/T 6587.2 的要求，适应湿度环境的能力应符合 GB/T 6587.3 的要求，抗振动性能应符合 GB/T 6587.4 的要求，抗电磁干扰能力应符合 GB/T 1762.2、GB/T 1762.4、GB/T 1762.5 的有关要求。

（7）仪器应自带备用电池或配装不间断电源（UPS），在外部供电切断情况下能保证数据采集传输仪连续工作 6 h，并且在外部电源断电时自动通知上位机或维护人员。数据采集传输仪必须能够在供电（特别是断电后重新供电）后可靠地自动启动运行，并且所存数据不丢失。

（8）数据采集传输仪应具有数据导出功能，可通过磁盘、U 盘、存储卡或专用软件导出数据。

（9）数据采集传输仪应具有看门狗复位功能，防止系统死机。

（10）数据采集传输仪如果采用工控机，应具有硬件/软件防病毒、防攻击机制。

（11）数据采集传输仪应具备保密功能，能设置密码，通过密码才能调取相关的数据资料。

三、检测条件

（1）检测环境

检测期间，环境温度在 5～40℃，相对湿度在 90%以下，大气压力在 86～106 kPa。电源电压 220 V±10%，频率 50 Hz ±1%。

（2）检测准备

① 将数据采集传输仪安装好，与监测仪表、传输模块连接好，数字输入通道、模拟输入通道、开关量输入通道至少各接一路。

② 按照数据采集传输仪说明书要求完成相关设置，并加电预热。

（3）性能检测方法

① 通信协议

在（1）检测条件下，分别测试 HJ/T 212 中规定的初始化命令、参数命令、数据命令和控制命令，数据采集传输仪的响应应符合 HJ/T 212 的规定。

② 数据采集误差

在（1）检测条件下，将监测仪表（可用标准电流源模拟）的模拟输出信号通过模拟通道接入到数据采集传输仪，然后通过上位机察看实时数据，在监测仪表的量程范围内改变数据，分别记录三次数据的监测仪表显示值 VS_1、VS_2、VS_3 和上位机显示值 VT_1、VT_2、VT_3。按下式计算采集误差 ΔV：

$$\Delta V= \max\left(\left|(VT-VS)\right|, \left|(VT-VS)\right|, \left|(VT-VS)\right|\right)/M \times 1\,000‰ \qquad (5\text{-}1)$$

式中：M——监测仪表的测量范围（量程）；

　　　VT_1、VT_2、VT_3——上位机显示值；

　　　VS_1、VS_2、VS_3——监测仪表显示值。

③ 系统时钟计时误差

按照说明书根据标准时钟对数据采集传输仪进行对时，在（1）检测条件下连续运行 48 h，计算数据采集传输仪走过的时间（s）和标准时钟走过的时间（s），按下式计算计时误差 Δt：

$$\Delta t= (T_h - T_s)/T \times 1\,000‰ \qquad (5\text{-}2)$$

④ 存储容量

将数据采集传输仪连接好，按 1 min 间隔存储数据，记录污染物浓度、流量和总量 3 个参数，在 5.1 的检测条件下，不断电连续运行 80 h，在上位机提取分钟历史数据，应能完整显示 80 h3 个参数的分钟数据（共 14 400 条记录）。

⑤ 控制功能

将间歇采样的监测仪表通过数字通道与数据采集传输仪连接，在上位机发送即时采样控制指令，监测仪表应能正确响应；通过上位机设置监测仪表的采样时间，监测仪表应该能按照设定时间进行采样。

⑥ 平均无故障连续运行时间（MTBF）

将数据采集传输仪连接好，以 1 h 为单位存储数据，在（1）的检测条件下，不断电连续运行 60 d，运行期间应无任何故障；从上位机提取历史数据，应能完整显示 60 d 的小时数据。

⑦ 绝缘阻抗

在正常环境下，在关闭数据采集传输仪电路状态时，采用计量检定合格的阻抗计（直流 500V 绝缘阻抗计）测量电源相与机壳（接地端）之间的绝缘阻抗。

四、标志

（一）应在数据采集传输仪外壳的显著位置按国家有关规定标示以下事项

① 数据采集传输仪的名称和型号；
② 使用环境温度范围；
③ 电源类别和容量；
④ 生产企业名称和地址；
⑤ 生产日期和生产批号。

（二）操作说明书

数据采集传输仪的操作说明书应至少说明以下事项：
① 安装场所的选择；
② 适用环境；
③ 信号输入类型；
④ 使用方法；
⑤ 维护检查方法；
⑥ 常见故障的解决方法；
⑦ 其他使用上应注意的事项。

第六章 在线监测设备数据有效性的判别

第一节 水污染源在线监测系统数据有效性判别技术规范

一、数据质量要求

数据有效性指从在线监测系统中所获得的数据经审核符合质量保证和质量控制要求，在质量上能与标准方法可比。与标准方法比对，除流量外，运行维护人员每月应对每个站点所有自动分析仪至少进行 1 次自动监测方法与实验室标准方法的比对试验，试验结果应满足 HJ/T 355—2007 标准的要求。

1. 化学需氧量（COD_{Cr}）水质在线自动监测仪

以化学需氧量（COD_{Cr}）水质在线自动监测方法与实验室标准方法 GB 11914 进行现场 COD_{Cr} 实际水样比对试验，比对过程中应尽可能保证比对样品均匀一致。比对试验总数应不少于 3 对，其中 2 对实际水样比对试验相对误差（A）应满足 HJ/T 355—2007 表 1 规定的要求。实际水样比对试验相对误差（A）公式如下：

$$A = \frac{X_n - B_n}{B_n} \times 100\% \tag{6-1}$$

式中：A——实际水样比对试验相对误差；

$\quad\quad X_n$——第 n 次测量值；

$\quad\quad B_n$——实验室标准方法的测定值；

$\quad\quad n$—— 比对次数。

2. 总有机碳（TOC）水质自动分析仪

若将 TOC 水质自动分析仪的监测值转换为 COD_{Cr} 时，用 COD_{Cr} 的实验室标准方法 GB 11914 进行实际水样比对试验。对于排放高氯废水（氯离子浓度在 1 000～20 000 mg/L）的水污染源，实验室化学需氧量分析方法采用 HJ/T 70。比对过程中应尽可能保证比对样品均匀一致。比对试验总数应不少于 3 对，其中 2 对实际水样比对试验相对误差（A）应满足 HJ/T 355—2007 表 1 规定的要求。实际水样比对试验相对误差（A）公式如下：

$$A = \frac{X_n - B_n}{B_n} \times 100\% \tag{6-2}$$

式中：A ——实际水样比对试验相对误差；

X_n——第 n 次测量值；

B_n——实验室标准方法的测定值；

n—— 比对次数。

3. 紫外（UV）吸收水质自动在线监测仪

若将紫外（UV）吸收水质自动在线监测仪的监测值转换为 COD_{Cr} 时，用 COD_{Cr} 的实验室标准方法 GB 11914 进行实际水样比对试验。对于排放高氯废水（氯离子浓度在 1 000~20 000 mg/L）的水污染源，实验室化学需氧量分析方法采用 HJ/T 70。比对过程中应尽可能保证比对样品均匀一致。比对试验总数应不少于 3 对，其中 2 对实际水样比对试验相对误差（A）应满足 HJ/T 355—2007 表 1 规定的要求。实际水样比对试验相对误差（A）公式如下：

$$A = \frac{X_n - B_n}{B_n} \times 100\% \qquad (6\text{-}3)$$

式中：A ——实际水样比对试验相对误差；

X_n——第 n 次测量值；

B_n——实验室标准方法的测定值；

n—— 比对次数。

4. 氨氮水质自动分析仪

分别以氨氮水质自动分析方法与实验室标准方法 GB 7479 或 GB 7481 进行实际水样比对试验，比对过程中应尽可能保证比对样品均匀一致。比对试验总数应不少于 3 对，其中 2 对实际水样比对试验相对误差（A）应满足 HJ/T 355—2007 表 1 规定的要求。实际水样比对试验相对误差（A）公式如下：

$$A = \frac{X_n - B_n}{B_n} \times 100\% \qquad (6\text{-}4)$$

式中：A ——实际水样比对试验相对误差；

X_n——第 n 次测量值；

B_n——实验室标准方法的测定值；

n—— 比对次数。

5. 总磷水质自动分析仪

以总磷水质自动分析方法与实验室标准方法 GB 11893 进行实际水样比对试验，比对过程中应尽可能保证比对样品均匀一致。比对试验总数应不少于 3 对，其中 2 对实际水样比对试验相对误差（A）应满足 HJ/T 355—2007 表 1 规定的要求。实际水样比对试验相对误差（A）公式如下：

$$A = \frac{X_n - B_n}{B_n} \times 100\% \qquad (6\text{-}5)$$

式中：A ——实际水样比对试验相对误差；

X_n——第 n 次测量值；

B_n——实验室标准方法的测定值；

n—— 比对次数。

6. pH 水质自动分析仪

pH 水质自动分析方法与标准方法 GB 6920 分别测定实际水样的 pH 值，实际水样比对试验绝对误差控制在±0.5 pH。

7. 温度

进行现场水温比对试验，以在线监测方法与标准方法 GB 13195 分别测定温度，变化幅度控制在±0.5℃。

8. 质控样试验

运行维护人员每月应对每个站点所有自动分析仪至少进行 1 次质控样试验，采用国家认可的两种浓度的质控样进行试验，一种为接近实际废水浓度的质控样品，另一种为超过相应排放标准浓度的质控样品，每种样品至少测定 2 次，质控样测定的相对误差不大于标准值的±10%。

二、校验

1. 日常校验

每月除进行规定的实际水样比对试验和质控样试验外，每季度还应进行现场校验，现场校验可采用自动校准或手工校准。现场校验内容还包括重复性试验、零点漂移和量程漂移试验。不同监测项目校验规范参见相应的标准方法执行。

（1）pH 值水质自动分析仪校验方法详见 HJ/T 96—2003 第八章。

（2）化学需氧量（COD_{Cr}）水质在线自动监测仪校验方法详见 HJ/T 377—2007。

（3）总有机碳（TOC）水质自动分析仪校验方法详见 HJ/T 104—2003 第九章。

（4）氨氮水质自动分析仪校验方法详见 HJ/T 101—2003 第八章。

（5）总磷水质自动分析仪校验方法详见 HJ/T 103—2003 第八章。

（6）紫外（UV）吸收水质自动在线监测仪校验方法详见 HJ/T 191—2005 第七章。

（7）当仪器发生严重故障时，经维修后在正常使用和运行之前亦应对仪器进行一次校验。

（8）校验的结果应满足 HJ/T 355—2007 表 1 技术要求。

（9）在测试期间保持设备相对稳定，做好测试记录和调整、校验、维护记录。

（10）此处未提及的校验内容，参照相关仪器说明书要求执行。

2. 重复性试验

除流量外，运行维护人员每季度应对每个站点所有自动分析仪至少进行 1 次重复性检查，结果应满足本标准要求。

化学需氧量（COD_{Cr}）水质在线自动监测仪、总磷水质自动分析仪和氨氮水质自动分析仪的光度法 6 次量程测定值相对标准偏差控制在±10%。总有机碳（TOC）水质自动分析仪和氨氮水质自动分析仪的电极法 6 次量程测定值的相对标准偏差控制在±5%。紫外（UV）吸收水质自动在线监测仪 6 次量程测定值的相对标准偏差控制在±4%。pH 水质自动分析仪测定 pH＝4.00、pH＝6.86 和 pH＝9.86 标准液 6 次，仪器所示的 pH 值变化幅度控制在±0.1pH 以内。

三、数据有效性

按照《水污染源在线监测系统数据有效性判别技术规范》的相关规定确定数据的有效性。

（1）未通过数据有效性审核的自动监测数据无效，不得作为总量核定、环境管理和监督执法的依据。

（2）当流量为零时，所得的监测值为无效数据，应予以剔除。

（3）监测值为负值无任何物理意义，可视为无效数据，予以剔除。

（4）在自动监测仪校零、校标和质控样试验期间的数据作无效数据处理，不参加统计，但对该时段数据作标记，作为监测仪器检查和校准的依据予以保留。

（5）自动分析仪、数据采集传输仪及上位机接收到的数据误差大于 1%时，上位机接收到的数据为无效数据。

（6）监测值如出现急剧升高、急剧下降或连续不变时，该数据进行统计时不能随意剔除，需要通过现场检查、质控等手段来识别，再做处理。

（7）具备自动校准功能的自动监测仪在校零和校标期间，发现仪器零点漂移或量程漂移超出规定范围，应从上次零点漂移和量程漂移合格到本次零点漂移和量程漂移不合格期间的监测数据作为无效数据处理。

（8）从上次比对试验或校验合格到此次比对试验或校验不合格期间的在线监测数据作为无效数据，按本标准相关规定进行缺失数据处理。

（9）有效日均值是对应于以每日为一个监测周期内获得的某个污染物（COD、NH$_3$-N、TP）的多个有效监测数据的平均值。在同时监测污水排放流量的情况下，有效日均值是以流量为权的某个污染物的有效监测数据的加权平均值；在未监测污水排放流量的情况下，有效日均值是某个污染物的有效监测数据的算术平均值。

有效日均值的加权平均值计算公式如下：

$$日均值 = \frac{\sum_{i=n}^{n} C_i Q_i}{\sum_{i=n}^{n} Q_i} \tag{6-6}$$

式中：C_i——某污染物的有效监测数据，mg/L；

Q_i——C_i 和 C_{i+1} 2 次有效监测数据中间时段的累积流量，m^3。

四、缺失数据的处理

1. 缺失水质自动分析仪监测值

缺失 COD、NH$_3$-N、TP 监测值以缺失时间段上推至与缺失时间段相同长度的前一时间段监测值的算术平均值替代，缺失 pH 值以缺失时间段上推至与缺失时间段相同长度的前一时间段 pH 值中位值替代。如前一时间段有数据缺失，再依次往前类推。

2．缺失流量值

缺失瞬时流量值以缺失时间段上推至与缺失时间段相同长度的前一时间段瞬时流量值算术平均值替代，累计流量值以推算出的算术平均值乘以缺失时间段内的排水时间获得。如前一时间段有数据缺失，再依次往前类推。

缺失时间段的排水量也可通过企业在缺失时间段的用水量乘以排水系数计算获得。

3．缺失自动分析仪监测值和流量值

同时缺失水质自动分析仪监测值和流量值时，分别以上述两种方法处理。

第二节　固定污染源烟气排放连续监测系统数据有效性判别技术规范

一、术语

1．烟气排放连续监测

对固定污染源排放的污染物进行连续地、实时地跟踪测定；每个固定污染源的总测定小时数不得小于锅炉、炉窑总运行小时数的 75%；每小时的测定时间不得低于 45 min。

2．固定污染源 CEMS 的正常运行

符合本标准的技术指标要求，在规定有效期内运行，但不包括检测器污染、仪器故障、系统校准、校验或系统未经定期校准、未经定期校验等期间的运行。

3．有效数据

符合本标准的技术指标要求，经验收合格的 CEMS，但在固定污染源排放烟气条件，CEMS 正常运行所测得的数据。

4．有效小时均值

整点 1 h 内不少于 45 min 的有效数据的算术平均值。

5．有效日均值

1d 内不少于锅炉、炉窑运行时间（按小时计）的 75% 的有效小时均值的算术平均值。

6．有效月均值

1 月内不少于锅炉、炉窑运行时间（按小时计）的 75% 的有效小时均值的算术平均值。

7．参比方法

发布的国家或行业标准方法。

8．校准

用标准装置或标准物质对 CEMS 进行校零/跨、线性误差和响应时间等的检测。

9．校验

用参比方法在烟道内对 CEMS（含取样系统、分析系统）检测结果进行相对准确度、相关系数、置信区间、允许区间、相对误差、绝对误差等的比对检测。

10. 调试检测

CEMS 安装、调试和至少正常连续运行 168 h 后,于技术验收前对 CEMS 进行的校准和校验。

11. 技术验收

由有资质的第三方用参比方法对 CEMS 检测结果进行相对准确度、相对误差、绝对误差的比对检测和联网验收。

12. 比对监测

用参比方法对日常运行的 CEMS 技术性能指标进行不定期的抽检。

13. 固定污染源 CEMS 数据审核和处理

固定污染源 CEMS 数据审核和处理是指经验收合格后的 CEMS 数据传输到固定污染源监控系统后,对数据的有效性进行判断并对缺少数据进行处理、对失控数据进行修约的规定。

二、固定污染源 CEMS 数据审核和处理

1. 数据审核

(1) CEMS 故障期间、维修期间、失控时段、参比方法替代时段,以及有计划(质量保证/质量控制)地维护保养、校准、校验等时段均为 CEMS 缺少数据时段。其中失控时段的数据处理应按本标准表 2 进行数据修约。

(2) 固定污染源启、停运(大修、中修、小修等)以及闷炉等时间段均为 CEMS 无效数据时段。

(3) CEMS 有效数据捕集率每季度应达到 75%。

每季度有效数据捕集率=(该季度小时数-无效数据小时数)/(该季度小时数-无效数据小时数)

2. 缺失数据的处理

(1) 任一参数的 CEMS 数据缺失在 24 h 以内(含 24 h),缺失数据按该参数缺失前 1 h 的有效小时均值和恢复后 1 h 的有效小时均值的算术平均值进行补遗,见表 6-1。

(2) 颗粒物 CEMS、气态污染物 CEMS 数据超过 24 h,缺失的小时排放量按该参数缺失前 720 h 的有效小时均值中最大小时排放量进行补遗,其浓度值不需要补遗。

(3) 除颗粒物、气态污染物以外的其他参数的 CEMS 数据缺失超过 24 h 时,缺失数据按该参数缺失前 720 h 的有效小时均值的算术平均值进行补遗。

表 6-1　缺失数据的处理方法

中断时间 N/h	缺失参数	处理方法	
		方法	选取值
$N \leqslant 24$	所有参数	算术平均值	中断前 1 h 和中断后 1 h 的有效小时均值
$N > 24$	颗粒物、气态污染物	排放量最大值	中断前 720 h 的有效小时均值
	氧量和气态参数	算术平均值	

3．对比监测时数据处理

当地环境保护技术主管部门用参比方法进行比对监测时，当 CEMS 数据与参比方法数据不符合标准时，以参比方法检测数据为准进行替代，直至 CEMS 数据调试到符合标准为止。

4．CEMS 维修时的数据的处理

CEMS 因发生故障需要停机进行维修时，其维修期间的数据替代本标准的 3.2.2 处理，亦可以用符合标准的备用 CEMS 所测得的数据替代或用参比方法测得的数据替代。

5．失控数据的修约

表 6-2　失控数据的修约方法

中断时间 N/h	缺失参数	处理方法	
		方法	选取值
$N \leqslant 24$	所有参数	算术平均值	前一次校准/校验后第一小时和本次校准/校验后第一小时的有效小时均值
$N > 24$	颗粒物、气态污染物	排放量最大值	前一次校准/校验前 720 h 的有效小时均值
	氧量和气态参数	算术平均值	

6．CEMS 失控数据的判别

CEMS 在定期校准/校验期间数据失控的判别标准见表 6-3。

表 6-3　CEMS 失控数据的判别

项目	CEMS 类型	校准功能	校准周期	水平	技术指标要求	失控指标	样品数（对）	执行者
定期校准	颗粒物 CEMS	自动	24 h	零点漂移	不超过±2.0%F.S	超过±8.0%F.S	—	用户或/和运营者
				跨度漂移	不超过±2.0%F.S	超过±8.0%F.S		
		手动	90d	零点漂移	不超过±2.0%F.S	超过±8.0%F.S		
				跨度漂移	不超过±2.0%F.S	超过±8.0%F.S		
定期校准	气态污染物 CEMS	抽取测量/直接测量	自动 24 h	零点漂移	不超过±2.5%F.S	超过±5.0%F.S		
				跨度漂移	不超过±2.5%F.S	超过±10.0%F.S		
		抽取测量	手动 15d	零点漂移	不超过±2.5%F.S	超过±5.0%F.S		
				跨度漂移	不超过±2.5%F.S	超过±10.0%F.S		
		直接测量	手动 30d	零点漂移	不超过±2.5%F.S	超过±5.0%F.S		
				跨度漂移	不超过±2.5%F.S	超过±10.0%F.S		

项目	CEMS 类型	校准功能	校准周期	水平	技术指标要求	失控指标	样品数（对）	执行者
定期校准	流速 CMS	自动	24 h	零点漂移	不超过±3.0%F.S 或绝对误差不超过±0.9 m/s.	超过±8.0%F.S 或绝对误差超过 1.8 m/s	超过±8.0% F.S 或误差超过 ±1.8 m/s	
		手动	90d	跨度漂移	不超过±3.0%F.S 或绝对误差不超过±0.9 m/s	超过±8.0%F.S 或绝对误差超过 1.8 m/s		
定期检验	颗粒物 CEMS		≥180d	准确度	满足标准	不满足前列技术指标要求	≥3	
	气态污染物 CEMS				满足标准		≥9	
	流速 CMS				满足标准		≥3	

注：F.S 为仪器满量程值。

第三节　环境空气质量自动监测数据有效性判别

环境空气站主要监测项目有气态污染物和气象参数，气态污染物主要有二氧化硫、二氧化氮、臭氧、一氧化碳、可吸入颗粒物等，通过实时监测为获得环境空气的质量现状提供一定的参考依据，为此，应保证监测数据结果的有效性。

一、数据采集频率与有效值规定

按照《环境空气质量自动监测技术规范》的要求确定数据的有效性。

1．异常值取舍

（1）对于低浓度未检出结果和在监测分析仪器零点漂移技术指标范围内的负值，取监测仪器最低检出限的 1/2 数值，作为监测结果参加统计。

（2）有子站自动校准装置的系统，仪器在校准零/跨度期间，发现仪器零点漂移或跨度漂移超出漂移控制限，应从发现超出控制限的时刻算起，到仪器恢复到调节控制限以下这段时间内的监测数据作为无效数据，不参加统计，但对该数据进行标注，作为参考数据保留。

（3）对手工校准的系统，仪器在校准零/跨度期间，发现仪器零点漂移或跨度漂移超出漂移控制限，应从发现超出控制限时刻的前一天算起，到仪器恢复到调节控制限以下这段时间内的监测数据作为无效数据，不参加统计，但对该数据进行标注，作为参考数据保留。

（4）在仪器校准零/跨度期间的数据作为无效数据，不参加统计，但应对该数据进行标注，作为仪器检查的依据予以保留。

（5）如子站临时停电或断电，则从停电或断电时起，至恢复供电后仪器完成预热为止时段内的任何数据都为无效数据，不参加统计。恢复供电后仪器完成预热一般需要 0.5～1 h。

2．数据采集频率与时间的要求

采用环境空气质量自动监测系统对各监测项目进行监测时，其数据采集频率和时间按以下要求进行：

（1）环境空气质量自动监测系统采集的连续监测数据应能满足每小时的算术平均值计算。在每小时中采集到监测分析仪器正常输出一次值的 75%以上时，本小时的监测结果有效，用本小时内所有正常输出一次值计算的算术平均值作为该小时平均值。

（2）每日气态污染物有不少于 18 个有效小时平均值，可吸入颗粒物有不少于 12 个有效小时平均值的算术平均值为有效日均值，日均值的统计时间段为北京时间前日 12:00 至当日 12:00。

（3）每月不少于 21 个有效日均值的算术平均值为有效月均值。

（4）每年不少于 12 个有效月均值的算术平均值为有效年均值。

二、环境空气自动监测站数据有效性判别原则

空气站和移动站上传数据应达到以下数据确认要求和采集要求，否则作为无效数据处理，对运营单位扣减相应的监测数据运行率和准确率，对比对单位扣减相应的监测设备比对率和比对准确率。

1. 数据确认要求

（1）小时浓度值不应为 0 或负值。

（2）日均浓度值不应低于以下限值，其中 PM_{10} 为 0.01 mg/m^3，SO_2 和 NO_2 为 0.005 mg/m^3。

（3）每天任意两个小时浓度值之差不应低于以下限值，其中 PM_{10} 为 0.03 mg/m^3，SO_2 和 NO_2 为 0.01 mg/m^3。

（4）每天小时浓度值连续不变化次数不应高于 5 次。

（5）如果某点位日均浓度值低于该市平均值的一半，则该点位该日数据无效。

（6）数据应满足《山东省城市环境空气自动监测站运行维护记录手册》中有关考核要求。零漂自检不合格或上传不及时的，认定该日数据无效；跨漂自检不合格或上传不及时的，认定该周数据无效；其他月度、季度、年度考核不合格的，认定其考核时段数据无效。

（7）经省监控中心检查，固定站 PM_{10} 采样流量误差、其他项目校准误差超过 5%的，该站项目该旬数据认定无效，移动站达不到上述要求的，该站本次比对数据认定无效。

（8）某点位监测项目经移动监测站比对曲线相关系数小于 0.8 或者比对时段平均值误差超过 30%的，该点位项目该旬数据认定无效。

（9）移动监测站每月由省监控中心组织一次与经数据确认的固定站的数据比对，比对结果应符合条款（8）要求，否则该站本月比对数据无效。

2. 数据采集要求

（1）每日不少于 20 个有效小时平均值为有效日均值，日均值的统计时间段为北京时间前日 12：00 至当日 12：00。

（2）每月不少于 27 个有效日均值的算术平均值为有效月均值。

（3）每年不少于 11 个有效月均值的算术平均值为有效年均值。

第七章 在线监测运营管理实例

本章节结合济宁地区在线监测运维情况与实践，对部分行业的在线监测设备运行情况、状态及常见问题，做以下简要阐述分析。

第一节 水质在线监测设备运维实例

一、造纸行业

某造纸企业是一家全球先进的跨国造纸集团和林浆纸一体化企业，是一家世界级的高档纸品制造商，是世界造纸百强之一、中国最大的高档涂布包装纸板生产企业、全球最先进的非涂布高级文化用纸生产基地，拥有资产总额 150 亿元，年浆纸产能 300 万 t。

2003 年以来，该企业投资 2.5 亿元先后建成以"厌氧酸化＋好氧生化＋物化沉淀"为治理模式的 3 万 m³、6 万 m³ 废水处理设施两处，在达到《山东省南水北调沿线水污染综合排放标准》的基础上，输送至深度治理生物塘进行深度处理。废水深度治理工程占地 600 余亩，总投资 8 500 万元，主要利用深层水质中的微生物及水中植物构建的生态系统来进一步降解残余污染物，形成了以微生物、湿地生物自然降解为主的治污新模式，出水水质 COD 基本稳定在 60 mg/L 以下，排水水质远低于行业和地方规定的标准要求。

该企业在线监测设备安装位置处于 8 万 m³/d、氧化塘/湿地的总排口，所安装的设备包括：哈希 COD 在线监测仪、九波明渠流量计、数据采集仪，监测房内安装有冷暖空调、UPS 电源、视频装置、温湿度仪、防雷接地等辅助设施。

如图：

该企业治污设施外景

在线监测设备站房

在线监测设备哈希 COD　　　　　　　　　　　　　排污口

图 7-1　某造纸企业在线监测基本情况

设备在安装调试过程中,要取回水样,对水样中的氯离子进行分析,并且根据氯离子的情况对设备的试剂进行调整,以消除氯离子对设备数据的影响;并且氯离子含量要定期进行分析。

该企业治污设施出水水质比较稳定,COD 监测数据基本稳定在 60 mg/L 以下。在夏季,治污设施的湿地工艺中会有较多的水草等水生植物,有时这些水生植物会被水泵瞬间抽入在线监测系统内,导致采样系统的堵塞,造成分析仪出现"无样品"报警。为避免这种故障频繁发生,运维技术人员一般会在采样水泵外围增加防护滤网,过滤一些较大的杂物;同时定期清理采样系统,有条件的可以加装反冲洗装置;在冬季,由于气温较低,采样管路容易结冰,采样管路要有必要的防冻措施,在此运维技术人员对采样管路进行了预埋,使采样管路在冻土层以下,从而达到防冻的效果。

由于此处出水水质较为平稳,当发现在线监测数据出现较大的波动时,如数据突然升高或偏低,就要考虑在线监测系统是否出现问题,这时现场运维技术人员应马上到达现场对在线监测系统进行全面排查:

首先,查看 COD 分析仪的自动校准斜率是否正常,如果过高或者过低,则表明分析仪自动校准异常,立即检查阀、阀组件是否工作正常,试剂管路是否堵塞,试剂是否超过有效期等;

其次,如自动校准正常,应对分析仪进行质控样的比对,这时要注意观察分析仪做样过程中是否有异常情况,比如试剂进样是否异常,消解试管在加热时是否异常,是否漏液等,发现异常立即处理;

再次,如质控样比对合格,则立即排查分析仪做样过程是否进样异常,如进样过程是否抽入杂质,参与消解反应,从而影响测量数据等。

最后,采集同步样品带回实验室进行分析,进一步确定数据异常的原因,并做好现场相关记录,同时告知企业环保负责人,签字确认,并报上级主管环保部门,存档备案。

二、纺织行业

某毛纺织公司是多元持股的大型中外合资企业。可年产各类高档精纺呢绒服装面料

410 万 m，主要产品精纺呢绒有近万种花色，多项产品填补国内空白，达到国际先进水平。企业被国家纺织工业协会列为毛纺织行业国家级新产品开发基地。已通过 ISO 9001 和 ISO 14001 认证。产品多次获国家金质奖、国家银质奖、全国纺织质量管理奖、设备管理奖。被国家纺织局列为"以产顶进"十佳企业。集多项核心技术专利认证并获得国家科技进步一等奖。

园区的生产废水和生活废水实行清污分流，生产所产生的废水经园区地下管道流入调节池（池容积为 5 350 m³)，通过在线监测仪监测和流量计计量，用泵提升到专用污水管道至污水处理厂。

毛纺工业废水是在其特定的生产过程中产生的，毛织物在后整理过程中要加入各种染化料、助剂，所以排出大量的有机有色废水，具有水量大、有机污染物含量高、色度深、水质变化较大等特点，属于较难处理的工业污水。

该企业的在线监测设备安装在污水调节池上方，所安装的设备包括：哈希 COD 在线监测仪、氨氮在线监测仪、管道式电磁流量计、数据采集仪，监测房内安装有 1.5 匹冷暖空调、UPS 电源、视频装置、温湿度仪、防雷接地等辅助设施。

企业外景　　　　　　　　　　在线监测设备站房

在线监测设备哈希 COD、氨氮　　　　　排污口

图 7-2　某毛纺织公司在线监测基本情况

在线监测站房位于调节池的上方，取水点离站房地面有 10 m 左右的距离，所以采用大功率自吸泵来采水样，并在管路的中加装了止回阀，防止水泵引水倒流。

哈希氨氮在线监测仪在日常使用中比较方便，具有自动校准功能（具体见本书第三章），下面介绍一下该设备较为常见的故障点：

（1）该设备不具备"无样品"报警功能，采样系统在没有供水的情况下分析仪仍然能分析数据，这就要求运维技术人员平时要注意数据的变化，一般情况下，设备在无水样时数据会很小，大约在 0.1 mg/L 以下，这时要检查采样系统上水是否正常，及时处理。

（2）设备经常出现"校准未通过"的报警，这时设备会有提示，且设备停止运行，处于等待状态。

① 要首先检查设备的试剂是否过期，排除试剂问题；

② 手动启动设备校准，观察设备内部气泵所提供的气量是否正常，正常情况下，在设备反应时，逐出瓶及反应瓶中的液面会见明显的变化，如果液面未见明显气体吹动的凹点，就说明气路存在问题，或者气泵提供的气量不够，拆开设备，检查气泵和管路，并做相应处理；

③ 仔细检查设备内部管路，观察是否有管路堵塞或者漏液，特别是各种试剂阀的夹管处，由于试剂阀长时间的开关会磨损管路，出现轻微的漏气，导致试剂进样量不足，影响设备校准；另外如果管路使用时间过长，蠕动泵处的管路会出现老化、弹性不足、漏液等情况，也会导致试剂进样量不足，从而影响设备校准。以上情况更换管路后重新校准即可。

三、印染行业

某印染公司为一家蜡染生产企业，主要从事印染产品的生产和销售，有 13 条元网印花生产线，年生产能力 3 亿 m，主营产品是真蜡、仿蜡印花布，是国内首家自行研发生产该产品的企业，其产量、质量水平均居全国同行业首位。生产工序主要包括前处理、上蜡、染色、洗蜡、水洗、后整理等加工过程，其生产废水主要由前处理废水、洗蜡废水等组成。前处理废水主要包括退浆、煮炼、丝光和漂白废水；退浆废水和煮炼废水含浆料、碱剂和表面活性剂等，颜色深、碱性强，有机污染物浓度高。丝光废水主要含碱剂、少量浆料和纤维杂质，有机污染物负荷低，可回用于退浆、煮炼等工段。漂白废水含残余漂白剂及漂白助剂，污染轻，与处理水混合后可直接排放。洗蜡废水含松香蜡、染料和碱剂等，悬浮物含量高，水量大。蜡染废水具有碱性强、有机污染物浓度高、色度高的特点，属较难处理工业废水。

近几年来该公司投资 1 亿元对污水处理设施进行了更新改造，现出水水质已达到国家二级、行业一级排放标准，生产车间废水进入新建调节池，在调节池进行水质水量调节后，废水经泵提升进入初沉池，经加药去除大部分悬浮物及部分 COD_{Cr} 后出水自流进入水解酸化段，在水解和产酸菌的作用下，将废水中的大分子有机物分解成小分子有机物，使废水中溶解性有机物显著提高；在短时间内和相对较高的负荷下获得较高的悬浮物去除率，改善和提高废水的可生化性，有利于后续处理单元的进一步降解。水解酸化段出水自流进入好氧段，在此过程中，利用好氧菌吸附、氧化、分解废水中的有机物；污水中的污染物质被池内污泥中的好氧微生物不断吸附和降解。生化系统需要的氧气由鼓风机供给。好氧池出水进入辐流沉淀池进行泥水分离后达标排放。

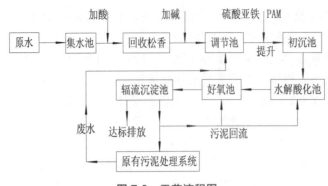

图 7-3　工艺流程图

　　该企业在线监测设备安装在污水站总排口，所安装的设备包括：哈希 COD 在线监测仪、氨氮在线监测仪、U53 明渠流量计、数据采集仪，监测房内安装有冷暖空调、UPS 电源、视频装置、温湿度仪、防雷接地等辅助设施。

企业外景

在线监测设备站房

在线监测哈希 COD、哈希氨氮

排污口

图 7-4　某印染公司在线监测基本情况

该企业所安装的氨氮设备采样系统为美国哈希原装 filtrax 采样器,室外有采样膜斗需要定期更换,采样蠕动泵需要定期更换泵管,维护成本高,采样管路细,内径大约 2 mm 左右。由于企业排水色度大,水中悬浮物较多,容易堵塞采样管,而且采样管路被一层封闭的伴热管所包围,堵塞以后很难清理,根据这种情况,运维技术人员对其采样系统进行了改造,自 COD 采样器上引出一条出水管,中间加入过滤网及控制阀,将水样引入一较大的溢流瓶中,实现氨氮设备的采样。这样既能为氨氮设备提供合格的水样,又方便维护,降低了运行成本,目前运行情况良好。

另外,由于企业排水中泡沫大,COD 分析仪在采样时进入计量试管会有挂壁的情况,到达一定程度分析仪就会报警,从而影响测量。针对企业排水特点,运维技术人员将分析仪自动清洗间隔由 7 天调整为每 2 天,并加大巡检频次,每次巡检时要拆下清理计量试管。

四、煤矿企业

济宁某煤矿是国家"八五"重点建设项目,核定年生产能力 700 万 t。配套建设有年入洗能力 700 万 t 的大型选煤厂、装机容量 27 万 kW 时的煤矸石热电厂、年吞吐量 500 万 t 的山东省内河最大的港口,是国内第一座集煤电港于一体的特大型现代化井工煤矿。矿井于 1993 年开工建设,2000 年 12 月正式投产。井田面积 110 km^2,地质储量 8.8 亿 t,可采储量 5.3 亿 t,设计服务年限 81 年。

矿井为立井开拓,中央并列式布置,主井、副井、风井均布置在同一工厂区内。开采方式为采区前进式、工作面后退式开采。通风方式为中央并列式通风,瓦斯鉴定等级为低瓦斯矿井。辅助运输采用无轨胶轮车,填补了我国立井开拓矿井辅助运输系统的空白。生产的煤炭品种为优质气肥煤,具有低灰、低硫、低磷、高发热量、高挥发性等特点,是优质的炼焦配煤和动力煤。

煤矿污水其特征可概括为:水质水量变化较大,水质成分简单,污水可生化性好,较易处理。

该煤矿企业在线监测监测设备安装在污水站总排口,所安装的设备包括:哈希 COD 在线监测仪、九波明渠流量计、数据采集仪,监测房内安装有冷暖空调、UPS 电源、视频装置、温湿度仪、防雷接地等辅助设施。

该煤矿是典型的间歇性排水的企业,每天根据具体情况排 2~3 次水,每次排水大约 3~5h,而在不排水时在线监测设备仍然按照设定的周期(一般为 2 h)做样,就会出现水泵空转,设备"无样品"报警等情况的发生,为了避免此类情况,我们对整个在线监测系统设定了流量触发的功能,简单概括为:数据采样仪根据瞬时流量情况来触发 COD 分析仪做样。当企业不排水时,流量计上传至数据采样仪的流量为零,这时数据采集仪不会给 COD 分析仪信号,COD 分析仪不会启动做样;当流量大于 20 m^3/h(可在数据采集仪上修改)并持续 3 min 后,数据采集仪会自动给 COD 分析仪启动信号,触发 COD 分析仪开始做样。

另外,由于煤矿企业污水水质成分简单,污水可生化性好,较易处理,出水的 COD 浓度很低,一般会在 10~30 mg/L 之间,甚至个别时段的 COD 值会在 10 mg/L 以下。根据《水污染源在线监测系统运行与考核规范》,当实际水样 COD$_{Cr}$<30 mg/L 时,以接近

实际水样的低浓度质控样代替实际水样进行试验，测定两次，绝对误差不大于标准值的
±5 mg/L。

在实际运维工作中，企业实际排放水质COD浓度值接近或低于COD分析仪检出限时，
在线监测数据经常显示0 mg/L，针对这种情况，运维技术人员应加强巡检频次，每半月进
行一次质控样考核。根据多年的运维经验，运维技术人员用屈臣氏蒸馏水做为空白液，每
半月更换一次；加大自动校正频次；根据质控样考核结果，进行修正补偿。

企业外景

水质在线监设备站房

在线监测设备哈希 COD

排污口

图 7-5 某煤矿企业在线监测设备基本情况

五、污水处理厂

某污水处理厂建设规模为日处理污水 20 万 m³，设计采用吸附—生物氧化二级处理工
艺。实际进水水质的平均值为 COD_{Cr}=876 mg/L、BOD_5=248 mg/L、SS=351 mg/L，实际出
水水质平均值为 COD_{Cr}=50 mg/L、BOD_5=25 mg/L、SS=37 mg/L，污水处理率分别达到
88.6%、87.9%和81%。达到国家二级排放标准。随着南水北调工程的开工建设，此标准已
不能满足排放要求。2006 年经山东省发改委批准，省建设厅批复，污水厂对原有规模进行

升级改造，二期扩建工程将采用 A＋AAO 的工艺，即保留 A 段，将 B 段改造成 AAO 工艺，经过改造后出水水质为 $COD_{Cr}\leqslant60$ mg/L，BOD5$\leqslant20$ mg/L，SS$\leqslant20$ mg/L，NH_3-N$\leqslant8$（15）mg/L，TN$\leqslant20$ mg/L，TP$\leqslant1$ mg/L。出水水质可以达到《城镇污水处理厂污染物排放标准》（GB 18918—2002）的一级 B 标准。为确保污水处理厂的出水稳定达标，保证南水北调水质，2010 年又开工建设了污水处理厂一级 A 升级改造及中水回用工程，采用活性砂滤池工艺，设计出水水质为 $COD_{Cr}\leqslant50$ mg/L，$BOD_5\leqslant10$ mg/L，SS$\leqslant10$ mg/L，NH_3-N$\leqslant5$（8）mg/L，TN$\leqslant15$ mg/L，TP$\leqslant0.5$ mg/L。

该污水厂在线监测设备安装位置处于总排口处，所安装的设备包括：哈希 COD 在线监测仪、江苏绿叶氨氮在线监测仪，九波明渠流量计，数据采集仪，监测房内安装有冷暖空调、UPS 电源、视频装置、温湿度仪和防雷接地等辅助设施。

江苏绿叶氨氮分析仪采用蒸馏滴定法，由于该地的水质含碱量大，氨氮分析仪在做样时蒸馏瓶容易结垢，导致蒸馏液无法排出，影响分析仪的测量结果。出现结垢现象时，运维技术人员要即刻对蒸馏瓶进行清洗（使用 1+2 的盐酸溶液）。

企业外景

在线监测设备站房

在线监测哈希 COD、绿叶氨氮

排污口

图 7-6 某污水处理厂在线监测设备基本情况

六、工业废水污水处理厂

企业外景

在线监测设备站房

在线监测设备哈希 COD、哈希氨氮

排污口

图 7-7　某工业废水处理厂在线监测设备基本情况

七、水质自动站在线监测系统实例

　　某地区水质自动站除安装了高锰酸盐指数、常规五参数、氨氮在线监测仪外，并在河流重点断面水质自动站加装了铜、铅、镉、锌、铬、镍、砷、汞、氰化物等重金属及剧毒物质在线监测仪。

常规五参数、重金属在线监测仪   重金属在线监测仪

图 7-8 某河流断面在线监测设备基本情况

八、重金属在线监测仪在污水处理厂的应用

企业外景   监测房外观

取样点

COD、氨氮、重金属在线监测仪

监测房外观　　　　　　　　　　　　重金属在线监测仪

图 7-9　某污水处理厂重金属在线监测仪

第二节 固定污染源烟气排放连续监测系统运维实例

目前我国烟气脱硫技术种类达几十种，按脱硫过程是否加水和脱硫产物的干湿形态，烟气脱硫分为：湿法、半干法、干法三大类脱硫工艺。湿法脱硫技术较为成熟，效率高，操作简单。湿法烟气脱硫在燃煤发电厂及中小型燃煤锅炉上获得广泛的应用，成为当今世界上燃煤发电厂采用的脱硫主导工艺技术。国内能达到脱硫效率≥95%且经济性强、适用范围广、技术成熟的工艺只有石灰石—石膏湿法烟气脱硫和氨法湿法烟气脱硫工艺。

由于氨循环法烟气脱硫新技术原料来源方便，脱硫效率高，生产无"三废"污染，以废治废，技术易掌握，氨法脱硫剂使用低浓度氨水，操作简单、投资较少而被大多数电厂、合成氨厂应用，氨法脱硫应用比较广泛，但是，烟气比较复杂，难处理、湿度大，平时出现的故障较多。

针对采用氨法湿法烟气脱硫工艺的所安装的 CEMS 系统，做以下实例分析。

某电厂现有一台 6MW 抽凝发电机组，两台 35 t 循环流化床燃煤锅炉（一用一备），分别于 2005 年 3 月投入运行。主机中锅炉由济南锅炉厂提供，汽轮机由青岛汽轮机厂提供，发电机采用空气冷却，由济南发电机厂提供。锅炉产生的烟气经省煤器加热后，进入三电场静电除尘器除尘，通过炉外氨法脱硫后，经 100 m 高的烟囱排放。灰渣采用分除方式，干式除灰渣，综合利用。采用湿法炉外氨水脱硫工艺，该工艺的技术原理是将烟气中的二氧化硫作为一种资源，用氨作载体将其吸收出来，然后进行解析，根据不同的工艺转换不同的产品，充分利用其资源。

装置的工艺流程如下：烟气由锅炉引风机出口引至吸收塔从底部进入，流量可通过阀门调节，烟气在吸收塔内首先经过两块水洗除尘版除去烟尘，然后经过浓液洗涤段，再经过稀液洗涤段和水洗吸收段后从塔顶排出，经 100 m 烟囱高空排放。

该电厂使用武汉武汉宇虹环保产业发展有限公司 TH-890 烟气连续排放监测系统（简称 TH-890 CEMS）

图 7-10　CEMS 系统外观

设备主要功能

TH-890 CEMS 主要功能是实时监测固定污染源中的 SO_2、NO、烟尘的排放浓度、折算排放浓度、排放量及其他有关参数，并能够将测量数据、测量参数传送到企业中控室和环保管理部门。

1．污染物排放浓度测量

采用非分散红外技术测量烟气中的 SO_2、NO；

采用透光度或黑度测量烟气中固态污染物浓度。

2．烟气参数测量

采用电化学法测量烟气中的含氧量；

采用皮托管和差压变送器测量烟气流速；

采用压力变送器测量烟气压力；

采用温度变送器测量烟气温度。

一、CEMS 系统采样管路及探头堵塞问题分析

由于氨法脱硫工艺特点，极易造成 CEMS 的采样探头与采样管路堵塞，这是我们在日常运维工作中遇到最多的问题。烟气湿度大，而直接抽取法的抽气量较大，探头过滤器的负担很重，另外，若采样管线的加热效果不好或安装不规范（U 型弯、V 型弯、直角弯等），在采样传输过程中会导致水汽冷凝，使烟气中的污染物成分被冷凝水溶解吸收，造成监测数据不准确，如烟尘较大还会造成采样管路的堵塞。烟气中的污染物具有很强的腐蚀性，造成分析系统相关元部件的损坏。如果系统冷凝和过滤装置维护保养不到位，不但会造成测量误差与漂移，更会对仪表测量部件造成腐蚀，因此，运维技术人员加大巡检频次，调整对系统管路及采样探头的反吹频次。

CEMS 大部分都采用采样探头反吹，但也有些 CEMS 采取采样探头和采样管路全程反吹，而采样探头与采样管接头处是经常堵塞的地方，如现场工况较差，烟尘浓度较高，堵塞频率就会大大增加，因为样气虽然经过探头滤芯初步过滤，样气中仍然存有灰尘，而 CEMS 反吹时，将采样管中的烟尘反吹到这个位置，如果不及时清理很容易造成堵塞。如果采用氨法脱硫工艺，烟气湿度大，时间久了采样探头滤芯内部会出现一些结晶体，凝固在滤芯上，就会造成堵塞，而及时的清理采样探头，就是我们日常运维工作中的重点。

CEMS 反吹系统主要是防止采样探头与采样管堵塞，出厂时系统内部都设定了反吹时间，由于系统的不同，反吹的时间和频率也不相同，但一般都是 40～60min 反吹一次。在实际的运维工作中，运维技术人员应根据现场工况，更改反吹频率，防止由于烟气中烟尘导致的堵塞。

二、空压机故障及注意事项

由于反吹频率的增加，导致空压机频繁启动，就会造成启动开关与交流接触器发生故障，导致空压机故障率高，这就要求使用性价比高的空压机。活塞式注油空压机因气源中含有油份，相对来说较脏，造成吹扫阀、采样管内部管路都有油附着，反吹过后 CEMS 切

换到采样状态时，油分就有可能随着样气进入到分析仪内部，如长时间运行，将会造成不良影响，影响测量值的准确性。含油份的压缩空气进入稳压阀，会使内部器件密封不好，如长时间运行就会造成阀体漏气，从而增加维护量。

每次巡检维护设备时，应查看空压机工作是否正常，反吹气源压力是否在 0.6～0.8 Mpa，经常排掉空压机储气罐里积水。如空压机频繁启动，应检查反吹管路是否漏气，判断方法是：关闭进气总阀，查看气水分离器调压阀表头压力，如压力下降很快，说明反吹管路存在漏气，要顺着管线逐段排除。

综合以上原因，在日常运维过程中，我们建议将活塞式注油空压机更换为无油空压机，这样压缩气源比较干净，维护量小。

有些 CEMS 安装企业虽能够提供压缩气源，但气源可能较脏，建议压缩气源在进入系统前增加空气过滤装置。每次巡检维护时应关注气源压力是否符合要求，观察气路中是否有油、水存在，并及时清理。

三、分析仪测量数据异常及常见故障的处置

分析仪测量数据异常，是运维技术人员在现场日常维护中经常遇到的问题。

1. 含氧量偏高，二氧化硫数据偏低

（1）确定企业的排放工况是否变化，如果企业工况未发生变化，运维技术人员先检查流量计是否有流量，如果无流量或流量较小，就可判断采样探头或者采样管路堵塞。

（2）确定采样泵是否出现问题，如样气中颗粒物较多，过滤装置效果又差，就会有部分颗粒物进入采样泵，造成采样泵不能正常工作，导致没有流量，如果长时间运行，还会导致采样泵电机烧坏。

（3）对系统进行气密性检查。

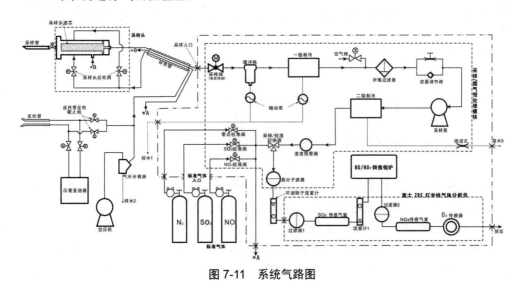

图 7-11　系统气路图

如图 7-11 所示进行气密性检查

a．堵住采样泵进气端，如果转子流量计显示流量为零，说明不漏气，否则，采样泵

或进气管接头漏气，这时应更换相应部件；

  b．用同种方法检查采样泵前端设备和气路的气密性是否良好；

  c．特别注意检查蠕动泵是否漏气。

这样可判断是系统本身漏气还是分析仪出现故障。

2．分析仪测量数据漂移

分析仪数据漂移是平时维护设备时经常遇到问题。在日常运维过程中，应定期校准分析仪，观察分析仪的显示数据是否正常，建议每半月手动标定仪器一次。运行中对分析仪数据有质疑，可通零气和中浓度标气，如不正常，则进行标定，标定后再通零点和满点气，如仍不正常，说明分析仪有问题，观察分析仪内部电压值是否正常，如不正常，检查是否有水蒸气或灰尘杂物进入检测室造成漂移。

目前绝大多数 CEMS 的分析仪，都是使用非分散红外分析仪测量，或者化学发光分析仪测量。常见的还有红外光谱法、紫外-可见光谱法。光电分析仪通常包括以下 4 个主要的气件：① 发光光源；② 色散元件；③ 检测器；④ 光学器件。而检测室是这部分光学器件的重点。

数据的准确性对检测室要求很高，如检测室内有灰尘或水滴污损，测量结果就会有漂移现象；所以维护检测室是平时运维工作中的重要工作，清理检测室建议遵循下列步骤：

① 首先停止测量，防止吸入有毒气体；② 关闭电源开关；③ 打开顶盖；④ 断开连接到检测室的管子；⑤ 清洁室内部或红外线输送窗，用软刷清洁大面积脏物后，再用软布轻擦（注意不要使用硬布），如果窗口或室内部仍脏，用无水乙醇擦拭；⑥ 如窗口轻微腐蚀，用氧化铬粉末轻擦，腐蚀严重的应更换新窗口；⑦ 完成清洁检测室后，在安装过程防止管路漏气、弯折。

以上工作完成后，重新校准分析仪。

3．分析仪测量数据与人工比对数据误差较大

（1）检查平台探头和探杆腐蚀情况，防止吸附二氧化硫，排除因探头或探杆腐蚀影响测量数据。

（2）检查伴热管是否不加热或局部加热，造成采样管线积水，吸附二氧化硫，影响测量数据。

（3）检查 CEMS 内部过滤装置、冷凝系统是否正常，影响测量数据。

四、如何更好的判别 CEMS 系统故障

当一个系统或组件的故障不是立即变的明显时，可能就难以纠正。由仪器集成者提供的该仪器手册通常包括故障排除指南，可能成为解决问题的有用工具。如果由 CEMS 集成者提供的操作和维护手册，写的比较笼统，只能说一些表面现象，没有给予足够详细的指导和找出问题的根源，那么对解决 CEMS 的问题不会有太大的帮助，在这种情况下，CEMS 的技术人员/维护人员的实践经验及技能变得十分重要。解决 CEMS 问题的方法有两种：其一是快速修复并解决问题，其二是找出问题的根源并解决它。

（1）快速修复

快速修复能够解决 CEMS 的许多故障，但没有从根本上解决问题。为了节省时间，采

取快捷行动。例如，分析仪漂移超出的漂移超出质量控制限时，方法是简单的校准分析仪，问题消失。如果漂移是由于温度和气压变化引起的，有可能第二天不漂移，也有可能在下周漂移。在这里，如果能够确定影响漂移的原因，补偿温度和压力的影响就能解决漂移问题。如果分析仪的漂移是发光光源故障或检测器的原因，分析仪第二天更可能漂移。虽然，可以重新校准分析仪，但最终会不合格，由于引起漂移的原因尚未排除，因故障产生的漂移会重复出现。

另外，一个经常容易堵塞的过滤器，通过样品气体的流量逐渐减少至控制室的流量报警器报警，更换过滤器，通过样品气体的流量正常直到它再次堵塞。经验表明每隔 6 个月更换过滤器可视为合理，而某一时段必须 2 个月更换过滤器，如果不考虑过滤器的成本和更换过滤器所更换的时间以及 CEMS 停机时间，可以频繁的更换。如果要从根本上解决问题，则需要查找烟气条件发生或过滤器质量出现了问题，例如，过滤器孔径的大小和分布不合适。

通过执行快速修复处理 CEMS 和分析仪的问题，可能会导致用正常的方法来维持 CEMS 的固定的误差。正常运行的 CEMS，会产生维护问题，如果没有确定问题原因，将因此不会得到更多的预防性维护。形象比喻为："头痛医头、脚痛医脚"，"治标不治本"的方法，虽然不可少，但要从根本上解决问题，还需"刨根问底"。

（2）查找问题的根源

处理 CEMS 或分析仪的问题，更有效的方法是找到问题的"根源"和确定问题。寻找 CEMS 或分析仪中潜在缺陷，可能需要做一些检测或研究，一旦发现并消除"根源"，需要熟悉 CEMS 及运行方式，使用有关仪器和关联的影响因素等方面的知识。CEMS 或分析仪出现故障后，如果缺乏故障排除指南，往往首先从实际工作着手查找故障原因。

当难于查找仪器故障的原因时，最常见的一种技术是逐步地替换电路板，缩小故障组件的范围，如果不这样做，更换零件可能是昂贵的。通过这种的方法用分析仪的备件验证并确定仪器的问题，如果确实存在问题，用备件暂时代替故障的检测器的器件，而对换下的故障的器件进行维修。

① 电路问题

抽取监测系统遇到的许多问题与系统中的电器问题有关。如果电器问题严重，有时不得不将仪器送回 CEMS 的制造厂或销售者那里进行维修，仪器的维护手册是用于发现并维修电路和器件问题的非常好的参考资料。

② 机械问题

抽取监测系统遇到最普遍的问题是颗粒物堵塞过滤器，导致进入分析仪的样品气体的流量减小，损坏器件和得出错误的监测数据。颗粒物堵塞过滤器可能是反吹净化不彻底或更换过滤器的时间间隔不当引起的。只要发生样品气体的流量逐渐下降并伴随着系统的真空度逐步的增加则表明过滤器堵塞。只要堵塞不严重，用清洁空气反吹可以改善这样的状况，严重时必须用人工清理的方法直至更换过滤器。

五、纠正性维护和运行良好系统

CEMS 的用户希望购买价格合理，运行成本低，当遵循预防性维护 CEMS 计划时，将产生高质量数据，以满足工厂和管理机构双方的期望的"运行良好"的 CEMS。由于是"运行良好"的系统，可能很少出现故障，当零件开始老化，需要纠正性维护前，系统已运行多年。然而，对这样的 CEMS 必须警觉即将发生的故障，或出现数据不一致时，表明 CEMS 开始老化。不能因为是"运行良好"的系统，在评估系统性能的过程中，放松查找潜在的问题或可能会影响系统性能的因素。随着时间的流逝"运行良好"的 CEMS 的另外一个问题是，对它的无故障运行的预期水平高，可能产生没有必要执行"纠正性维护"的麻痹思想，减少必要的技术人员/维护人员，甚至完全依赖外部的 CEMS 维护人员。

第三节　降低运营成本，提高运营效益

为加强降本增效理念，鼓励职工的积极性与创造性，加强备品配件的集中统一管理，做好备品配件供、用、管、修四个环节，以保证设备正常维修和检修计划的顺利进行。

（1）基础管理

① 根据设备运转部件磨损、腐蚀规律，合理编制备品配件的消耗定额和储备定额。

② 维修人员对各设备按照有关要求定时巡回检查，并根据设备运行工况按"主、次、轻、重"进行合理化维修保养。

③ 强化运营岗位人员"预知维护"的判断能力，减少"事后维修"，维修人员要对重点设备进行"定期维护"，将设备故障消除在萌芽状态。

（2）计划管理

按检修计划和储备定额订出年、季、月备品配件需要计划。既要保证运营管理工作需要，又要防止积压，做到"多而不闲"、"少而不缺"。对仓库存储的备品配件，应按照先进先出原则或采取应急调剂措施处理。备品配件必须专用，不得组机。

（3）仓库管理

备件仓库要统一管理。备件收发要做到帐、物相符。自制或外订备件均应办理检验、入库手续，入库备件要符合质量要求。重要备件要加强重点管理，所有备件入库后应采取防锈、防腐措施，对存放年久的备件，经检验、鉴定后方可发出。

（4）修旧利废

在保证设备技术性能和满足设备正常运行需要的前提下，开展修旧利废，并严格控制修理质量。

① 强化设备保障措施，降低使用成本，设备维修与改造相结合，在改造合理经济实用的前提下，提高设备的运行质量，延长设备的使用寿命。

② 加大修旧利废力度，提高备品配件利用率，以运营组为单位大力开展修旧利废，实行修旧利废奖励制度。

③ 由工程部统一将维修后的旧件进行回收利用，在不影响质量的前提下，对换下的配件采取新旧搭配、制作零件、组合修复等。对易耗设备配件应进行多次重复利用。

④ 对有修复价值的废旧物资（测量表、电磁阀、电机、电子元器件、各种动设备、静设备等）进行修复。

⑤ 开展"五小"（小发明、小创造、小建议、小窍门、小点子）创新活动，推广小改革创新技术。

⑥ 通过技术创新、技术改造、对提高产品质量、降低成本、节约能耗、加强资源综合利用。

第四节　表格汇总

（1）污染源水质在线监测设备运营维护日常巡检记录（见表 7-1）
（2）污染源水质在线监测设备（采）水样记录表（见表 7-2）
（3）污染源水质在线监测设备故障维修记录表（见表 7-3）
（4）污染源水质在线监测设备校准、校验记录表（见表 7-4）
（5）污染源烟气在线监测设备运营维护日常巡检记录（见表 7-5）
（6）污染源烟气在线监测设备校验测试记录（见表 7-6）
（7）污染源烟气在线监测设备校准记录（见表 7-7）
（8）污染源烟气在线监测设备故障维修记录表（见表 7-8）

济宁同太环保科技服务中心

表 7-1　污染源水质在线监测设备运营维护日常巡检记录

企业名称：＿＿＿＿＿＿＿＿＿＿＿＿＿＿＿＿＿＿＿＿＿＿＿　　　　日期：＿＿＿＿＿＿＿＿＿＿

	COD监测仪	设备名称		规格型号		设备编号	
日常维护工作记录	氨氮监测仪	设备名称		规格型号		设备编号	
	流量监测仪						
	数据采集传输系统						
	配套设施	UPS 电源					
		视频监控					
		防雷接地					
		温湿度计					
		空　调					
		自　来　水					
	其他情况						
异常情况处理记录							
更换耗材						备注	
离站时间						服务耗时	
巡检人员							
企业签字							

济宁同太环保科技服务中心

表 7-2 污染源水质在线监测设备（采）水样记录表

企业名称：_____

序号	日　期	时　间	监测项目	巡检人员	企业人员	现场设备值	备注
1							
2							
3							
4							
5							
6							
7							
8							
9							
10							
11							
12							
13							
14							
15							
16							
17							
18							

济宁同太环保科技服务中心

表 7-3 污染源水质在线监测设备故障维修记录表

企业名称：_____

设备名称		规格型号		设备编号	
故障时间					
故障情况					
故障分析及处理情况					
	运营人员：			年 月 日	
修复时间					
修复后校准、校验结果说明					
	校验人员：			年 月 日	

运营人员：_____ 日 期：_____

企业签字：_____ 日 期：_____

济宁同太环保科技服务中心

表 7-4　污染源水质在线监测设备校准、校验记录表

企业名称：_____

设备名称		规格型号		设备编号	

校准、校验结果及分析记录

测试项目	一			二			三		
	测量值 mg/L	配置值 mg/L	相对误差 %	测量值 mg/L	配置值 mg/L	相对误差 %	测量值 mg/L	配置值 mg/L	相对误差 %

比对情况分析	

校准情况记录	情况描述	
	线性变动记录	
	处理结果及器件更换	

处理后测试项目	一			二			三		
	测量值 mg/L	配置值 mg/L	相对误差 %	测量值 mg/L	配置值 mg/L	相对误差 %	测量值 mg/L	配置值 mg/L	相对误差 %

比对情况分析	

运营人员：_____　　日　期：_____

企业签字：_____　　日　期：_____

济宁同太环保科技服务中心

表 7-5　污染源烟气在线监测设备运营维护日常巡检记录

企业名称：_____　　　规格型号：_____

日常维护工作记录	烟气监测系统		
	烟尘监测系统		
	流速监测系统		
	其他烟气监测参数		
	数据采集传输系统		
	配套设施	UPS 电源	
		视频监控	
		温湿度计	
		防雷接地	
		空　调	
		自来水	
	其他情况		

异常情况处理记录	

更换耗材		备注	
离站时间		服务耗时	
巡检人员			
企业签字			

巡检内容及处理情况记录：　　　　　　　　　　　　　　日　期：_____

济宁同太环保科技服务中心

表 7-6　污染源烟气在线监测设备校验测试记录

企业名称：＿＿＿＿＿＿＿＿＿＿＿＿＿＿＿＿＿＿

站点名称		设备类型		设备编号	
CEMS 分析仪型号		CEMS 分析仪原理			
对比仪器名称型号		对比仪器原理			

校验测试情况分析记录

监测时间	监测项目	参比方法测定值（mg/m^3）	CEMS 测定值（mg/m^3）	相对误差（%）	
					评价标准根据 HJ/T 75—2007
平均值					

校验结论

运营人员：＿＿＿＿＿＿＿＿＿＿＿＿＿　　日　期：＿＿＿＿＿＿＿＿＿＿
企业签字：＿＿＿＿＿＿＿＿＿＿＿＿＿　　日　期：＿＿＿＿＿＿＿＿＿＿

济宁同太环保科技服务中心

表 7-7 污染源烟气在线监测设备校准记录

企业名称：＿＿＿＿＿＿＿＿＿＿＿＿＿＿＿＿＿

设备名称		规格型号		设备编号	

校准情况记录及分析

项目名称		校准前测试值	漂移（%）	校准是否正常	校准后测试值
SO₂校准	零点漂移				
	跨度漂移				
NOₓ校准	零点漂移				
	跨度漂移				
O2校准	零点漂移				
	跨度漂移				
流速仪校准	零点漂移				
	跨度漂移				
烟尘仪校准	零点漂移				
	跨度漂移				

巡检人员：＿＿＿＿＿＿＿＿＿＿＿＿＿＿ 日 期：＿＿＿＿＿＿＿＿＿

企业签字：＿＿＿＿＿＿＿＿＿＿＿＿＿＿ 日 期：＿＿＿＿＿＿＿＿＿

济宁同太环保科技服务中心

表 7-8 污染源烟气在线监测设备故障维修记录表

企业名称：_____

设备名称		规格型号		设备编号	
故障时间					
故障情况					
故障分析及处理情况					
	运营人员：			年　月　日	
修复时间					
修复后校准、校验结果说明					
	校验人员：			年　月　日	

运营人员：_____　　　　日　期：_____

企业签字：_____　　　　日　期：_____

第八章 污染源在线监测设备比对监测

第一节 污染源在线监测设备比对监测介绍

污染源自动监测设备比对监测是保证污染源自动监测数据准确性的有效措施之一和重要环节，是《国家重点监控企业污染源自动监控系统考核规程》重要的技术支持。为充分发挥污染源自动监测设备的监测、监控作用，保证其监测数据的科学性、准确性、可靠性和合法性，对污染源自动监测设备必须实施严格的比对监测及质量控制。

按照《主要污染物总量减排监测办法》，监督性监测包括对企业排放物的人工监测和对污染源自动监测设备的比对监测，因此，比对监测也是监督性监测。人工监测监督的是企业的污染物排放行为，比对监测监督的是企业对污染源自动监测设备的管理维护行为。本节所指监督性监测为狭义的监督性监测，即对企业排放的人工监测。

污染源监督性监测是指环境监测机构利用自动监测仪或人工监测的方法对排污企业排放标准规定的所有污染物排放浓度和排放量实施监测的行为，用于评估企业污染物排放达标情况和核算国家规定的总量控制指标及特征污染物排放总量。

比对监测是指采用人工监测作为参比（标准）方法，验证污染物自动监测设备监测结果的准确性及有效性的监测行为。比对监测要求：① 以国家标准方法进行的人工监测结果作为在线自动监测数据的审核依据；② 比对监测方法与自动监测法在企业正常生产工况前提下实施同步采样分析。

比对监测与监督性监测可以一次监测同步完成。以废水为例，先按照监督性监测要求制订采样计划，采样点设置和自动监测一致，再选择其中的 3 次采样（可多于 3 次），要求自动监控系统的采样和人工采样同时进行，比较自动监测结果和人工监测结果。

一、比对监测工作管理

1. 省级监测机构

（1）负责承担辖区内装机容量 30 万 kW 以上火电厂污染源自动监测设备比对监测工作。

（2）负责承担辖区内由地市级环境监测机构承担的国控企业污染源自动监测设备比对监测的检查与抽测工作。

（3）每年对辖区内各地市级站进行一次现场检查及同步监测。检查内容包括监测能力、管理制度及执行情况、质量管理体系建立及运行情况、实际监测工作、质量控制措施的合理性及其实施情况、检测报告和原始记录等方面，帮助地市级站解决监测工作中的技术问题。

2．地市级监测机构

负责对除装机容量 30 万 kW 以上火电厂以外的国控企业污染源自动监测设备比对监测工作。

二、比对监测的依据

1．管理规定

（1）《主要污染物总量减排监测办法》（国发[2007]36 号）

（2）《污染源自动监控管理办法》（环保总局令第 28 号）

（3）《污染源自动监控系统运行管理办法》（环发[2008]6 号）

（4）《国家重点监控企业自动监控数据有效性审核办法》（环发[2009] 88 号）

2．技术规范

（1）《水污染源在线监测系统验收技术规范（试行）》（HJ/T 354—2007）

（2）《水污染源在线监测系统运行与考核技术规范（试行）》（HJ/T 355—2007）

（3）《水污染源在线监测系统数据有效性判别技术规范（试行）》（HJ/T 356—2007）

（4）《固定污染源烟气排放连续监测技术规范（试行）》（HJ/T 75—2007）

（5）《固定污染源烟气排放连续监测系统技术要求及检测方法（试行）》（HJ/T 76—2007）

（6）《地表水和污水监测技术规范》（HJ/T 91—2002）

（7）《固定源空气监测技术规范》（HJ/T 397—2007）

（8）《固定污染源监测质量保证和质量控制技术规范（试行）》（HJ/T 373—2007）

第二节　水污染源在线监测设备比对监测条件

一、排污口的规范要求

规范排污口的目的是保证监测数据能准确代表企业污染物排放浓度和排放总量的真实情况。规范废水排放口的基本原则为：

（1）企业为一个独立的排污单位，废水排放口数量原则上只能有 1～2 个；若排污口过多，应有计划地进行排污口整治和归并工作，最多不宜超过 4 个。

（2）废水排放口位置应根据实际地形和排放污染物的种类情况确定，排放一类污染物的在车间排放口采样，排放其他污染物的在企业的总排放口或污水处理设施的出水口采样，且应在企业边界内或边界外不超过 10 m 处（对污水排放口位置的要求）。

（3）排污口可以是矩形、圆管形或梯形，一般使用混凝土、钢板或钢管等原料，必须具备方便采样和流量测定条件；有压排污管道应安装取样阀门；污水面在地下或距地面超过 1 m，应建取样台阶或梯架；污水直接从暗渠排入市政管道的，应在企业界内或排入市政管道前设置取样口。

（4）列入重要整治的污水排放口和排污许可证总量控制的排污口，必须安装污水流量计，已安装的必须保持正常运作。一般污水排放口可安装巴歇尔槽、三角堰、矩形堰测流槽等测流或计量装置，测流段的直线长度应是其水面的宽度的 3 倍以上。

（5）经规范化整治后的排污口，必须按照国家标准《环境保护图形标志》（GB 15562.1—1995）（GB 1556.2—1995）设置与之相适应的环境保护图形标志牌。

（6）一般性污染物排放口（源）设置提示性环境保护图形标志牌；排放剧毒、致癌物及对人体有严重危害物质的排放口（源）设置警告性环境保护图形标志牌。

（7）标志牌的设置位置应距排污口（采样点）较近且醒目处，设置高度一般为：图形标志牌上缘离地面 2 m。距排污口（采样点）1 m 范围内有建筑物的，挂平面式标志牌，无建筑物的，设置立式标志牌。

二、仪器设备的合法性确认证明

在线自动监测仪器、设备应具备以下适用性检测报告及相应的资质证明：

（1）中华人民共和国计量器具制造许可证；

（2）进口仪器应持有国家质量技术监督部门颁发的计量器具型式批准证书；

（3）具备国家环境保护产品质量检测中心出具的产品适用性检测合格报告和国家环境保护产品认证证书（仅限于国家已开展认证的品目），仪器的名称、型号必须与上述各类证书相符合，且在有效期内。

三、自动监测设备调试合格与试运行报告证明

水污染源自动监测设备调试检测应在其完成安装、初调后，连续运行时间不少于 72 h 后进行，调试检测按照《水污染源在线监测系统安装技术规范（试行）》（HJ/T 353—2007）要求进行，调试检测技术指标应满足《水污染源在线监测系统安装技术规范（试行）》（HJ/T 353—2007）中水污染源在线监测仪器零点漂移、量程漂移、重复性和平均无故障连续运行时间性能指标要求。调试检测应遵循如下原则：

（1）调试可由：① 水污染源自动监测设备的制造者、供应者；② 用户；③ 受委托的有检测能力的部门承担。

（2）调试检测周期为 72 h。在调试检测期间，不允许计划外的维护、检修和调节仪器。因排放源故障或水污染源自动监测设备故障造成调试中断，在排放源或自动监测设备恢复正常后，需要重新开始进行为期 72 h 的调试检测。

（3）水污染源自动监测设备的平均无故障连续运行时间应满足：化学需氧量（COD_{Cr}）自动监测仪≥360 h/次；总有机碳（TOC）水质自动分析仪、氨氮水质自动分析仪、总磷水质自动分析仪、总氮水质自动分析仪和 pH 水质自动分析仪≥720 h/次。

（4）数据采集仪已经和水污染源自动监测设备正确连接，并开始向上位机发送数据。

（5）调试检测后应编制调试检测报告。

四、验收报告

验收监测应在自动监测设备完成调试检测后，按照《水污染源在线监测系统验收技术规范（试行）》（HJ/T 354—2007）要求进行验收监测。验收监测技术指标应满足《水污染源在线监测系统验收技术规范（试行）》（HJ/T 354—2007）要求。验收监测所出具的验收监测报告应包括以下信息：

（1）报告的标识与编号；

（2）检测日期和编制报告的日期；

（3）水污染源自动监测设备标识、制造单位、型号和系列编号；

（4）安装企业的名称和安装位置所在的相关污染源名称；

（5）安装企业的基本信息（企业类型、坐标、排放流域、主要污染物等）；

（6）实验室比对监测方法引用的标准；

（7）所用可溯源到国家标准的标准样品；

（8）实验室比对监测所用的主要设备、仪器等；

（9）检测结果；

（10）备注（技术验收单位认为与评估仪器性能相关的其他信息）。

五、生产工况要求

比对监测期间，生产设备应正常稳定运行。

第三节　水污染源自动监测设备比对监测内容

一、比对监测项目

主要为化学需氧量（COD_{Cr}）、总有机碳（TOC）、氨氮、总磷、总氮、pH 和流量等，其中总有机碳（TOC）应换算成化学需氧量（COD_{Cr}）。

二、比对监测考核指标

主要包括：实际水样比对试验的相对误差和质控样的测试结果。

第四节　水污染源自动监测设备比对监测频次

（1）水污染源在线监测系统的比对监测频次每年至少 4 次，即每季度至少 1 次。季节性生产企业，在生产期内比对监测 4 次。

比对过程中应尽可能保证比对样品均匀一致，每次比对监测要求的样品数量在 3 对以上。

（2）对于化学需氧量（COD_{Cr}）或总有机碳（TOC）换算的化学需氧量（COD_{Cr}）等监测项目，当实际水样 COD_{Cr}＜30 mg/L 时，以接近实际水样的低浓度（约 20 mg/L）质控样代替实际水样进行分析，至少测定 2 次。

比对监测频次的确定可采用事先通知的形式或不通知的抽检形式进行，比对监测应尽可能在 1 天内完成。

第五节　水污染源自动监测设备比对监测方法

采用国家标准、行业标准方法或《水和废水监测分析方法（第 4 版增补版）》（原国家环保总局）中所列方法作为比对监测分析方法，禁止使用非标准监测方法，部分标准监测分析方法见表 8-1。

表 8-1　部分标准监测分析方法

序号	监测分析项目	监测分析方法	方法标准编号
1	化学需氧量	化学需氧量的测定　重铬酸盐法	GB 11914
		高氯废水化学需氧量的测定　氯气校正法	HJ/T 70
2	氨氮	水质铵的测定　纳氏试剂分光光度法	GB 7479
		水质铵的测定　水杨酸分光光度法	GB 7481
3	总磷	水质总磷的测定　钼酸铵分光光度法	GB 11893
4	总氮	水质总氮的测定　碱性过硫酸钾消解紫外分光光度法	GB/T 11894
5	pH	水质 pH 的测定　玻璃电极法	GB 6920
6	水温	水质水温的测定　温度计	GB 13195

一、实际水样比对试验

1. 化学需氧量（COD_{Cr}）自动监测仪的比对监测

采集实际废水样品，用化学需氧量（COD_{Cr}）水质自动监测方法与实验室标准方法（GB 11914）进行比对试验；对于排放高氯废水（氯离子浓度在 1 000～20 000 mg/L）的废水样品，实验室分析方法采用 HJ/T 70。比对过程中应尽可能保证比对样品均匀一致，比对试验总数应不少于 3 对，其中 2 对实际水样比对试验相对误差（A）应满足表 8-2 的要求。实际水样比对试验相对误差（A）公式如下：

$$A = \frac{X_n - B_n}{B_n} \times 100\% \tag{8-1}$$

式中：A ——实际水样比对试验相对误差；

　　　X_n——第 n 次测量值；

B_n——实验室标准方法的测定值；

　　n—— 比对次数。

当实际水样 COD_{Cr} ＜30 mg/L 时，以接近实际水样的低浓度（约 20 mg/L）质控样代替实际水样进行实验，测定 2 次。质控样测定的绝对误差不大于标准值的±5 mg/L。

2. 总有机碳（TOC）自动分析仪的比对监测

总有机碳（TOC）自动分析仪的比对监测同化学需氧量（COD_{Cr}）自动监测仪。

3. 氨氮自动分析仪的比对监测

采集实际废水样品，用氨氮水质在线自动监测方法与实验室标准方法 GB 7479（或 GB 7481）进行比对试验，比对过程中应尽可能保证比对样品均匀一致，比对试验总数应不少于 3 对，其中 2 对实际水样比对试验相对误差（A）应满足表 8-2 的要求。

实际水样比对试验相对误差计算公式如下：

$$A = \frac{X_n - B_n}{B_n} \times 100\% \qquad (8-2)$$

式中：A ——实际水样比对试验相对误差；

　　X_n——第 n 次测量值；

　　B_n——实验室标准方法的测定值；

　　n—— 比对次数。

4. 总氮、总磷自动分析仪的比对监测

采集实际废水样品，总氮自动监测方法与实验室标准方法 GB/T 11894 进行比对试验，总磷自动监测方法与实验室标准方法 GB 11893 进行比对试验，比对过程中应尽可能保证比对样品均匀一致，比对试验总数应不少于 3 对，其中 2 对实际水样比对试验相对误差（A）应满足表 8-2 的要求。

实际水样比对试验相对误差计算公式如下：

$$A = \frac{X_n - B_n}{B_n} \times 100\% \qquad (8-3)$$

式中：A ——实际水样比对试验相对误差；

　　X_n——第 n 次测量值；

　　B_n——实验室标准方法的测定值；

　　n—— 比对次数。

5. pH 自动分析仪的比对监测

采集实际废水样品，用 pH 水质自动分析方法与实验室标准方法 GB 6920 对废水 pH 值进行试验，比对试验过程中应保证在线监测仪器与标准方法测量结果组成一个数据对，至少获得 3 个测定数据对，计算两种测量结果的绝对误差，其中 2 对实际水样比对试验绝对误差应满足表 8-2 的要求。

6. 水温自动分析仪的比对监测

进行现场水温比对试验，用在线监测方法与标准方法 GB 13195 分别测定温度，两种测量结果的绝对误差应满足表 8-2 的要求。

二、质控样考核

采用国家认可的质控样，分别用两种浓度的质控样进行考核，一种为接近实际废水浓度的样品，另一种为超过相应排放标准浓度的样品，每种样品至少测定 2 次，质控样测定的相对误差不大于标准值的±10%。

第六节　水污染源自动监测设备比对监测结果评价

水污染源在线监测系统实际水样比对监测结果评价指标限值见表 8-2。实际水样比对监测至少获得 3 个测定数据对，其中 2 对实际水样比对试验相对误差应满足表 8-2 的要求，质控样测定的相对误差不大于标准值的±10%，比对监测结果判定为合格。

表 8-2　实际水样比对试验考核指标

仪器名称	实际水样比对试验相对误差
化学需氧量（COD_{Cr}）、总有机碳（TOC）	COD_{Cr}＜30 mg/L 时，绝对误差不超过±5 mg/L 以接近实际水样的低浓度（约 20 mg/L）质控样代替实际水样进行试验 30 mg/L≤COD_{Cr}＜60 mg/L 时，相对误差不超过±30% 60 mg/L≤COD_{Cr}＜100 mg/L 时，相对误差不超过±20% COD_{Cr}≥100 mg/L 时，相对误差不超过±15%
氨氮、总磷、总氮	相对误差不超过±15%
pH	绝对误差不超过±0.5pH
水温	绝对误差不超过±0.5℃

第七节　水污染源自动监测设备比对监测质量保证

一、实验室的质量保证措施

（1）实验室分析人员按国家相关规定，经培训考核合格，持证上岗；

（2）实验室的设施和环境条件能够满足监测需要及设备维护要求，保证监测结果的有效性和准确性；

（3）采用国家标准、行业标准方法或《水和废水监测分析方法》（环境保护部）中所列方法作为比对监测分析方法；

（4）定期对用于比对监测的计量仪器设备以及实验室所用标准样品、标准溶液的运行状态进行期间核查，以满足监测要求；

（5）对用于比对监测的计量设备、计量器具的检定、校准和标准物质进行控制，保证量值的准确性和可溯源性；

（6）水样分析质量控制：

① 平行双样测定：分析人员对每批水质样品进行不少于 10%的平行双样测定，平行测定结果的相对偏差应满足方法要求；

② 自行配置的标准物质或标准溶液，必须与国家标准物质进行比对、验证后方可使用；

③ 绘制的标准曲线和工作曲线，原则上已知浓度点不得少于 6 个（含空白浓度），曲线相关系数绝对值（r）应大于或等于 0.999；

④ 测定样品的同时，平行测定已绘制的标准曲线的中等浓度标准溶液，其相对误差应在 5%～10%；

⑤ 空白测定值应小于测定方法的规定值。

二、现场比对监测的质量保证措施

（1）按照比对分析项目及《水质—采样技术指导》（GB 12998—1991）要求，做好比对试验所需采样器具的日常清洗、保管、整理工作；

（2）在水污染源排放口安装自动采样装置的位置进行人工采样，采样至少由两人协同工作，负责现场固定液的添加等；

（3）尽可能在废水自动监测分析仪采样的同时采集实验室分析样品，采样时填写现场采样记录，并及时正确地贴好每个样品标签（采样地点、编号、项目、时间等）以免混淆，做到样品标识的唯一性；

（4）样品采集和保存严格执行 HJ/T 91—2002 的有关规定，实施全过程质量控制和质量保证。

第八节 水污染源自动监测设备比对监测报告格式及内容

一、比对监测报告应包括的信息

比对监测报告由正文和附表组成。正文必须具有的信息包括：

（1）监测机构名称、地址、通信方式、监测日期和报告编制日期；

（2）报告的标识——编号；

（3）排污企业名称、废水自动监控设备安装位置所在的相关污染源名称、排污口位置和编号、采样点编号；

（4）废水自动监控名称、设备制造单位、型号和出厂编号（设备标识）；

（5）实验室比对方法引用的标准、所用的主要设备、仪器等。

二、比对监测报告应包括的工作内容

（1）比对监测时工况；

（2）比对监测项目；

（3）比对监测频次和比对监测时段；

（4）人工监测数据和在线设备监测数据；

（5）比对监测结果评价指标限值；

（6）比对监测结果评价结论；

（7）质量控制的工作内容和措施；

（8）监测报告的三级审核及签字。

比对监测的附表可以根据具体情况列出企业基本信息、企业生产工况、污染物处理工艺、监测点位图、污水排放去向、监测仪器具体信息等。

三、比对监测报告格式实例

废水污染源自动监测设备比对

监测报告

□□□□□[   ]第□□号

企业名称：

运营单位：

报告日期：

□□□（监测单位名称）

（加盖监测业务专用章）

监测报告说明

1. 本报告无本站业务专用章、骑缝章及 CMA 认证章无效。

2. 本报告无三级审核、签发者签字无效。

3. 本报告内容需填写齐全、清楚，涂改无效。

4. 本报告自批准之日起生效。

5. 本报告不得部分复制、摘用或篡改，复印件未加盖本单位报告专用章无效。由此引起的法律纠纷，责任自负。

6. 本报告不得用于商品广告，违者必究。

7. 如对本报告有疑问，可与本站联系。

本机构通信资料：

单位名称：□□□环境监测（中心）站

地址：□□省□□市□□区□□□路□□号

邮政编码：□□□□□□

电话：□□□-□□□□□□□□

传真：□□□-□□□□□□□□

一、依据

（1）《地表水和污水监测技术规范》（HJ/T 91—2002）

（2）《水污染源在线监测系统运行与考核技术规范（试行）》（HJ/T 355—2007）

（3）《水污染源在线监测系统数据有效性判别技术规范（试行）》（HJ/T 356—2007）

二、标准

比对试验总数应不少于 3 对，其中 2 对实际水样比对试验相对误差（A）应满足表 1 的要求，质控样测定的相对误差不大于标准值的 ±10%。

表 1   实际水样比对试验考核指标要求

指标名称	实际水样比对试验相对误差
化学需氧量（COD_{Cr}）、总有机碳（TOC）	$COD_{Cr} < 30$ mg/L 时，绝对误差不超过 ±5 mg/L 以接近实际水样的低浓度（约 20 mg/L）质控样代替实际水样进行试验
	30 mg/L ≤ COD_{Cr} < 60 mg/L 时，相对误差不超过 ±30%
	60 mg/L ≤ COD_{Cr} < 100 mg/L 时，相对误差不超过 ±20%
	COD_{Cr} ≥ 100 mg/L 时，相对误差不超过 ±15%
氨氮、总磷、总氮	相对误差不超过 ±15%
pH	绝对误差不超过 ±0.5pH
水温	绝对误差不超过 ±0.5℃

三、工况

编号：

第　　页共　页

测试报告

排污企业名称		现场监测日期	
站点名称		分析日期	
工况		样品类型	
测试项目		在线仪器测量范围	

实际水样测定

样品编号	采样时间	在线仪器测定值	实验室测定值	比对试验绝对误差	比对试验相对误差/%	结果评定	备注

质控样品测定

标样编号	测试时间	测试结果	标准样品批号	标准样品浓度范围	结果评定	备注

技术说明

	方法	仪器名称	仪器型号	仪器出厂编号	检出限
实验室仪器					
在线仪器					
比对结果					

*pH 单位为无量纲，其余项目单位为 mg/L。

部门审核人：_____　　项目负责人：_____　　批准人：_____

日　　期：_____　　日　　期：_____　　日　　期：_____

附表 工业企业基本情况

企业名称						
地址	市县（市区）路号				邮编	
联系人		固定电话		手机		
行业类别		主要产品生产周期		排污口总数		

监测日期	主要产品名称	计量单位	产量/生产能力	主要原辅料名称	计量单位	耗量

废水处理工艺（可附图）		废水处理设施名称	
处理设施设计处理量/（t/d）		处理设施实际处理量/（t/d）	
废水排放量/（t/d）		废水排放规律	
废水排放去向		纳污水体功能区类别	
环评批复对在线设备要求及文号			
排污口位置	东经： 度 分 秒；北纬： 度 分 秒		
排污口规划情况			
安装位置是否规范			
自动监测项目			
设备安装日期			
设备型号			
出厂编号（每台标识）			
生产商			
集成商			
获取计量器具型式批准证件或生产许可证时间			
通过环境监测仪器质量监督检验中心适用性检测时间			
方法原理			
检出限/（mg/L）			
测定量程/（mg/L）			
现场故障模拟实验情况			
运营单位			

附表 污水处理厂基本情况

名称	
地址	市县（市区）路号　　　　　　　　　邮编
联系人	固定电话　　　　手机
废水处理工艺	
废水处理设施名称	
处理设施设计处理量/（万 t/d）	
处理设施实际处理量/（万 t/d）	
进水中工业废水和生活废水比例（工业废水∶生活废水）	
废水排放规律	
废水排放去向	
纳污水体功能区类别	
环评批复对在线设备要求及文号	
排污口位置	东经：　度　分　秒；北纬：　度　分　秒
排污口规划情况	
安装位置是否规范	
自动监测项目	
设备安装日期	
设备型号	
出厂编号（每台标识）	
生产商	
集成商	
获取计量器具型式批准证件或生产许可证时间	
通过环境监测仪器质量监督检验中心适用性检测时间	
方法原理	
检出限/（mg/L）	
测定量程/（mg/L）	
现场故障模拟实验情况	
运营单位	

第九节　固定污染源烟气自动监测设备比对监测条件

固定污染源烟气自动监测设备（CEMS）的比对监测必须在满足以下条件下进行。

一、排污口的规范与要求

烟气排放口必须符合责任环保部门规范化排污口要求，并设置有环境保护图形标志牌，标志牌应注明污染源的特征和统一编号。

二、固定污染源烟气自动监测设备（CEMS）安装要求

详见第四章第二节中固定污染源 CEMS 安装要求。

三、仪器设备的合法性确认证明

固定污染源烟气 CEMS 相关仪器（颗粒物、SO_2、NO_x、流速等）应具备以下适用性检测报告及相应的资质证明：

（1）中华人民共和国计量器具制造许可证；

（2）进口仪器应持有国家质量技术监督部门颁发的计量器具型式批准证书；

（3）具备国家环境保护产品质量检测中心出具的产品适用性检测合格报告和国家环境保护产品认证证书（仅限于国家已开展认证的品目），仪器的名称、型号必须与上述各类证书相符合，且在有效期内。

四、验收报告

验收监测应在自动监测设备完成调试检测后，按照《固定污染源烟气排放连续监测技术规范（试行）》（HJ/T 75—2007）要求进行参比方法验收监测。参比方法验收监测技术指标应满足 HJ/T 75—2007 要求。验收监测所出具的验收监测报告应包括以下信息：

（1）报告的标识与编号；

（2）监测日期和编制报告的日期；

（3）烟气 CEMS 监测设备标识、制造单位、型号和系列编号；

（4）安装的企业名称和安装位置所在的相关污染源名称；

（5）安装的企业的基本信息（企业类型、主要污染物等）；

（6）参比方法引用的标准；

（7）所用可溯源到国家标准的标准气体；

（8）参比方法所用的主要设备、仪器等；

（9）监测结果；

（10）备注（技术验收单位认为与评估仪器性能相关的其他信息）。

五、生产工况要求

比对监测期间，生产设备应正常稳定运行。

第十节　固定污染源烟气自动监测设备比对监测内容

一、比对监测项目

烟气温度、烟气流速、氧量和污染物实测浓度（颗粒物、SO_2、NO_x）。

二、核查参数

过量空气系数、烟气流量、污染物折算浓度、污染物排放速率。

第十一节　固定污染源烟气自动监测设备比对监测频次

（1）对国家重点监控企业安装的固定污染源烟气 CEMS 的比对监测每年至少 4 次，即每季度至少 1 次。

（2）每次比对监测，对颗粒物浓度、烟气流速、烟温用参比方法至少获取 3 个测试断面的平均值，气态污染物（SO_2、NO_x）和氧量至少获取 6 个数据（其中仪器法可选取 5 min 平均值为 1 个数据，化学法以一个样品的采样时间段平均值为 1 个数据），取测试的平均值与同时段烟气 CEMS 的平均值进行准确度计算。

第十二节　固定污染源烟气自动监测设备比对监测方法

一、比对监测遵循原则

比对监测必须遵循以下原则：
（1）监测期间，生产设备要正常稳定运行；
（2）监测前，首先要核准烟尘采样器、烟气分析仪、烟气 CEMS 等相关仪器的显示时间；
（3）参比方法测定湿法脱硫后的烟气，使用的烟气分析仪必须配有符合国家标准规定的烟气前处理装置（如加热采样枪和快速冷却装置等）；

（4）监测前，参比方法使用的烟气分析仪必须现场使用标准气体检查准确度，并记录现场校验值；

（5）每个监测项目的数据需记录时间；

（6）对颗粒物浓度、烟气流速、烟温参比方法至少获取 3 个测试断面的平均值，气态污染物（SO_2、NO_x）和氧量至少获取 6 个数据（其中仪器法可选取 5 min 平均值为 1 个数据，化学法以一个样品的采样时间段平均值为 1 个数据）。

二、比对监测参比方法

参比方法采用国家标准、行业标准、《空气和废气监测分析方法》（第 4 版增补版）或相关国际标准中所列方法，见表 8-3。

表 8-3　参比监测项目分析方法

序号	监测分析项目	监测分析方法	方法标准编号
1	颗粒物	重量法	GB/T 16157—1996/ISO 12141—2002
2	氧量	电化学法、氧化锆法、热磁式氧分析法	《空气和废气监测分析方法》（第 4 版增补版）
3	二氧化硫	非分散红外吸收法	
		碘量法	HJ/T 56—2000
		定电位电解法	HJ/T 57—2000
4	氮氧化物	非分散红外吸收法	《空气和废气监测分析方法》（第 4 版增补版）
		定电位电解法	
		紫外分光光度法	HJ/T 42—1999
		盐酸萘乙二胺分光光度法	HJ/T 43—1999
5	烟气流速	皮托管法	GB/T 16157—1996
6	烟气温度	热电耦法、电阻温度计	GB/T 16157—1996

三、比对测试

1. 颗粒物比对监测（重量法）

① 方法原理：按等速原则从烟道中抽取一定体积的含颗粒物烟气，通过已知重量的滤筒，烟气中的尘粒被捕集，根据滤筒在采样前后的重量差和采样体积，计算颗粒物排放浓度。

② 测量仪器：烟尘采样仪。

③ 测定步骤：将烟尘采样管由采样孔插入烟道中，使采样嘴置于测点上，正对气流，按颗粒物等速采样原理，抽取一定量的含尘气体。根据采样管滤筒上所捕集到的颗粒物量和同时抽取的气体量，计算出烟气中颗粒物浓度。

2. 气态污染物（SO_2、NO_x 等）及氧量比对监测

（1）化学法

方法原理：通过加热采样管将气样抽入到装有吸收液的吸收瓶中，经化学分析或仪器

分析得出污染物含量。

测定步骤：

① 按实验室化学分析操作要求进行准备，并用记号笔进行样品编号。

② 用连接管将吸收瓶与烟气采样器连接，连接管应尽可能短。当烟气中气态污染物浓度较高时，应考虑串联吸收瓶和吸附管。当吸收液温度较高而对吸收效率有影响时，应将吸收瓶放入冷水槽中冷却。

③ 采样管出口至吸收瓶或吸附管之间连接管要用保温材料保温，当管线长时，须采取加热保温措施。

④ 打开采样管加热电源，将采样管加热到所需温度。

⑤ 接通采样管路，置换吸收瓶前采样管路内的空气，调节所需要的采样流量进行采样，采样期间应保持流量恒定，波动应不大于±10%。采样时间视待测污染物浓度而定，但每个样品采样时间一般不少于 10 min。

⑥ 采样结束，切断采样管至吸收瓶之间气路，防止烟道负压将吸收液与空气抽入采样管。

⑦ 采集的样品应放在不与被测物产生化学反应的容器内贮存，容器要密封并注明样品编号后，送实验室在规定的时间内完成分析。

（2）仪器法

方法原理：通过采样管、颗粒物过滤器和除湿器（制冷器），用抽气泵将样气送入分析仪器中，直接显示被测气态污染物的含量。

测定步骤：

① 检查并清洁采样预处理器的颗粒物过滤器，除湿器和输气管路，必要时更换滤料。

② 连接采样管、采样预处理器和检测仪的气路和电路。

③ 连接管线要尽可能短，当使用较长管线时，应注意防止样气中水分冷凝，应对管线加热。

④ 将采样管置于环境空气中，接通仪器电源，仪器自检并校正零点后，自动进入测定状态。

⑤ 通入接近污染源待测污染物浓度的标准气体校准仪器，测定值必须在标准气体保证值±5%以内；以氮气为平衡气体的标准气体，校准时仪器显示氧量应为零。

将采样管插入烟道中，堵严采样孔使之不漏气，抽取烟气进行测定，待仪器读数稳定后即可记录（打印）测试数据。

⑥ 测定结束后，将采样管从烟道取出置于环境空气中，抽取干净空气直至仪器示值回零后关机。

3．烟气流速比对监测（皮托管法）

① 测定仪器：S 型皮托管，皮托管系数 K_p 为 0.83～0.85，其正、反方向的修正系数相差应不大于 0.01。

② 测定步骤

a. 检查皮托管是否漏气：用橡皮管将全压管的出口与微压计的正压端连接，静压管的出口与微压计的负压端连接。由全压管测孔吹气后，迅速堵严该测孔，如微压计的液柱面位置不变，则表明全压管不漏气；此时再将静压测孔用橡皮管或胶布密封，然后打开全压测孔，此时微压计液柱将跌落至某一位置，如果液面不继续跌落，则表明静压管不漏气。

b. 测量步骤：在各测点上，使皮托管的全压测孔正对着气流方向，其偏差不得超过10°，自动测定烟道断面各测点的排气温度、动压、静压和环境大气压，根据测得的参数仪器自动计算出各点的流速。

4. 烟气温度（热电耦法、电阻温度计法）

① 测定仪器：热电耦温度计、电阻温度计。

② 测定步骤：将测量仪器插入烟道中测点处，封闭测孔，待温度计读数稳定后读数。

四、核查参数

核查烟气 CEMS 中过量空气系数、烟气流量、污染物折算浓度、污染物排放速率等参数设置及计算是否正确。

1. 过量空气系数

进入烟气系统设置，检查过量空气系数计算公式是否正确。过量空气系数按下式计算得出：

$$a = 20.9/（20.9 - X_{O_2}）$$ (8-4)

式中：a ——空气过量系数；

X_{O_2}——实际测得氧的体积百分数。

2. 烟气流量

进入烟气 CEMS 系统设置，检查标准状态下干烟气流量计算公式是否正确。

标准状态下干烟气流量按下式计算得出：

$$Q_{sn} = Q_s \times \frac{273}{273 + t_s} \times \frac{p_a + p_s}{101\,325} \times (1 - B_{ws})$$

$$Q_s = 3\,600 \times F \times \bar{V}_s$$ (8-5)

式中：Q_{sn}——标准状态下干烟气流量，m^3/h；

Q_s——实际条件下湿烟气流量，m^3/h；

p_a——大气压力，Pa；

t_s——烟气温度，℃；

p_s——烟气静压，Pa；

B_{ws}——烟气湿度；

F——测定断面面积，m^2；

$\bar{V}_s$——测定断面的湿烟气流速，m/s。

3. 污染物折算浓度

进入烟气 CEMS 系统设置，检查污染物折算浓度计算公式是否正确。

污染物折算浓度按下式计算得出：

$$c = c' \times \frac{\alpha}{\alpha_s}$$ (8-6)

式中：c ——折算成过量空气系数为 α_s 时污染物的排放浓度，mg/m^3；

c'——标准状态下干烟气中污染物浓度，mg/m^3；

α　——实测过量空气系数；

α_s——排放标准中规定的过量空气系数。

4．污染物排放速率

进入烟气 CEMS 系统设置，检查污染物排放速率计算公式是否正确。

污染物排放速率按下式计算得出：

$$G = c' \times Q_{sn} \times 10^{-6} \tag{8-7}$$

式中：G ——污染物排放速率，kg/h；

Q_{sn} ——标准状态下干烟气流量，m^3/h。

第十三节　固定污染源烟气自动监测设备比对监测结果评价标准

一、评价标准

参照《固定污染源烟气排放连续监测技术规范》（HJ/T 75—2007）的要求，烟气温度、烟气流速、氧含量和污染物实测浓度（颗粒物、二氧化硫、氮氧化物）需满足表 8-4 中的技术指标要求。

表 8-4　烟气 CEMS 考核指标要求

检测项目		考核指标
颗粒物	准确度	当参比方法测定烟气中颗粒物排放浓度： $\leqslant 50\ mg/m^3$ 时，绝对误差不超过 $\pm 15\ mg/m^3$； $50\sim 100\ mg/m^3$ 时，相对误差不超过 $\pm 25\%$； $100\sim 200\ mg/m^3$ 时，相对误差不超过 $\pm 20\%$； $>200\ mg/m^3$ 时，相对误差不超过 $\pm 15\%$；
气态污染物	准确度	当参比方法测定烟气中二氧化硫、氮氧化物排放浓度： $\leqslant 20\ \mu mol/mol$ 时，绝对误差不超过 $\pm 6\ \mu mol/mol$； $20\sim 250\ \mu mol/mol$ 时，相对误差不超过 $\pm 20\%$； $>250\ \mu mol/mol$ 时，相对准确度 $\leqslant 15\%$
		当参比方法测定烟气中其他气态污染物排放浓度时： 相对准确度 $\leqslant 15\%$
氧量	相对准确度	$\leqslant 15\%$
烟气流速	相对误差	流速$>10\ m/s$ 时，不超过 $\pm 10\%$； 流速$\leqslant 10\ m/s$ 时，不超过 $\pm 12\%$
烟气温度	绝对误差	不超过 $\pm 3\,℃$

二、评价方法

1. 颗粒物

① 颗粒物浓度绝对误差计算：

$$\Delta C = C_{\mathrm{CEMS}} - C_i \qquad (8\text{-}8)$$

式中：ΔC ——颗粒物浓度绝对误差，$\mathrm{mg/m^3}$；

C_{CEMS}——参比方法测定颗粒物平均浓度，$\mathrm{mg/m^3}$；

C_i——颗粒物 CEMS 与参比方法同时段测定的颗粒物平均浓度，$\mathrm{mg/m^3}$。

② 颗粒物浓度相对误差计算：

$$R_{\mathrm{ep}} = (C_{\mathrm{CEMS}} - C_i) / C_i \times 100\% \qquad (8\text{-}9)$$

式中：R_{ep}——颗粒物浓度相对误差，%；

C_i——参比方法测定颗粒物浓度平均值，$\mathrm{mg/m^3}$；

C_{CEMS}——颗粒物 CEMS 与参比方法同时段测定的颗粒物浓度平均值，$\mathrm{mg/m^3}$。

2. 气态污染物（二氧化硫、氮氧化物）

① 绝对误差和相对误差计算

参照颗粒物评价计算方法。

② 相对准确度计算

$$\mathrm{RA} = \frac{|\overline{d}| + |\mathrm{cc}|}{\overline{\mathrm{RM}}} \times 100\% \qquad (8\text{-}10)$$

式中：RA ——相对准确度，%；

$|\overline{d}|$——数据对差的平均值的绝对值；

$|\mathrm{cc}|$——置信系数的绝对值；

$\overline{\mathrm{RM}}$ ——参比测定结果的平均值。

$$\overline{\mathrm{RM}} = \frac{1}{n} \sum_{i=1}^{n} \mathrm{RM}_i \qquad (8\text{-}11)$$

式中：$\overline{\mathrm{RM}}$ ——第 i 个数据对中的参比方法测定值；

n ——数据对的个数。

$$d_i = \mathrm{RM}_i - \mathrm{CEMS}_i \qquad (8\text{-}12)$$

式中：d_i ——第 i 个数据对之差；

CEMS$_i$ ——第 i 个数据对中的 CEMS 测定值。

注：在计算数据对差的和时，保留差值的正、负号

$$cc = \pm t_{f,0.95} \frac{S_d}{\sqrt{n}} \qquad (8\text{-}13)$$

其中置信系数（cc）由表 8-5 t 值表查得统计值和数据对差的标准偏差表示：

表 8-5　t 值表

5	6	7	8	9	10	11	12	13	14	15	16
2.571	2.447	2.365	2.306	2.262	2.228	2.201	2.179	2.160	2.145	2.131	2.120

$t_{f,0.95}$ ——由 t 值表查得，$f = n - 1$；

$$S_d = \sqrt{\frac{\sum_{i=1}^{n}(d_i - \bar{d})^2}{n-1}} \qquad (8\text{-}14)$$

式中：S_d ——参比方法与 CEMS 测定值数据对的差的标准偏差。

3．含氧量

参照气态污染物的评价方法计算相对准确度。

4．烟气流速

参照颗粒物评价方法计算相对误差。

5．烟气温度

参照颗粒物评价方法计算相对误差。

三、比对数据报表

以下比对数据报表作为比对监测原始记录表。

1．颗粒物 CEMS/烟气流速 CEMS/烟气温度 CEMS 比对监测数据报表（表 8-6）

表 8-6　参比方法评估颗粒物 CEMS/烟气流速 CEMS/烟气温度 CEMS 比对数据报表

测试人员　　　　　　　　　　CEMS 生产厂

测试地点　　　　　　　　　　CEMS 型号、编号

测试位置　　　　　　　　　　CEMS 原理

参比方法　　　仪器生产厂型号、编号　　　　原理

日期	时间/(时、分)	参比方法							CEMS 法		
		序号	滤筒编号	颗粒物重/mg	采气体积/L	浓度/(mg/m^3)	流速/(m/s)	温度/℃	测定值/(mg/m^3)	流速/(m/s)	温度/℃
颗粒物浓度平均值/(mg/m^3)											
流速平均值/(m/s)											
温度平均值/℃											
颗粒物相对误差/%											
颗粒物绝对误差/(mg/m^3)											
流速相对误差/%											
温度绝对误差/℃											

2. 气态污染物 CEMS/氧量 CEMS 比对监测数据报表（表 8-7）

表 8-7 参比方法评估气态污染物 CEMS 相对误差/绝对误差报表

测试人员　　　　　　　　　　　CEMS 生产厂

测试地点　　　　　　　　　　　CEMS 型号、编号

测试位置　　　　　　　　　　　CEMS 原理

参比方法　　　　仪器生产厂型号、编号　　　　　　原理

测试日期　　年　　月　　日　污染物名称　　　　计量单位

样品编号	时间/(时、分)	参比方法（RM）		CEMS 法
平均值				
绝对误差				
相对误差/%				

标准气态	名称	保证值	参比方法测定结果		相对误差/%	
			采样前	采样后	采样前	采样后

表 8-8　参比方法评估气态污染物 CEMS/氧量 CEMS 相对准确度报表

测试人员		CEMS 生产厂		
测试地点		CEMS 型号、编号		
测试位置		CEMS 原理		
参比方法	仪器生产厂型号、编号		原理	
测试日期　　年　　月　　日		污染物名称	计量单位	

样品编号	时间/（时、分）	参比方法（RM）A	CEMS 法 B	数据对差 $=B-A$
平均值				
数据对差的平均值的绝对值				
数据对差的标准偏差				
置信系数				
相对准确度				

标准气体	名称	保证值	参比方法测定结果		相对误差/%	
			采样前	采样后	采样前	采样后

第十四节　固定污染源烟气自动监测设备比对监测质量保证

一、比对监测仪器的质量保证措施

（1）比对测试中使用的仪器必须经有关计量检定单位检定合格，且在检定期限内。

（2）烟气温度测量仪表、空盒大气压力计、皮托管、真空压力表（压力计）、转子流量计、干式累积流量计、采样管加热温度等，至少半年自行校正一次。校正方法按 GB/T 16157—1996 中第 12 章执行。

（3）参比方法测定湿法脱硫后的烟气，使用的烟气分析仪必须配有符合国家标准规定的烟气前处理装置（如加热采样枪和快速冷却装置等）。

（4）参比方法使用的烟气分析仪必须每次现场使用标准气体检查准确度，并记录现场校验值，若仪器校正示值偏差不高于±5%，则为合格。

（5）定电位电解法烟气测定仪和测氧仪的电化学传感器，当性能不满足测定要求时，必须及时更换传感器，送有关计量检定单位检定合格后方可使用。

二、现场比对监测的质量保证措施

（1）按照等速采样的方法，应使用颗粒物采样仪，以保证等速采样精度。进行多点采样时，每点采样时间不少于各点采样时间应相等或每个固定污染源测定时所采集样品累计的总采气量不少于 1 m³。

（2）使用颗粒物采样仪进行颗粒物及流速测定时，采样嘴和皮托管必须正对烟气流向偏差不得超过 10°。当采集完毕或更换测试孔时，必须立即封闭采样管路，防止负压反抽样品。

（3）当采集高浓度颗粒物时，若发现测压孔或采样嘴被尘粒沾堵，应及时清除。

（4）滤筒处理和称重：用铅笔编号，在 105～110℃烘烤 1 h，取出放入干燥器中冷却至室温，用感量 0.1 mg 天平称重，两次重量之差不超过 0.5 mg。当测试 400℃以上烟气时，应预先在 400℃烘烤 1 h，取出放入干燥器中冷却至室温，称至恒重。

（5）采用碘量法测定二氧化硫时，吸收瓶用冰浴或冷水浴控制吸收液温度，以保证吸收效率。

（6）用烟气分析仪对烟气二氧化硫、氮氧化物等测试。测定结束时，应通入新鲜洁净的空气，使仪器回到零点后，保持 10 min，使检测器中的被测气体全部排出后，方可关机。下次测定时，必须用洁净的空气校准仪器零点。

（7）在现有采样管的技术条件下，如果烟道截面高度大于 4 m，则应在侧面开设采样孔；如宽度大于 4 m，则应在两侧开设采样孔，并设置符合要求的多层采样平台。以两侧测得的颗粒物平均浓度代表这一截面的颗粒物平均浓度。

第十五节　固定污染源烟气自动监测设备比对监测报告内容及格式

一、比对监测报告内容

比对监测报告应包括以下主要信息：

（1）报告的标识——编号；

（2）监测日期和编制报告的日期；

（3）烟气 CEMS 标识——制造单位、型号和系列编号；

（4）安装烟气 CEMS 的企业名称和安装位置所在的相关污染源名称；

（5）参比方法引用的标准；

（6）所用可溯源到国家标准的标准气体；

（7）参比方法所用的主要设备、仪器等；

（8）监测结果和结论；

（9）测试单位；

（10）备注。

二、比对监测报告格式示例

固定污染源烟气自动监测设备比对

监测报告

□□□□□[ ]第□□号

企业名称:
运营单位:
报告日期:

□□□（监测单位名称）

（加盖监测业务专用章）

监测报告说明

1. 本报告无本站业务专用章、骑缝章及 CMA 认证章无效。

2. 本报告内容需填写齐全、清楚，涂改无效；无三级审核、签发者签字无效。

3. 监测委托方如对本报告有异议，须于收到本报告之日起十日内以书面形式向本站提出，逾期不予受理。无法保存、复制的样品不受理申诉。

4. 未经本站书面批准，不得部分复制本报告。

5. 本报告及数据不得用于商品广告，违者必究。

本机构通信资料:
单位名称: □□□环境监测（中心）站
地址: □□省□□市□□区□□□路□□号
邮政编码: □□□□□□
电话: □□□-□□□□□□□□
传真: □□□-□□□□□□□□

一、前言

（企业基本情况，污染源治理设施基本情况，安装烟气 CEMS 基本情况，包括安装位置、CEMS 生产厂家、设备名称、设备型号等）

二、依据

（1）《固定污染源排气中颗粒物测定与气体污染物采样方法》（GB/T 16157—1996）

（2）《固定污染源烟气排放连续监测技术规范（试行）》（HJ/T 75—2007）

三、标准

监测项目		考核指标
颗粒物	准确度	当参比方法测定烟气中颗粒物排放浓度： ≤50 mg/m³ 时，绝对误差不超过 ±15 mg/m³; 50~100 mg/m³ 时，相对误差不超过 ±25%; 100~200 mg/m³ 时，相对误差不超过 ±20%; >200 mg/m³ 时，相对误差不超过 ±15%
气态污染物	准确度	当参比方法测定烟气中二氧化硫、氮氧化物排放浓度： ≤20 μmol/mol 时，绝对误差不超过 ±6 μmol/mol; 20~250 μmol/mol 时，相对误差不超过 ±20%; >250 μmol/mol 时，相对准确度 ≤15%
		当参比方法测定烟气中其他气态污染物排放浓度： 相对准确度 ≤15%
氧量	相对准确度	≤15%
烟气流速	相对误差	流速 >10 m/s 时，不超过 ±10%; 流速 ≤10 m/s 时，不超过 ±12%
烟气温度	绝对误差	不超过 ±3℃

四、工况

五、结果

固定污染源烟气 CEMS 比对监测结果表

企业名称：　　　　　　　　　　测试日期：　　年　　月　　日

测试点位：

CEMS 主要仪器型号			
仪器名称	型号	原理	制造单位
CEMS 系统			
颗粒物分析仪			
二氧化硫分析仪			
氮氧化物分析仪			
氧量分析仪			
烟气流速			
烟气温度			

项目	参比法数据	CEMS 数据	单位	限值	监测结果
颗粒物					
二氧化硫					
氮氧化物					
氧量					
烟气流速					
烟气温度					

所用标准气体名称	浓度值	生产厂商名称

参比方法	所用仪器名称	型号、编号	原理	方法依据

备注	填写说明： 　1. 核查烟气 CEMS 中过剩空气系数、烟气流量、污染物折算浓度、污染物排放速率等参数设置及计算是否正确 　2. 其他相关信息
结论	填写说明： 　1. 对 6 项监测项目评价 　2. 评价过剩空气系数、烟气流量、污染物折算浓度、污染物排放速率等参数设置及计算是否正确 　3. 对不合格项提出整改意见

报告编写人：　　　　　　　　　　日期：

质量负责人：　　　　　　　　　　日期：

技术负责人：　　　　　　　　　　日期：

第十六节 环境空气质量自动监测设备值溯源

一、仪器设备的传递和标定

（一）流量传递

1. 流量标准的间接传递

流量标准的间接传递是一种两级方式的传递过程。第一级传递是指经国家计量部门质量检验和标准传递过的一级标准流量测定装置，如皂膜流量计、湿式流量计和活塞式流量计对用于现场校准和标定的转递标准，如质量流量计或电子皂膜流量计等流量测定装置进行流量校准和标定。第二级传递是指用经过一级标准标定过的传递标准对用于现场流量测定的工作标准，如质量流量控制器等流量测定装置进行校准和标定。以下为标准传递的具体方法和步骤：

（1）质量流量计校准（第一级传递）

校准设备安装和气路连接及质量流量计校准和标定过程如图 8-1 所示：

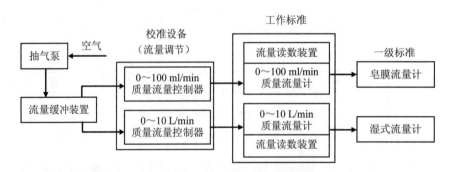

图 8-1 流量传递和校正仪器连接图

① 按图 8-1 连接所有进行流量传递和校准的设备，在连接过程中要检查气路，严防泄漏。

② 在确保整个气路无气流通过的情况下，观察质量流量控制器的读数（R_C）和质量流量计流量显示读数（R_M），如不为零，调节质量流量控制器和质量流量计流量显示读数的零电位器，使（R_C）、（R_M）和一级标准流量测定装置的流量读数为零。

③ 启动抽气泵，设置质量流量控制器读数（R_C）于满量程的 100%，待读数稳定后，在皂膜流量计上产生皂膜，用秒表记录皂膜通过玻璃管上 100 ml 体积刻度时所需时间；或观察湿式流量计面板流量指针通过面板刻度盘上一定体积刻度所需的时间，以上过程至少重复 3 次，对 3 次进行算术平均，平均结果记为（t）。如是活塞式流量计，可直接从流量计直接读取流量值。

④ 测定校准现场环境温度和压力参数。温度、压力测试设备应经国家计量部门检验

标定，并在有效使用期限内。将一级标准流量测定装置的实测流量按如下公式修正至标准状态下的质量流量（Q_S）；如使用活塞式流量计，可直接将读数乘以由温度和压力计算出的修正系数。然后观察质量流量计读数（R_M）与质量流量（Q_S）是否相符，如不相符，调节质量流量计内部电位器，使读数（R_M）与质量流量（Q_S）相符。

$$Q_S = V_S/t = V_m/t \times \{[(P_B - P_T) - P_V + \Delta P_m]/P_S \times T_S/T\} \tag{8-15}$$

式中：Q_S——标准状态下的质量流量，ml/min 或 L/min；

V_S——标准状态下的体积，ml 或 L；

V_m——皂膜通过玻璃管上不同刻度线间的体积（ml）或流量指针通过面板刻度盘上不同刻度的体积，L；

t——3 次测定时间的平均值，min；

P_B——校准时环境大气压；

P_T——温度对压力计读数的修正值（kPa，该修正值可查阅压力计厂家提供的使用手册）；

P_V——给定温度下的饱和蒸气压，kPa；

ΔP_m——湿式流量计的水压计上水压差读数(kPa，皂膜流量计不考虑此值)；

P_S——标准状态下的压力，101.325kPa；

T——校准时的环境温度，K；

T_S——标准状态下的温度，273K。

⑤ 如质量流量计具有半满量程调节点，则重复步骤③、④，设定质量流量控制器读数（R_C）在满量程的 50%，待读数稳定后，观察质量流量计流量读数（R_M）与一级标准流量测定装置测得的质量流量（Q_S）是否相符，如不符，调节质量流量计内部电位器使读数（R_M）与一级标准流量测定装置测得的质量流量（Q_S）相符。

⑥ 重复步骤②、③、④和⑤，直至不用调节质量流量计内部电位器，使质量流量计读数（R_M）与一级标准流量测定装置测得的质量流量（Q_S）相符，且保持稳定，并分别记录读数（R_M）和（Q_S）。

⑦ 分别设置质量流量控制器读数（R_C）在满量程的 20%、40%、60% 和 80%，并观察和记录相应的质量流量计读数（R_M）、一级标准流量测定装置的实测流量和质量流量（Q_S）。

⑧ 绘制校准曲线和检验指标根据最小二乘法计算得到质量流量（Q_S）和质量流量计读数（R_M）之间的校准曲线，两者之间呈线性关系，其校准曲线应满足以下校准方程：

$$Q_S = b_1 \times R_M + a_1 \tag{8-16}$$

式中：Q_S——质量流量值；

R_M——质量流量计流量读数；

b_1——校准曲线斜率；

a_1——校准曲线截距。

为确保对质量流量计进行流量标准传递的准确度在 ±1% 范围内，对所获校准曲线的检验指标应符合以下要求：

相关系数（r）>0.999 9；

0.99≤斜率（b_1）≤1.01；

截距（a_1）＜满量程±1%。

若其中任何一项不满足指标要求，则需对质量流量计重新进行调整。

⑨ 注意事项

a. 皂膜流量计或湿式流量计在使用前，应先将工作台调节至水平状态，检查设备连接是否漏气和漏水。

b. 测定体积流量时，为减少操作误差和测量误差，一般规定皂膜通过玻璃管不同体积刻度或流量指针通过面板刻度所需的最短时间应大于 30 s，3 次测定结果的误差应在±1%范围内。

（2）质量流量控制器校准（第二级传递）

校准设备安装和气路连接及质量流量控制器校准和标定过程如下：

① 按图 8-2 连接所有进行流量传递和校准的设备，在连接过程中要检查气路，严防泄漏。

② 在确保整个气路无气流通过的情况下，观察质量流量控制器读数（R_C），如不为零，调节流量控制器零电位器，使读数（R_C）和质量流量计读数（R_M）为零。

③ 启动抽气泵，设置质量流量控制器读数（R_C）于满量程的 100%，待读数稳定后，观察质量流量控制器读数（R_C）与质量流量计读数（R_M）是否相符，如不符，调节质量流量控制器内部电位器，使其读数（R_C）与质量流量计读数（R_M）相符。

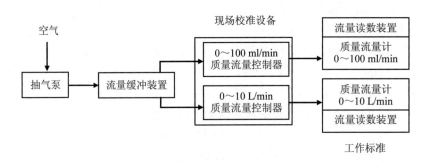

图 8-2　质量流量控制器标定图

④ 如质量流量控制器具有半满量程调节点，则设置质量流量控制器于满量程的 50%，待读数（R_C）稳定后，观察质量流量控制器读数（R_C）与质量流量计读数（R_M）是否相符，如不符，调节质量流量控制器内部电位器，使读数（R_C）与读数（R_M）相符。

⑤ 重复步骤②、③、④，直至不用调节质量流量控制器内部电位器，使读数（R_C）与读数（R_M）相符，且保持稳定，并分别记录读数（R_C）和（R_M）。

⑥ 分别设置质量流量控制器读数（R_C）在满量程的 20%、40%、60% 和 80%，并观察和记录相应的质量流量控制器读数（R_C）和质量流量计读数（R_M）。

⑦ 根据第一级传递所得的质量流量（Q_S）和质量流量计读数（R_M）之间的校准方程，将各个质量流量计读数（R_M）换算成相应的质量流量（Q_S）。

⑧ 绘制校准曲线和检验指标根据最小二乘法计算得到质量流量（Q_S）和质量流量控制器流量读数（R_C）之间的校准曲线，两者之间呈线性关系，其校准曲线应满足以下校准方程：

$$Q_S = b_2 \times R_C + a_2 \tag{8-17}$$

式中：Q_S———质量流量值；

$\quad\quad R_C$———质量流量控制器流量读数；

$\quad\quad b_2$———校准曲线斜率；

$\quad\quad a_2$———校准曲线截距。

为确保对质量流量控制器进行流量标准传递的准确度在±1%范围内，对所获校准曲线的检验指标应符合以下要求：

相关系数（r）>0.999 9；

0.99≤斜率（b_2）≤1.01；

截距（a_2）<满量程±1%。

若其中任何一项不满足指标要求，则需对质量流量控制器重新进行调整。

（3）质量流量控制器的再校准

对经过校准的质量流量控制器重复质量流量控制器校准中的步骤进行再校准，再校准后的校准曲线应满足质量流量控制器校准⑧中的指标要求。若其中有一项不满足指标要求，则应反复进行校准，直至全面满足指标要求为止。

2. 流量标准的直接传递

流量标准直接传递是指经国家计量部门质量检验或标准传递的一级标准流量测量装置直接对用于现场校准的工作标准，如质量流量控制器进行流量校准和标定。

（1）设备安装和气路连接

按图 8-3 连接所有进行流量转递和校准的设备，在连接过程中要检查气路，严防泄漏。

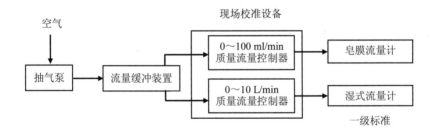

图 8-3　流量传递与校正系统图

（2）质量流量控制器校准

① 在确保整个气路无气流通过的情况下，观察质量流量控制器的读数（R_C），如不为零，调节质量流量控制器零电位器，使读数（R_C）和一级标准流量测定装置的流量读数为零。

② 启动抽气泵，设置质量流量控制器读数（R_C）于满量程的100%，待读数稳定后，在皂膜流量计上产生皂膜，用秒表记录皂膜通过玻璃管上 100 ml 体积刻度时所需时间；或观察湿式流量计面板流量指针通过面板刻度盘上一定体积刻度所需的时间，以上过程至少重复 3 次，对 3 次进行算术平均，平均结果记为（t）。如是活塞式流量计，可直接从流量计直接读取流量值。

③ 测定校准现场环境温度和压力等参数。温度、压力测试设备应经国家计量部门检验标定，并在有效使用期限内。将一级标准流量测定装置的实测流量按式（8-15）修正至

标准状态下的质量流量（Q_S）；如使用活塞式流量计，可直接将读数乘以由温度和压力计算出的修正系数。然后观察质量流量控制器读数（R_C）与质量流量（Q_S）是否相符，如不符，调节质量流量控制器内部电位器，使读数（R_C）与质量流量（Q_S）相符。

④ 如质量流量控制器具有半满量程调节点，则重复步骤②和③，设定质量流量控制器读数（R_C）在满量程的 50%，待读数稳定后，读数（R_C）与一级标准流量测定装置测得的质量流量（Q_S）是否相符，如不符，调节质量流量控制器内部电位器使读数（R_C）与一级标准流量测定装置测得的质量流量（Q_S）相符。

⑤ 重复步骤②、③和④，直至不用调节质量流量控制器内部电位器，使质量流量控制器读数（R_C）与一级标准流量测定装置测得的质量流量（Q_S）相符，且保持稳定，并分别记录读数（R_C）和（Q_S）。

⑥ 分别设置质量流量控制器读数（R_C）在满量程的 20%、40%、60% 和 80%，并观察和记录相应的一级标准流量测定装置的实测流量和质量流量（Q_S）。

⑦ 绘制校准曲线和检验指标。

根据最小二乘法计算得到质量流量（Q_S）和质量流量控制器读数（R_C）之间的校准曲线，两者之间成线性关系，其校准曲线应满足以下校准方程：

$$Q_S = b \times R_C + a \tag{8-18}$$

式中：Q_S——质量流量值；

R_C——质量流量控制器读数；

b——校准曲线斜率；

a——校准曲线截距。

为确保对质量流量控制器进行流量标准传递的准确度在 ±1% 范围内，对所获校准曲线的检验指标应符合以下要求：

相关系数（r）>0.999 9；

0.99≤斜率（b）≤1.01；

截距（a）<满量程±1%。

若其中任何一项不满足指标要求，则需对质量流量计重新进行调整。

（3）质量流量控制器的再校准

步骤和方法同间接传递的质量流量控制器的再校准。

3. 质量流量控制器校准的其他方法

由于不同厂家制造的质量流量控制器内部结构可能有所不同，对质量流量控制器的校准可以产品说明书或使用手册中所提供的校准步骤和方法为准，但校准曲线必须满足检验指标的要求。

（二）渗透管恒温装置温度传递

SO_2 和 NO_2 渗透管的渗透率是随周围温度变化而变化的，渗透率的自然对数与温度呈线性关系。在一定的范围内，温度每变化 0.1℃ 将导致渗透率 1% 的测定误差，因此放置渗透管的恒温装置温度必须恒定，规定温度波动必须控制在 ±0.1℃（工作标准为 ±0.2℃）范围内。为达到以上要求必须对渗透管恒温装置的温度读数进行质量传递，传递的方法如下。

1. 直接传递（恒温水浴法）

① 将渗透管恒温装置的测温热敏电阻取出，与标准温度计捆在一起置于恒温水浴的适当部位。

② 调节和控制恒温水浴的温度，使标准温度计准确指示于规定的温度值。调节恒温装置的控制调节部件，使恒温装置的温度准确指示到所规定的温度值。

③ 调节和控制恒温水浴的温度，使标准温度计准确指示低于规定温度 0.1℃。调节恒温装置的控制调节部件，使恒温装置的温度准确指示到低于所规定温度 0.1℃的温度值。

④ 重复步骤②和③，反复调节直到恒温装置指示的温度值与标准温度计指示的温度值相吻合为止，传递过程完成。

⑤ 将标准温度计和测温热敏电阻从恒温水浴中取出，干燥后将测温热敏电阻重新放回渗透管恒温装置中。

2. 间接传递（电阻模拟法）

电阻模拟法是用精密电阻箱模拟测温热敏电阻在规定温度下的阻值，以对恒温装置的温度指示部件读数进行标定的方法，标定读数可精确到±0.1℃。对配有渗透管恒温装置的系统子站，用电阻模拟法标定渗透管恒温装置的温度要比用恒温水浴法方便，且可保持渗透管的渗透率测量误差在±2%范围内。间接传递的方法步骤如下：

① 采用经过国家计量部门质量检验和标准传递过精密电阻箱进行传递。

② 从渗透管恒温装置的温控电路板上断开测温热敏电阻，在断开的位置连接精密电阻箱取代测温热敏电阻。

③ 调节精密电阻箱的电阻设置，使设置的电阻与渗透管所规定温度相应的测温热敏电阻值相符（例如：对应 30℃的阻值为 8.057 kΩ，对应 35℃的阻值为 6.530 kΩ）。调节恒温装置的控制调节部件，使恒温装置的温度准确指示到所规定的温度值。

④ 调节精密电阻箱的电阻设置，使设置的电阻为低于渗透管所规定温度 0.1℃相应的测温热敏电阻值（例如：对应 29.9℃ 的阻值为 8.092 kΩ，对应 34.9℃的阻值为 6.558 kΩ）。调节恒温装置的控制调节部件，使恒温装置的温度准确指示到低于所规定温度 0.1℃的温度值。

⑤ 重复步骤③和④，反复调节直到恒温装置指示的温度值与精密电阻箱设置阻值相对应的温度值相吻合为止，传递过程完成。

⑥ 从温控电路上取下精密电阻箱，将测温热敏电阻按原位连接。

⑦ 向渗透管恒温装置接通适量的零气，等待温度指示读数稳定。如果读数超出所规定温度±0.1℃的范围，调节温度控制部件，使温度指示在规定的波动范围。

（三）臭氧发生器标准传递

对臭氧发生器的标准传递，最好选用内含紫外光计和反馈控制装置的臭氧发生器。在不具有一级标准臭氧发生器的情况下，对臭氧发生器的标准传递和标定，可直接采用国家计量部门提供的臭氧发生器作为传递标准，也可用经中国环境监测总站或省、市、自治区环境监测中心站指定进行质量检验和标准传递过的臭氧发生器作为二级标准，对现场校准设备（如多气体校准仪）中的工作标准臭氧发生器进行标准传递和标定。标准传递和标定方法如下：

① 用传递标准或二级标准对传递用臭氧监测分析仪进行多点校准，确保传递用监测分析仪具有很好的线性性能。

② 如臭氧发生器不含有零气发生装置，可按图 8-4 连接气路。但不管使用共用零气源，还是独立零气源，零气发生器中的干燥、氧化和洗涤材料应全部更新，确保提供的零气为干燥不含臭氧和干扰物质的空气。仪器连接好后，应进行气路检查，严防漏气。对排空口排出的气体，应通过管线连接到室外或在排空口加装臭氧过滤器去除排出的臭氧。

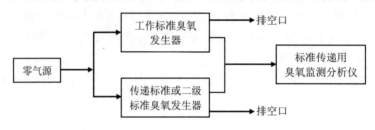

图 8-4　臭氧发生器标准传递图

③ 臭氧发生器与传递标准或工作标准最好使用同一个零气源。选用的零气源的稀释零气量一定要超过臭氧标准传递用臭氧监测分析仪的气体需要量。

④ 在保证稀释零气流量恒定的前提下，通过调节臭氧发生器的臭氧发生控制装置，向标准传递用臭氧监测分析仪给出仪器响应满刻度值 0、15%、30%、45%、60%、75%和90%浓度的臭氧输出。

⑤ 通过传递标准或二级标准臭氧发生器的标准工作曲线，计算臭氧监测分析仪响应所对应的标准工作曲线的浓度值，并与工作标准臭氧发生器臭氧浓度读数或刻度设置值和稀释零气量一起做记录。

⑥ 按照步骤⑤的结果，绘制工作标准臭氧发生器臭氧浓度读数或刻度设置值和稀释零气量与传递标准或二级标准臭氧发生器对应浓度值之间的校准曲线（注意：该曲线不一定呈线性）。至此完成了工作标准臭氧发生器的标准传递和标定。

二、标准物质的传递

气体标准物质是用于环境空气质量监测的计量标准，空气质量的分析方法和监测仪器设备的浓度监测范围及读数刻度是用气体标准物质进行标定和校准。在环境空气自动监测系统中，通常采用逐级传递下来的工作标准级气体标准物质，进行监测仪器设备的标定和校准。

（一）渗透管的标准传递

由于渗透管体积小、重量轻、便于携带和运输，在空气质量自动监测系统中作为标准气源被广泛使用，对渗透管的标准传递有两种方法被使用，方法如下：

1. 仪器校准法

① 用国家计量部门提供的或中国环境监测总站统一发放的一级标准渗透管作为传递标准，用批量购进的渗透管作为工作标准。选用工作正常，且性能指标符合规定的要求，

具有很好线性性能的监测分析仪作为传递用监测分析仪（主要是 NO_2 或 SO_2 监测分析仪器）。

② 按图 8-5 连接气路。要求图中零气源的干燥器、氧化池和洗涤池中的填料全部为新换填料，确保提供的零气为干燥不含待测组分的空气。仪器连接好后，应进行气路检查，严防漏气。对排空口排出的气体，应通过管线连接到室外。

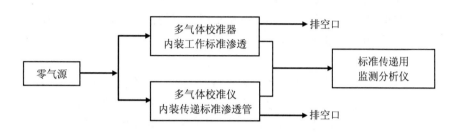

图 8-5 传递仪器校准图

③ 工作标准渗透管的渗透率可比传递标准的渗透率高或低，通过改变多气体校准仪稀释零气的流量，在传递用监测分析仪器的被校量程范围内产生所需的浓度。

④ 进行标准传递前，应将工作标准渗透管和传递标准渗透管分别放置在两个多气体校准仪的渗透管恒温装置中，恒温装置的温度控制在渗透管规定温度±0.1℃的范围内。渗透管周围应有 50～500 ml/min 的零气或氮气通过，均衡 48 h 后开始进行标准传递。

⑤ 检查传递用监测分析仪以前所做的多点校准是否有效。先向监测分析仪器通零气进行零点校准，然后用传递标准通过式（8-19）分别产生两个浓度的标气（满量程值的 50% 和 90%）。观察仪器响应，如果两个标气响应值中的任何一个与传递标准曲线对应的值之间偏差＞2%，则在进行下一个步骤前，必须对监测分析仪重新进行多点校准。

$$\phi（SO_2）＝（P_r×0.350）/（F_C＋F_D）＝（P_r×0.350）/F_T \qquad (8\text{-}19)$$

式中：$\phi（SO_2）$——以 SO_2 渗透管为例拟配置的 SO_2 标准体积分数，10^{-6}；

　　　P_r——渗透管的真实渗透率（在此为传递标准的真实渗透率），$\mu g/min$；

　　　F_C——流经渗透管恒温装置的载气流量，L/min；

　　　F_D——稀释空气的流量，L/min；

　　　F_T——多气体校准仪输出气体流量，L/min。

⑥ 通过改变稀释零气的流量，使工作标准渗透管在监测分析仪器满量程 60%～85% 范围内产生 1～2 个浓度值，记录零气流量值、监测分析仪器响应值和相应的传递标准值。

⑦ 再次改变稀释零气的流量，使工作标准渗透管在监测分析仪器满量程 20%～50% 范围内产生 1～2 个浓度值，记录零气流量值、监测分析仪器响应值和相应的传递标准值。

⑧ 工作标准渗透管的真实渗透率定值，可通过式（8-20）计算。

$$P_r＝（C×M×F_Z）/G \qquad (8\text{-}20)$$

式中：P_r——渗透管的真实渗透率，$\mu g/min$；

　　　C——来自传递用监测分析仪器实际响应值相应传递标准校准曲线的浓度，10^{-6}；

　　　　M ——渗透管中气体摩尔分子量，g/mol；

　　　　F_Z ——稀释空气的流量，L/min；

　　　　G ——气体体积常数，在标准状态下为 22.4 L/mol。

　　对于 SO_2 渗透管，在标准状态时，式（8-20）可简化成式（8-21）：

$$P_r = (C \times F_Z)/0.350 \qquad (8-21)$$

　　⑨ 通过计算得到渗透管的两组真实渗透率值应在 4% 范围内，对它们取平均值完成对工作标准渗透管的标准传递工作。如果两组真实渗透率超出以上范围，应重新检查传递用监测分析仪器的线性度和稀释零气流量值。

2．称重法

　　在不具备高一级传递标准的情况下，可从待测的工作标准渗透管中任选 1～2 支，用经典的称重法确定渗透率，以此作为整个系统用渗透管的传递标准（主要是 SO_2 和 NO_2 工作标准），然后用上述的传递仪器校准法，对工作标准进行传递。称重法的传递过程及方法如下：

　　① 应确保渗透管恒温装置的温度指示读数已经校准，且恒温装置的温度控制在渗透管规定温度的 ±0.1℃范围内。

　　② 小心将渗透管放入恒温装置中，渗透管周围应保持 50～500ml/min 的零气流量，均衡 48 h 左右开始进行标准传递。

　　③ 从恒温装置中小心取出渗透管，用万分之一感量的精密天平进行称重。渗透管恒温装置应尽量靠近天平，渗透管恒温装置的排气口应用管线连接室外。称重操作要求迅速准确，尽量减少渗透管从恒温装置中取出因温度急剧变化给渗透管带来的测量误差，要求在 5 min 之内完成称重。称重时不可直接接触渗透管管壁，以免渗透管被沾污，引起称重误差。记录称重时间和渗透管重量，然后把渗透管重新放入恒温装置中。

　　④ 经过一定时间 48 h 以上，重复步骤③的称重工作。两次称重之差（即渗透管失重）为该渗透管的称重渗透率（P_r），可用式（8-22）计算。

$$P_r = (W_1 - W_2)/(T_1 - T_2) \times 10^6 \qquad (8-22)$$

式中：P_r ——工作标准渗透管的称重渗透率，μg/min；

　　　　W_1 ——T_1 时间的渗透管重量，g；

　　　　W_2 ——T_2 时间的渗透管重量，g。

　　⑤ 重复步骤③和④连续至少 5 次以上并记录，作为一次称重周期。将称重周期内每次称重所得的称重渗透率用式（8-22）进行平均，则得到作为传递标准渗透管的渗透率，至此完成了对传递标准渗透管的定值工作。要求各次测定的称重渗透率与平均结果之间相差小于 2%，才可将称重的渗透管作为传递标准。

（二）钢瓶标准气的标准传递

　　在空气质量自动监测系统中钢瓶标准气作为标准气源被广泛使用，对钢瓶标准气的标准传递有两种方法被使用，方法如下：

1．钢瓶标准气传递法

　　① 用国家计量部门提供的或中国环境监测总站统一发放的一级标准钢瓶气作为传递标准，用批量购进的钢瓶标准气作为工作标准。钢瓶标准气的压力应符合要求，并且充足。

钢瓶标准气所用的减压阀和压力表必须经过国家计量部门质量检验和标定，在有效期内使用。

② 选用工作正常，且性能指标符合规定要求的监测分析仪作为传递用监测分析仪。用工作标准钢瓶标准气对传递用监测分析仪进行多点校准，确保监测分析仪器具有很好线性性能。

③ 按图 8-6 连接气路。要求图中零气源的干燥器、氧化池和洗涤池中的填料全部为新换填料，确保提供零气为干燥不含待测组分的空气。仪器连接好后，应进行气路检查，严防漏气。对排气口排出的气体，应通过管线连接到室外。

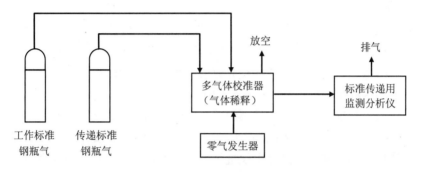

图 8-6 钢瓶标准气传递法图

④ 向传递用监测分析仪器通零气，检查和设置零点。按工作标准钢瓶气的标牌体积分数值用式（8-23）产生监测分析仪器满量程 90% 浓度的标气，待监测分析仪器读数稳定，记录仪器响应值（V_0）。

$$c(GAS) = F_G / (F_Z + F_G) \times c(CYL) \tag{8-23}$$

式中：$c(GAS)$——通过多气体校准系统配制的所需气体体积分数，10^{-6}；

$\quad F_G$——工作标准钢瓶气的流量，ml/min；

$\quad F_Z$——工作标准钢瓶气的稀释零气流量，L/min；

$\quad c(CYL)$——工作标准钢瓶气的标牌体积分数，10^{-6}。

⑤ 按式（8-24）用传递标准钢瓶气的标牌体积分数值计算产生监测分析仪器满量程 90% 的体积分数值所需设置传递标准钢瓶气的流量。进行流量设置，向监测分析仪器输出该体积分数的标气。待监测分析仪器读数稳定，记录仪器响应值（V_1）。

$$F_G = (F_Z \times c(GAS)) / (c(CRM) - c(GAS)) \tag{8-24}$$

式中：F_G——传递标准钢瓶气的流量，ml/min；

$\quad F_Z$——传递标准钢瓶气的稀释零气流量，L/min；

$\quad c(CRM)$——传递标准钢瓶气的标准体积分数，10^{-6}。

⑥ 用式（8-25）计算被传递后工作标准钢瓶气的真实浓度值。

$$c = K \times c(CYL) = V_0 / V_1 \times c(CYL) \tag{8-25}$$

式中：c——工作标准钢瓶气的真实体积分数，10^{-6}；

$\quad K$——修正系数；

$\quad c(CYL)$——工作标准钢瓶气的标牌体积分数，10^{-6}。

⑦ 为了进行检查和核实，按式（8-26）求得工作标准钢瓶气的真实体积分数值代入式

（8-23），确定产生满量程 90%的体积分数值所需设置的工作标准钢瓶气流量，按计算结果设置多气体校准器的流量，向传递用监测分析仪器输出标气，待监测分析仪器读数稳定，记录仪器响应值（V_2），响应值 V_2 与 V_1 之间的百分偏差应（σ）在±1.5%的范围之内。

$$\sigma（\%）＝（V_2－V_1）/V_1 ×100 \qquad （8-26）$$

⑧ 重复步骤④～⑦的测定过程 3 次（在此期间不要调节传递用监测分析仪器，以暴露仪器在响应过程中不确定和不规则变化现象），计算工作标准钢瓶气 3 组真实体积分数值的平均值。如果任何一次真实体积分数值与平均值之间的偏差大于 1.5%，应检查原因，重做一组合格的数据取代它。

2．渗透管传递法

① 用国家计量部门提供的或中国环境监测总站统一发放的一级标准渗透管作为传递标准，用批量购进的钢瓶标准气作为工作标准。注意所选用作为传递标准渗透管的渗透率和作为工作标准钢瓶标准气的标牌体积分数值，都应在所配制标气体积分数适用于传递用监测分析仪器的量程范围内。钢瓶标准气的压力应符合要求，并且充足。钢瓶标准气所用的减压阀和压力表必须经过国家计量部门质量检验和标定，在有效期内使用。

② 选用工作正常，且性能指标符合规定要求的监测分析仪作为传递用监测分析仪。用传递标准渗透管对传递用监测分析仪进行多点校准，确保监测分析仪器具有很好线性性能。

③ 按图 8-7 连接气路。要求图中零气源的干燥器、氧化池和洗涤池中的填料全部为新换填料，确保提供零气为干燥不含待测组分的空气。仪器连接好后，应进行气路检查，严防漏气。对排气口排出的气体，应通过管线连接到室外。

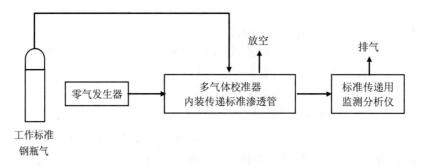

图 8-7　渗透管传递图

④ 向传递用监测分析仪器通零气，检查和设置零点。按式（8-27）用传递标准渗透管的标准渗透率值产生监测分析仪器满量程 90%体积分数的标气，待监测分析仪器读数稳定，记录仪器响应值（V_0'）。

$$c（SO_2）＝0.350P_r/F'_z \qquad （8-27）$$

式中：$c（SO_2）$——以 SO_2 为例通过多气体校准器配制的所需标准气体体积分数，10^{-6}；

$\qquad P_r$——一级标准渗透管的标准渗透率，$\mu g/min$；

$\qquad F'_z$——渗透管的稀释气流量，L/min。

⑤ 按式（8-28）用工作标准钢瓶气的标牌体积分数值计算出校准监测分析仪器满量程

90%体积分数值的标气。待监测分析仪器读数稳定，记录仪器响应值（V_1'）。

⑥ 用式（8-28）计算被传递后工作标准钢瓶气的真实体积分数值。

$$c = K \times c（CYL）= V_1'/V_0' \times c（CYL） \tag{8-28}$$

式中：c ——工作标准钢瓶气的真实体积分数，10^{-6}；

　　　K ——修正系数；

　　　$c（CYL）$——工作标准钢瓶气的标牌体积分数，10^{-6}。

⑦ 为了进行检查和核实，按式（8-28）求得工作标准钢瓶气的真实体积分数值代入式（8-23），确定产生满量程 90%的体积分数值所需设置的工作标准钢瓶气流量，按计算结果设置多气体校准器的流量，向传递用监测分析仪器输出标气，待监测分析仪器读数稳定，记录仪器响应值（V_2'），响应值 V_2' 与 V_0' 之间的百分偏差应在±2%的范围之内。

$$\sigma（\%）=（V_2'-V_0'）/V_0' \times 100 \tag{8-29}$$

⑧ 重复步骤④～⑦的测定过程 3 次（在此期间不要调节传递用监测分析仪器，以暴露仪器在响应过程中不确定和不规则变化现象），计算工作标准钢瓶气 3 组真实浓度值的平均值。如果任何一次真实浓度值与平均值之间的偏差大于 2%，应检查原因，重做一组合格的数据取代它。

第九章　在线监测实验室的标准化建设

第一节　在线监测实验室建设的意义

随着我国计量认证和审查认可工作的不断发展，目前，涉及农业、机械、轻工、冶金、石油、化工、医药卫生、信息产业、煤炭、国土资源、建工建材、水利、交通、海洋、节能、环保等国民经济各行各业，都配有各自相应的实验室，并通过了实验室的资质认定评审。主要负责完成企业产品的质量监督检验、质量仲裁检验、商贸验货检验、药品检验、卫生防疫检验、工程质量检测、环境监测、地质勘测、节能监测等检测工作，对企业的发展发挥着举足轻重的作用。同样，对于以环境保护为工作重心的在线监测运维单位来说，实验室的标准化建设更是工作的重中之重。

通过实验室的标准化建设，一方面可为在线监测设备提供充足的试剂，包括在线设备保持连续正常运转所需的一般化学试剂和设备定期校准所需的不同量程范围的标准溶液；另一方面，可采用国家标准方法实现水样的人工测定，为比对监测提供数据参考依据，从而有利于运营人员及时掌握设备的运行状况和数据异常原因，第一时间进行设备调试和校正，确保在线数据的准确性。由此可见，为了获得准确、可靠和有效的在线监测数据，掌握企业治污和排污的真实状况，从而发挥在线监测的监控作用，加强实验室的标准化、规范化和现代化建设至关重要。

第二节　在线监测实验室的标准化、规范化和现代化建设

从广义上说，实验室是指从事科学实验、检验检测和校准活动的技术机构，但按照《实验室资质认定评审准则》，实验室是依法设立或注册，具备固定的工作场所，具备正确进行检测和校准所需设备设施，能够独立承担相应法律责任，保证客观、公正和独立地从事检测和校准活动的组织。实验室的标准化、规范化和现代化建设就是在实验室成立的基础上，进一步实现实验室建设的制度化、人员的专业化和仪器设备的现代化，使实验室各项工作有条不紊的进行，为在线自动监测运营提供便利条件，确保运营工作顺利开展。下面围绕着实验室建设的标准化、规范化和现代化要求，对其基础条件一一介绍。

一、实验室规划建筑用房

实验室规划建筑用房是环境监测的基础条件，在建设过程中，应根据各项检测工作的

需要，保证每间实验室面积不宜过小，使每一类分析操作均应有单独的、适宜的、固定的区域，且方位应为南北朝向，避免东西朝向，防止日光照射，影响实验环境。

按照国家有关实验室建设的要求，实验用房大致分为三类：精密仪器实验室、化学分析实验室、辅助室。精密仪器实验室主要配备原子吸收分光光度计、原子荧光光度计、气相色谱仪等大型精密仪器，室内尽量采用防静电地板，必要时配备附属设备（如稳压电源），采用双电源供电，并设计专用地线。化学分析实验室主要进行样品的化学处理和分析测定，按照检测项目类别，可设立水室、空气室和生物室，避免检测过程中的交叉干扰。室内采光要好，并有良好的通风条件，供水保证必须的水压、水质和水量，应满足仪器设备正常运行的需要。辅助室是为实验工作提供服务的用房，主要包括纯水制备室、天平室、高温室、药品试剂仓库、仪器设备储藏室、办公室等。

各行业可根据自身实际情况进行实验室建设，具体建筑用房面积和经费投入情况建议参考《全国环境监测站建设标准》执行。如各地级市（自治州）所辖区、县（自治县）运营单位设置的环境检测实验室参照表9-1执行。

表 9-1　监测业务经费与用房面积标准

适用范围	实验室用房面积/m²	业务费/[万元/（人·a）]	仪器设备购置费/（万元/a）	仪器设备维护费/（万元/a）
东部地区	≥1 000	≥3.0	≥10.0	按上一年仪器设备总值的10%计
中部地区				
西部地区				

注：业务费包括常规监测、质量保证、报告编写、信息统计等费用。

二、在线监测实验室建设的设备设施配备及环境条件控制

实验室设备设施的配备和环境条件状况是直接影响检测数据质量的要素之一，属于资源配置的过程，为保证采样、检测、校准工作的准确可靠，提高不同检测项目数据的准确性，实验室必须配备相应的设备设施，并满足不同检测项目对环境条件的要求。

（一）实验室的设备设施配备

任何检测项目都离不开相应的设备设施来实现，实验室应配备正确进行检测或校准所需的全部仪器设备，包括采样工具、样品制备、样品测定及数据处理所需的仪器设备和相关软件。

为了掌握仪器设备的技术和工作状态，保证检测数据准确可靠，对每套设备应建立完整的设备档案并进行动态管理，及时补充相关的信息和资料内容。同时，要定期对设备进行校准和检定，然后对其工作状态进行标识，标识分合格、准用和停用三种，分别以绿、黄、红三种颜色表示。实验室应对所有仪器设备进行正常维护，建立维护保养程序，定期进行维护保养并做好相应的记录，使仪器设备始终处于完好的工作状态。

为保证实验室能为在线监测运维工作提供良好的技术支持，必须重视实验室的基础设施建设，保证所配备的仪器设备能够满足日常运维工作的需要，有条件的运维单位实验室

建设可涵盖水质、大气、噪声、辐射等多个环境检测领域，需要增设的设备设施可参考《全国环境监测站建设标准》。以济宁市运维单位环境检测实验室为例，其设备配备见表 9-2 所示。

表 9-2　实验室基本仪器和设备设施一览表

名　称	规格型号	数量/台
原子吸收分光光度计	TAS-990	1
原子荧光光度计	PF6-2	1
气相色谱仪	GC9790Ⅱ	1
紫外分光光度计	UV4501S	1
红外分光测油仪	JDS-106U	1
可见分光光度计	722s	2
电场强度测量系统	8053B	1
γ剂量仪	JW3104	1
摩尔实验室超纯水器	元素型 1840D	1
多功能声级计	AWA5680	1
数字式电导率仪	DDS-11D	1
精密钠/氯/氟度计	SX380	1
溶解氧仪	JYD-1A	1
COD 消解仪	AC-10	2
隔水式电热恒温培养箱	202-1 型	1
生化培养箱	SPX-250B-Z	1
数字式酸度计	PHS-25b	2
智能电子膜流量计	TH-2M8	1
微电脑中流量校准器	THM-150	1
便携式粉尘烟尘采样器流量校准器	TH-BQX3	1
微电脑烟尘平行采样仪	TH-880F	1
智能中流量总悬浮微粒有碳刷采样器	TH-150C	5
便携式交直流大气采样器	TH-110F	6
旋桨式低流速仪	1206B	1
电热恒温鼓风干燥箱	DHG-9246A	1
数字式气压高度仪	FYP-2	1
手提式压力蒸汽灭菌器	YXQG02	1
无油空压机	TP551F	1
风速风向仪	FYF-1	1
马弗炉	KSJ	1
真空泵	2L	1
电子分析天平	FA1004N	1
无菌柜	SW-CJ	1
显微镜	XSP-8C	1

（二）实验室环境条件控制

实验室的环境条件包括内部环境条件和外部环境条件，内部环境条件主要包括温度、湿度、洁净度、电磁干扰、冲击振动等。外部环境条件是指周围环境因素，主要包括微生物菌种、灰尘、电源电压、噪声、振动、雷电、有毒气体等。不同类型的实验室对环境条件有着不同的要求，为此，实验室应具备对环境条件进行有效监测和控制的手段，以保证检测工作正常开展。

1．实验室环境条件基本要求

（1）化学分析实验室的标准温度为 20℃，一般各检测室应将温度控制在 20±5℃的范围内。对于精密仪器室，需要满足特定环境条件，要求具有防火、防震、防电磁干扰、防噪音、防潮、防腐蚀、防尘、防有害气体侵入的功能。室温尽可能保持恒定，为保持仪器良好的使用性能，温度最好控制在 18～25℃，相对湿度在 60%～70%湿度。

（2）实验室应有良好的工作环境，保持清洁、整齐，并有书面规章制度可遵循，可制作成制度牌的形式悬挂于各检测室内。

（3）实验室应建立并保持安全作业管理程序，配备必要的安全防护用品和灭火器材，确保化学危险品、毒品、有害生物、电离辐射、高温、高电压、撞击以及水、气、火、电等危及安全的因素和环境得以有效控制，并有相应的应急处理措施。

（4）实验室必须高度重视环境保护，还应建立环境保护程序，配备相应的设施设备，确保检测或校准过程中产生的废气、废液、粉尘、噪声、固废物等的处理符合环境和健康的要求，并做好相应的记录。

2．实验室环境条件的日常控制与管理

（1）实验室的环境条件出现异常，明显影响检定或检测结果时，检测人员应及时报告室主任，并逐级报告质控室负责人及公司有关领导。并在实验室现有的条件下，积极采取应对措施，保管、维护好计量仪器设备和标准器具。

（2）实验室应保持整齐干净，每天工作前后检测人员要对实验台进行必要的清理，同时，定期擦拭仪器设备，每次用完后应盖上仪器罩或防尘布，并切断电源。

（3）实验室内严禁吸烟、吃零食、喝水和存放食物等，非实验室人员未经同意不得进入室内。经同意进入的人员人数应严格控制，以免引起室内温度、湿度的波动变化，改变实验室检测环境条件，进而影响测量的准确性。

（4）实验室应有专人负责本室内温、湿度情况的记录。有空调和除湿设备的室内不应随便开启门窗。室内温、湿度情况记录由实验室保存，保存期为五年。

3．实验室安全保密

（1）实验室是存放公司各类最高计量标准和精密贵重仪器设备的地方，是进行计量检定或校准、计量精密检测和进行各项性能试验的重要场所。全体计量、试验人员应保障试验室工作场地公共安全与技术安全，保守国家和本企业的秘密。

（2）实验室人员在进行计量检定或检测、调修或试验时应严格遵守安全生产规定。

（3）实验室人员在进行高温、高压、带电场合时，须有两人以上在场方可操作。发现不安全等异常情况应立即停止作业并及时报告有关领导，排除不安全等异常情况后方可继续操作。

（4）实验室应认真做好保密工作和防盗、防火工作，经常检查公共安全防范设施是否完好可靠，下班时关好门窗、水电等。

（5）计量检定、检测、试验或计量器具及所有试验所用易燃、易爆及有毒危险品应单独存放，少存少放，指定专人负责领用、保管。

（6）本公司非实验室人员不得随意进入实验室，经同意进入实验室的公司外人员应有本室或检测人员的陪同，遵守实验室的各项规定，严禁乱摸乱动室内仪器设备及其他各项设施。

（7）对于客户要求保密的有关数据，实验室必须为其进行保密。

三、实验室建设的人员配备及要求

在实验室的建设过程中，硬件设施固然重要，但在实验室设备设施完善和环境条件满足检测要求的前提下，作为实验室"软件"之一的人员素质便成为制约实验室发展的关键要素。

为了实现实验室建设的标准化和规范化，实现人员的专业化至关重要。首先，应保证实验室成员均具有大专以上学历，专业从事环境监测或者环境保护相关专业，均通过上岗资格考试，掌握各种环境问题的分析方法，具备应对任何突发环境事件的能力。

其次，实验室应配备与其从事检测或校准活动相适应的专业技术人员和管理人员；对于专业技术人员，必须具有相关专业的教育经历、相应的专业技术知识及工作经验，熟练掌握与自己岗位工作相关的技术标准、检验方法、设备技术性能及标准操作规程，能独立进行实验室的项目检测和数据结果处理，能分析和处理检测过程中遇到的技术问题，采取有效质控措施，减小实验误差，保证实验室检测数据的准确性。对于实验室管理人员，是指所有对质量、技术负有管理职责的人员，包括最高管理者、质量负责人、技术负责人、部门主管及各管理岗位人员。其中，对关键岗位上的管理人员，如质量负责人和技术负责人，其任职资格条件应严格规定，应具有工程师以上（含工程师）技术职称，熟悉业务，经考核合格。但鉴于目前大多数运营公司其实验室成立比较晚，运行时间短，很难达到相关要求，为此，实验室可优先选择从事环境检测工作年限长，或者环境相关专业学历较高的人员担任实验室关键岗位的管理人员，保证实验室检测工作质量。

再次，按照《实验室资质认定评审准则》的规定，实验室在明确任职资格条件的基础上，还应着重对质量负责人、技术负责人及相应管理者的职责和权力作出书面的规定。对于技术负责人，其主要职责是全面负责本单位的技术活动运作，包括重大技术问题的决策、检验或校准技术的开发与应用、设备使用操作指导书以及各种技术类文件的审批、技术人员技术能力的确认等。技术管理者对技术工作全面负责，并确保实验室运作质量所需的资源。对于质量主管，其主要职责是负责管理体系的建立和有效运行，能直接与最高管理者和技术负责人直接进行沟通，及时对管理体系运行过程中存在的问题进行决策和解决。必要时，质量主管也可以由技术管理者兼任。

最后，为了使技术人员能快速、准确地掌握检测技术，同时能够不断进行知识更新，实验室可采取自学与培训相结合的方式对人员进行培训，保证实验室人员具备与其承担的工作相适应的技术知识和经验。可在每年年初制订人员培训计划，并通过能力验证、人员比对、操作观察、内部或外部审核等方式来证明被培训人员的能力，进而对培训活动的有效性进行评价。最终将每年年度人员培训计划、计划完成情况、培训记录及对培训有效性进行评价的材料进行整理、汇总、建档备用。

综上所述，在实验室的建设过程中，不同岗位需要配备不同的人员，还应保证不同人员满足其相应的任职要求，人员素质对实验室的建设水平发挥着至关重要的作用。建议参考《全国环境监测站建设标准》对各级环境监测机构人员编制的规定，确定实验室具体人员配备方案。如各地级市（自治州）所辖区、县（自治县）运营单位设置的环境检测实验室人员配备情况见表9-3：

表 9-3　实验室人员编制与结构

适用范围	编制标准/人	环境监测技术人员比例	高、中级专业技术人员比例
东部地区	≥20		
中部地区	≥18	≥75%	中级以上技术人员占技术人员总数比例不低于 50%
西部地区	≥10		

四、实验室检测项目的设置概况

不同类型的企业其生产的产品不同，工艺路线不同，排放的废水或废气中的污染物也不同，因此，应对不同企业开展特征因子监测，使检测项目能充分反映不同类型污染源的排放特征。凡是与在线监测和环境监测有关的项目，实验室均应配备充足的试剂、设备和专业人员。

为响应国家"十一五"和"十二五"的规划要求，实验室应将化学需氧量、氨氮、二氧化硫和氮氧化物列为重点检测项目，为实现其总量控制提供一定的参考依据。

另外，对于其他水质监测项目（水温、pH、悬浮物、总硬度、电导率、溶解氧、五日生化需氧量、高锰酸盐指数、亚硝酸盐氮、硝酸盐氮、总氮、总磷、挥发酚、氰化物、氟化物、氯化物、砷、汞、六价铬、铅、镉、石油类等）和废气监测项目（PM_{10}、TSP、CO、H_2S、NH_3、苯、甲苯、二甲苯、非甲烷总烃、烟尘等），实验室应配备专门的采样仪器及检测设备，配有专业人员负责设备的安装、调试、校准、维护、保养和维修等相关工作，并保证检测人员均持证上岗，确保各项目检测数据的准确性和有效性，为在线监测提供一定的数据参考。

围绕着国家"十一五"和"十二五"规划中要求的四项重点检测项目，实验室之所以需要不断完善各项检测项目，因为很多项目的检测都是彼此关联的，必须通过若干相关项目的检测，才能更好地掌握水质的特性，以选择最佳的测试方法，消除各种干扰，保证检测结果能真实反映企业排污的实时状况。下面举例说明。

对于化学需氧量的测定，实验室内的测定方法主要有重铬酸钾法、酸性高锰酸钾法、氯气校正法和碘化钾—碱性高锰酸钾法，不同方法都有其适用条件。其中，重铬酸钾法适用氯离子含量低于 1 000 mg/L（未稀释）的水样；酸性高锰酸钾法适用于氯离子含量不超过 300 mg/L 的水样；氯气校正法只适用于氯离子含量小于 20 000 mg/L 的高氯废水中 COD 的测定；而一些行业和企业（如石油化工企业）排放的工业废水中氯离子浓度高达几万至十几万毫克每升，高浓度氯离子对 COD 的测定造成严重的正干扰，目前发布的监测方法无法满足测定的需要，影响了环境执法和监督。为此在开展这类废水 COD 测定方法的基础上，采用碘化钾—碱性高锰酸钾法可准确测定其 COD 值，此方法适宜于油气田氯离子含量高达几万或十几万毫克每升的高氯废水的 COD 测定。由此可见，当在线监测运维人员将水样交至实验室后，分析人员应根据水样的采样记录及企业的生产产品性质，辅助测定水样中氯离子的浓度，从而为测定方法的选择提供一定的参考依据，保证实验室检测数据的准确性，为在线监测运营提供可靠的人工检测数据。因此，实验室开展水样中氯离子浓度的测定项目是极其重要的。另外，COD 在线监测设备都需要空白液校正设备零点，如果实验室内纯水质量不达标不仅将会导致设备零点校正不通过，还会影响各种在线试剂的配制浓度，进而影响在线监测数据的准确性，因此，实验采用相关国家标准方法对纯水的 pH、电导率、吸光度、可氧化物检验和二氧化硅浓度进行测定，确保纯水达到不同用水要求的质量指标。

对水样中氨氮的测定，实验室内主要采用的方法为纳氏试剂分光光度法，此方法操作简单，灵敏性高。当水样中含有悬浮物、水样自身带色或因含有某些无机离子导致水样带有异色及浑浊时，将影响比色，使在线监测数据与实验室人工检测数据出现严重偏离，分析原因时，实验室可对水样中的悬浮物、色度和浊度进行测定，然后检查预处理措施是否实施到位，消除不必要的干扰，提高数据的准确性。

由于水中的氨氮是以游离氨或铵盐的形式存在于水中，两者的组成比取决于水的 pH 和水温，当 pH 偏高时，游离氨的比例较高，反之，则铵盐的比例高，水温则相反。不管是哈希还是先河氨氮在线设备，其测定过程中都需要采用逐出液或综合试剂等碱性试剂将水样中氨氮以氨气的形式逐出，碱性强弱将影响测定结果。因此，当在线数据和实验室人工检测数据出现较大偏离而在线设备保持正常工作时，实验室可对在线运营人员所采集的水样进行 pH 测定，分析数据偏离的原因。由此可见，为确保氨氮人工检测数据的准确性，实验室需要同步辅助测定水样的悬浮物、色度、浊度和 pH，以采取合理有效的预处理措施，将各种干扰降至最低，为在线监测运营比对监测提供准确有效的数据参考依据。

第三节　实验室建设与在线监测运维

实验室建设和在线监测运维二者是密不可分的，实验室是运维单位不可或缺的重要组成部分，二者最直接的联系主要体现在两方面：一方面，在线监测设备保持连续正常运转所需的一般化学试剂和设备定期校准所需的不同量程范围的标准溶液均由实验室负责提供；另一方面，在线监测设备定期比对监测需要实验室提供人工检测数据结果作为参考依据，同时，实验室负责对比对结果进行评价，并及时将评价结果反馈给在线运维人员，从而有利于现场运维人员及时掌握设备的运行状况和数据异常原因，第一时间进行设备调试和校正，确保在线数据的准确性。

由此可见，在在线监测运维工作中，实验室发挥着举足轻重的作用。为了保证实验室为运维工作提供更加优质的服务，保证二者协调运作，需要制定实验室和在线监测运维的各项规章制度，明确实验室人员和在线运维人员的岗位职责，做到分工明确、责任到人、分工不分家、严格遵守公司各项规章制度，服从公司统筹安排，保时、保质、保量地完成各项工作。实验室应按照职责要求，严把质量关，确保实验室工作的严谨性，保证实验数据和所配试剂的准确性。各运维组人员应严格按照运维职责做好现场运维工作，保证在线监控设备的运行率和准确率，提高运维服务质量和效益，保障运维管理工作安全、有序进行。

一、实验室职责及管理机制

（一）实验室职责

为了更好地管理实验室，首先应明确实验室人员的职责，下面以济宁市运维公司实验室为例，介绍实验室人员的岗位职责如下：

（1）执行实验室的各项规章制度，做好实验室的科学管理，热爱本职工作，认真刻苦钻研业务，积极参加业务进修，不断提高管理水平和实验技能。

（2）负责水质在线监测设备的试剂配制，做好药品消耗记录和试剂取用记录，保证试剂的稳定性和准确性，保证各运营组的正常运营。

（3）负责对水样的分析化验，保证分析数据的准确性，做好原始数据的记录，并与在线监控平台数据进行比对，同时把水样结果与比对结果及时反馈到各运营组。

（4）负责化学实验室一切仪器、物品的保管，制订仪器、物品的更新添置计划，并对实验室内所有财产登记、造册、建账。建立健全仪器、设备、药品的保管、使用账目，并做好仪器及药品的进出、缺损和消耗登记，做到账物相符，仪器、设备摆放有条理、科学、美观。努力做到三清：账卡清、数量清、质量清。四懂：懂性能、懂用途、懂操作、懂维修保养。

（5）仪器药品分橱归类编号：存放橱柜和仪器、药品要保持一致。仪器、药品存放整齐，便于拿存。化学药品必须有标签，若标签损坏应及时更换，对原标签及过期失效药品要及时处理。对危险品要做定期检查，要求包装完好，标签齐全，标识明显。

（6）加强精密仪器的质量管理，对仪器的验收、实验效果、故障、维修保养等均应做好记录。根据说明书的要求，定期对仪器进行保养并做好记录，贵重仪器的维修记录应存入仪器的技术档案。

（7）实验中的废水、废液、废包装以及其他残存物，应做妥善处理，不要乱扔乱放，以防发生事故。

（8）仪器室要有通风、遮光设施，经常保持清洁卫生，并保持合理的温度和湿度。要有强烈的安全防护意识，实验要严格遵守操作规程，采取措施确保生命健康和安全，保护环境，做好废液、试剂的处理及回收工作，对所掌管的实验室的安全、卫生负责。

（二）实验室管理机制

1. 组织机构的管理

（1）为了满足开展工作的实际需要，实验室应设置组织机构框图，明确划分不同科室，并标明负责人及其成员组成。对实验室的最高管理者、技术管理者、质量主管及各部门主管应有相关的任命文件，并明确与检测或校准质量有影响的所有管理人员、操作人员和核查人员的岗位职责。

（2）实验室应具备完善的质量保证体系，配备专人负责质量体系的运行，负责各项规章制度的制定、修改和贯彻执行。

（3）对于技术负责人、质量保证负责人及质量监督检查员要求具有较高的专业理论水平和较丰富的检测工作经验，同时具备分析和解决问题的能力，当检测工作过程出现质量问题时，能及时查找原因并给出积极的应对措施。

2．检测仪器设备的管理

按照实验室计量认证的要求，实验室应对每台检测设备均要建立一份设备档案并统一编号，由专人负责定期对设备进行检定和校验，并及时对设备档案进行完善。为了实现对检测仪器设备的科学化和规范化管理，实验室应严格按照计量认证的要求来建立设备档案。

（1）仪器设备档案的内容须包括：仪器设备的产品说明书、仪器设备的验收说明书、仪器设备的修理记录、检定校验合格证书、使用记录、检测前后仪器设备的检查情况记录、仪器设备台账。而仪器设备台账内容包括：仪器设备名称、技术指标、制造厂家、购置日期及保管人。

（2）仪器设备检定周期表内容包括：仪器设备名称、编号、检定周期、检定单位、最近检定日期、送检负责人、仪器设备借阅记录。

（3）所有需要国家强制检定和需要自行检定的仪器设备均应贴有统一格式的明显标志，即"合格"、"准用"、"停用"三种标志。标志的内容包括：仪器编号简称、检定日期、检定结论、检定单位、下次检定日期。

（4）每台仪器设备的旁边除应有使用记录和设备使用前后运行情况检查记录外，还应应书面的仪器设备作业指导书，明确仪器设备的操作规程和注意事项，确保操作人员正确操作设备，保证检测数据的准确性，并延长仪器使用寿命。

3．检测过程的管理

在检测过程中，实验室应按照相关技术规范或标准的要求，使用合适的检测方法和程序进行检测，并优先选择国家标准、行业标准和地方标准作为检测工作的依据。同时采取一定的质量控制措施，制定有效的管理机制，保证检测工作标准化和规范化。

（1）检测设备购置前后，仪器设备管理人员要认真地对所有计量检测仪器的性能是否正常进行检查并做详细记录，内容包括：检查时间、检查情况、检查人等。

（2）样品管理人员要在样品分析测试前后对样品的感观性状指标等进行详细的检查和记录，以备后查。

（3）实验室所有检测工作应当时予以记录，要求包含足够的信息以保证其能够再现，并填写测试的原始记录表格，做到记录清晰整洁。对电子存储的记录也应采取有效措施，避免原始信息或数据的丢失或改动。

（4）质量保证人员在样品发放前要对样品进行密码编号处理，如制备现场平行样、全程序空白样、密码平行样、质控标样等。

（5）对分析测试中的样品进行实时跟踪检查，主要检查平行双样、回收率、标准曲线的线性等是否符合规定的要求。

（6）规定每个测试项目从分析测试到结果上报的时间，以确保数据的及时校核和质量检查，也便于发现异常数据时及时复测。

（7）加强检测过程中测试人员的质量控制意识，对测试中发现问题的关键步骤要采取相应的控制措施，使质量控制尽可能落实在分析人员阶段。

（8）检测结果原则上须有5年以上工作经验的专业人员进行校核和复核并签名，各实验室可根据各自的人员配置条件，保证每个检测项目至少有两人持证上岗，由其中一人负责检测，另一人负责校核，检测报告最后由技术负责人签字。

4．检测人员的管理

检测人员是指具体从事技术检测的人员，包括直接从事检测或校准的人员，也包括间接从事技术工作的人员。要求各检测人员要熟悉并掌握各个项目的检测标准和方法，能熟练操作所用仪器设备，能严格按照作业指导书开展检测活动，并认真记录检测数据和结果。为提高实验室的检测工作质量，实验室应定期确定培训需求，详细制定人员培训计划，学习内容包括：计量法规、计量基础知识、误差理论、统计分析、专业技术知识、计算机技术等。

对检测人员的管理，还应坚持岗位目标责任制，做到分工细、责任明，应将各个检测项目分配到人，保证每个项目至少有两人熟练掌握。并坚持持证上岗制度，对分析人员进行随机的盲样考核和专业考核，并将考核结果载入档案。

目前，实验室能力验证作为判定实验室能力的重要手段之一，已受到认证机构的足够重视；同时，能力验证也是实现实验室质量保证、提升管理水平的重要方法和有效措施。因此，实验室应积极参加能力验证活动，通过能力验证来检验实验室的质控效果和监控持续能力，进一步加强检测结果的质量保证，并不断改进提高。通过参加能力验证过程及对最终结果的分析，实验室还可以及时发现存在的问题，并制定相关的补救措施，对质量控制起到补充、纠正和完善的作用，不断提高管理水平，提高分析人员分析和解决测试工作中有关问题的能力。

5．检测环境的管理

（1）实验室的检测环境对检测工作的影响也是至关重要的，因此，为满足检测工作的需要，分析项目的调配和检测室的分布要合理，避免产生交叉污染，对有特殊要求的工作间，如天平室、精密仪器室、化学分析室要有空调设备，以满足仪器对环境条件的要求。对微生物检测实验室，要求必须有无菌操作室和缓冲间。

（2）检测所用器皿和试剂应分类存放，基准溶液和标准溶液要冷藏保存，定时更换。备用试剂要有专门的药剂存储仓库。剧毒试剂要存于保险柜内，并做好领用记录，双人双锁保管。

（3）做好实验室的"三废"处理，首先将实验后的废水、废渣进行收集，然后各岗位要按照规定方法进行处理，要满足环境保护部门的要求，必须做到无害排放。

（4）各科室要配置足够数量的防毒面具和急救药品，做好应急准备，以防止突发事件的发生。

6．规章制度的制定与执行

通过计量认证的《质量管理手册》是实验室各项质量和技术活动的指南，是确保实验室质量体系正常运行的法规性文件，是实验室全体职工从事质量监测工作的准则和依据。它是依据计量认证评审规程五大方面五十条要求，规范实验室工作必须执行的制度，其内容包括：技术档案管理制度、保密制度、样品保管制度、事故分析报告制度、监测工作管理制度、实验室安全、卫生管理制度、危险剧毒品的保管领用制度、计量标准器具及标准物质的使用和管理制度、化学试剂管理制度、仪器故障分析制度、《质量管理手册》执行情况检查报告制度、内部文件的制定、颁发、修改制度、仪器设备的验收、维修、降级和报废制度、仪器设备的使用和管理制度、质量信息反馈制度、检测报告的审查与质量评审制度、监测工作质量申诉处理制度、业务工作奖惩制度等。

制度的制定、执行及修改完善是一个实践、认识、再实践、再认识的过程，各项工作制度建立后，要在执行过程中结合工作的实际及时补充和完善，并不断加强对各种制度执行情况的检查和监督，从而实现实验室的标准化和规范化管理，确保检测工作质量。

二、在线监测设备人工比对监测结果评价及分析

比对监测是为了验证水质、烟气在线监测仪监测结果的准确性，采用手工监测方法与在线监测仪器同步监测，用手工监测结果作为验证在线监测数据的依据。

在线监测设备比对监测是保证污染源自动监测数据准确性的有效措施之一和重要环节，是《国家重点监控企业污染源自动监控系统考核规程》重要的技术支持。为充分发挥污染源在线监测设备的监测、监控作用，保证其监测数据的科学性、准确性、可靠性和合法性，对污染源自动监测设备必须实施严格的比对监测及质量控制，详见本书第八章污染源自动监测设备比对监测第七节的相关内容。

对于水污染源自动监测设备比对监测结果评价，参考本书第八章污染源自动监测设备比对监测第六节表8-2实际水样比对试验考核指标的相关规定。

由表8-2可以看出，对于水样的化学需氧量和总有机碳指标而言，不同浓度范围的样品均需要满足不同的测试误差，对于其他测试项目也均有一定的误差要求，当误差超出规定范围时，就需要分析各个环节，找出导致数据结果出现偏差的原因。

经过分析，可知出现偏差的原因主要有三方面：其一，可能是在线设备运行出现异常导致比对监测结果出现偏差。对COD在线设备而言，当出现采样探头、硫酸阀、试剂阀及排液阀堵塞时，会导致数据保持不变；当企业水体中悬浮物较多、水中氯离子浓度过高或企业排水量较少时均有可能导致在线自动监测数据偏高，由此导致比对监测数据很难满足相应的误差要求。其二，可能是实验室人工检测过程引入较大的误差，这就需要做好实验室的质量控制工作。其三，可能由于环境样品极强的空间性和时间性，从而导致仪器设备所测的水样与人工检测的水样未必具有同一性，这是导致比对监测结果出现偏差最直接的原因。

为使比对监测工作落到实处，提高在线自动监测设备测量准确率，需建立有效的反馈机制。实验室样品测定结束后应及时对数据进行处理，计算出相对误差，并填写水质监测数据落实情况表见表9-4所示。

从表9-4中可以查看人工和设备测量数据的比对情况。对于在线监控设备测量结果超出相应的误差允许范围的，相关运维人员应给出合理的解释，说明样品测定超出误差要求的可能原因，并尽快采用接近废水实际浓度的标准溶液对设备进行校准，校准通过后及时取样交由实验室再做分析，直到设备测量相对误差满足规定的误差范围要求，保证在线监

测数据的准确性。

表9-4 水质监测数据落实情况表

采样时间	企业名称	检测项目	仪器值	人工检测值	误差	采样人	落实情况

三、样品检测各环节的质量保证和质量控制

在不能明确是何种原因导致人工比对监测结果超出误差范围的前提下，要想获得准确可靠的在线监测数据，实验室均应该从水样的采集、保存、运输、交接、测试、数据处理等各个环节均应做好质量控制与质量保证工作。

首先，水样的采取与保存是水分析工作的重要环节，是保证水样中被测组分具有真实性的首要条件。要获得水分析的可靠数据，不仅应采用灵敏、准确的分析方法和科学、严谨的质量管理制度，而且要有正确的采样方法及必要的保存措施，以防止从采样到分析这段时间内水质发生物理、化学和生物化学变化，使分析数据具有与现代测试技术水平相应的准确度，提高水分析结果的可比性和应用效果。

（一）样品采集

1. 采样容器的要求

（1）采样器选用原则

① 凡采样器直接与水样有接触的部件，其材质不应对原状水样产生影响；

② 采样器应有足够的强度，且启动灵活、操作简单、密封性能好，一次最大采水量不应小于1.0~5.0L；

③ 采样器应具有设计简单、表面光滑、容易清洗和没有流量干扰等特点，以免样品被采样器沾污失去真实性。

（2）采样器清洗方法

① 一般采样器的清洗方法

a. 新的容器应使用不含磷酸盐的去污粉或洗涤剂，用软毛刷洗刷容器内外表面及盖子，以清除灰尘和包装材料；

b. 用自来水冲净采样器上残存的洗涤剂；

c. 用10%硝酸或盐酸浸泡采样器；

d. 用自来水冲净采样器上的残酸，再用纯水冲洗数次，沥干备用；

e. 用贮样容器做采样器时，应按贮样容器清洗方法进行清洗。

② 特殊采样器的清洗

应按说明书要求进行。

③ 指定采样容器的清洗

a. 新启用的硬质玻璃瓶和聚乙烯塑料瓶，必须先用 1+1 硝酸溶液浸泡 24 h 后，再分别选用不同的洗涤方法进行清洗；

b. 硬质玻璃瓶的洗涤：采样前先用 1+1 盐酸溶液洗涤，然后再用自来水冲洗；

c. 聚乙烯塑料瓶的洗涤：采样前先用 1+1 盐酸或硝酸溶液洗涤，也可用 10%的氢氧化钠或碳酸钠溶液洗涤，然后再用自来水冲洗，最后用少量蒸馏水冲洗；

d. 用洗净的取样容器在现场取样时，要先用待取水样的水洗涤 2~3 次；

e. 采样容器必须专项专用，严禁他用。

（3）贮样器选用原则

① 最大限度地防止容器及瓶塞对样品的污染。一般的玻璃在贮存水样时可溶出钠、钙、镁、硅、硼等元素，在测定这些项目时应避免使用玻璃容器，以防止新的污染。一些有色瓶塞含有大量的重金属。

② 容器壁应易于清洗、处理，以减少如重金属或放射性核类的微量元素对容器的表面污染。

③ 容器或容器塞的化学和生物性质应该是惰性的，以防止容器与样品组分发生反应。如测氟时，水样不能贮于玻璃瓶中，因为玻璃与氟化物发生反应。

④ 防止容器吸收或吸附待测组分，引起待测组分浓度的变化。微量金属易于受这些因素的影响，其他如清洁剂、杀虫剂、磷酸盐同样也受到影响。

⑤ 深色玻璃能降低光敏作用。

（4）贮样器清洗方法

贮存微量重金属水样的容器，应使用 1+4 硝酸浸泡 24 h 以上，然后用自来水冲洗至近中性，再用纯水冲洗干净。

2. 样品采集规范

水质监测采样前应尽量在现场测定水样的物理化学特征参数，并同时测量各项水文参数。对于废水和生活污水的采样，据生产工艺、排污规律和监测目的设计采集样品的种类和采集方法。工业废水是流量和浓度都随时间而变化的非稳态流体，工业废水的采样应能反映此种变化并具有代表性，能满足总量控制和浓度控制相结合的双轨制管理的要求。采样质量保证与质量控制措施如下所述：

（1）采样断面应有明显的标志物，采样人员不得擅自改动采样位置。

（2）采样时应使用 GPS 定位，以保证采样点位置的准确。

（3）用船只采样时，采样船应位于下游方向，逆流采样，避免搅动底部沉积物造成水样污染。采样人员应在船前部采样，尽量使采样器远离船体。在同一采样点上分层采样时，应自上而下进行，避免不同层次水体混扰。

（4）采样时不可搅动水底的沉积物。

（5）采样时，除细菌总数、粪大肠菌群、油类、溶解氧、生化需氧量、有机物、余氯等有特殊要求的项目外，要先用采样水荡洗采样器与水样容器 2~3 次，然后再将水样采入容器中，并按要求立即加入相应的固定剂，贴好标签。严禁使用医用胶布当标签。

（6）每批水样，应选择部分项目加采现场空白样，与样品一起送实验室分析。

（7）测定油类的水样，应在水面至 30 cm 处采集柱状水样，并单独采样，全部用于测定。当只测水中乳化状态和溶解性油类物质时，应避开漂浮在水体表面的油膜层，在水面下 20～50 cm 处取样。并且采样瓶不能用采集的水样洗涤。

（8）测溶解氧、生化需氧量和有机污染物等项目时，水样必须注满容器，避免水样曝气或有气泡存在于瓶中。

（9）测定油类、生化需氧量、溶解氧、硫化物、余氯、粪大肠菌群、悬浮物、放射性等项目要单独采样。同一采样点，优先采集细菌监测项目水样。

（10）细菌学样品的采集要求：已灭菌和封包好的采样瓶，要小心开启包装纸和瓶盖，避免瓶盖及采样瓶颈部受细菌污染；采集地表水样时，应握住瓶子底部直接将采样瓶插入水中，约距水面 10～15 cm 处，瓶口朝水流方向，使水样灌入瓶内，如果没有水流，应握住瓶子水平前推，每个采样容器上部要保留适当的顶空，以便分析前进行混匀，采好样后，迅速盖上瓶盖和包装纸；从自来水龙头采集样品时，应在采水前将关好的水龙头用酒精灯火焰灼烧灭菌或用 70% 的酒精溶液消毒水龙头及采样瓶口，然后打开龙头，放水 3 min 以除去水管中的滞留杂质，采水时控制水流速度，小心接入瓶内。

（11）除测溶解氧、生化需氧量以及硫化物等样品外，其他样品装瓶时应保证容器中留有 1/10 的空隙，容器不能注满水样，以防运输途中溢出。硫化物采样时应先加醋酸锌-醋酸钠溶液，再加水样。水样应充满瓶，贮于棕色瓶内。

（12）测定湖库水的 COD_{Cr}、高锰酸盐指数、叶绿素 a、总氮、总磷时，水样静置 30 min 后，用吸管一次或多次移取水样，吸管头部进水样表层 5 cm 以下位置，再加保存剂保存。

（13）采样时要认真填写水质采样记录表（见表 9-5），用签字笔在现场记录，字迹端正、清晰。

（14）现场测定湖库水体的 pH、溶解氧时，应记录测定水体的深度、测定时间、水温和天气情况等，以便解释可能出现的 pH、溶解氧异常情况。

（15）采样结束前，应核对采样计划、记录与水样，如有错误或遗漏，应立即补采或重采。

（16）如采样现场水体很不均匀，无法采到有代表性的样品，则应详细记录不均匀的情况和实际采样情况，供使用该数据者参考。

实际工作中，采样是为校准在线监测仪器设备而做的工作，这就要求本公司运营人员采样时除需遵循一般规范外还应注意以下几点：

① 采样位置：通常情况下，自动监控设备安装在企业污水排放口或污水处理设施排放口处，采样位置应和自动监控设备采样系统所处的位置一致。

② 采样时间：采样时间点控制是人工比对有效性的关键因素，应在设备采样的同时采集样品。

③ 采样时应注意设备采样口处有无过滤措施。

3. 水质采样质量保证措施

在检测过程中，检测人员往往对实验室分析过程的质量保证相当重视，而对于样品采集和前处理过程的质量保证则重视不够，从而影响了检测结果质量。为了取得具有代表性、准确性、精密性、可比性和完整性的数据，应强调监测全程序的质量控制。因此，加强样品采集和前处理过程的质量保证措施，是进一步提高环境检测结果质量的关键。

① 采样器空白样

采样器空白样是指用纯水注入或流经该采样器后作为一个样品，然后分析所需要的各个参数，检验采样器周期性使用后所引起的空白变化。

② 现场空白样

现场空白样即在采样现场以纯水作样品，按测定项目的采集方法和要求，与样品同等条件下装瓶、保存、运输和送交实验室分析；通过现场空白样检验，掌握采样过程中操作步骤和环境条件对样品质量影响的状况。

③ 现场平行样

现场平行样是指在同等条件下重复采集两个或多个完全相同的子样，密码送实验室分析。现场平行样主要反映采样与实验室的精密度变化状况。

④ 现场加标样

现场加标样是指取一组现场平行样，将实验室配制的一定浓度的被测定参数的标准溶液，等量加入到其中一份已知体积的水样中，然后按采样要求处理，同时送实验室分析。获得的分析结果与实验室加标样对比，以掌握测定参数在采样、运输过程中的准确度变化情况。

表 9-5　污染源（废水）采样原始记录表

采样日期　　　年　　月　　　日

排污单位名称		监测目的											
采样情况					流量测定情况				样品外观描述				备注
排污口名称及编号	采样时间	样品编号	样品份数	监测项目	测流方法	流速	截面积	流量	颜色	气味	浮油	透明度	

采样人员：　　　　排污单位签字：　　　　室主任审核：　　　　　　共　页　第　页

（二）样品保存

各种水质的水样，从采集到分析这段时间内，由于物理的、化学的、生物的作用会发生不同程度的变化，这些变化使得进行分析时的样品已不再是采样时的样品，为了使这种变化降低到最小的程度，必须在采样时对样品加以保护。水样的保存条件应符合分析方法的要求。由于天然水和废水的性质复杂，同样保存条件很难保证对不同类型样品中待测物都是可行的。因此，在采样前应根据样品的性质、组成和环境条件，检验其保存方法和选用保存剂的可靠性。

1. 充满容器

采样时使样品充满容器至溢流并盖紧塞子，使水样上方没有空隙，这种方法可以减少运输过程中水样的晃动，避免溶解性气体逸出、pH 变化、低价铁被氧化及挥发性有机物的挥发损失。但对准备冷冻保存的样品不能充满容器，以防因体积膨胀致使容器破裂。

2. 冷藏与冷冻

冷藏与冷冻是短期内保存样品的一种较好方法。冷藏保存不应超过规定的保存期限，冷藏温度应控制在 2～5℃。冷冻（−20℃）保存应掌握好冷冻和解冻技术，使解冻后样品能迅速、均匀地恢复其原始状态。冷冻应选用聚乙烯塑料容器，玻璃容器不适于冷冻，用于微生物分析的样品不适于冷冻。

3. 加入化学保存剂

对需要加入化学保存剂的水样，采样人员应严格按照所要求试剂纯度、浓度、剂量和试剂加入的顺序等具体规定，向水样中加入化学保存剂。所加入的化学保存剂不能干扰监测项目的测定。

① 控制溶液 pH：测定金属离子的水样常用硝酸酸化至 pH 1～2，既可以防止重金属的水解沉淀，又可以防止金属在器壁表面上的吸附，同时在 pH 1～2 的酸性介质中还能抑制生物的活动。用此法保存，大多数金属可稳定数周或数月。测定氰化物的水样需加氢氧化钠调至 pH>12。测定六价铬的水样应加氢氧化钠调至 pH 8～9，因在酸性介质中，六价铬的氧化电位高，易被还原。保存总铬的水样，则应加硝酸或硫酸至 pH 1～2。

② 加入抑制剂：为了抑制生物作用，可在样品中加入抑制剂。如在测氨氮、硝酸盐氮和 COD 的水样中，加氯化汞或加入三氯甲烷、甲苯作防护剂以抑制生物对亚硝酸盐、硝酸盐、铵盐的氧化还原作用。在测酚水样中用磷酸调溶液的 pH，加入硫酸铜以控制苯酚分解菌的活动。

③ 加入氧化剂：水样中痕量汞易被还原，引起汞的挥发性损失，加入硝酸—重铬酸钾溶液可使汞维持在高氧化态，汞的稳定性大为改善。

④ 加入还原剂：测定硫化物的水样，加入抗坏血酸对保存有利。含余氯水样，能氧化氰离子，可使酚类、烃类、苯系物氯化生成相应的衍生物，为此在采样时 加入适当的硫代硫酸钠予以还原，除去余氯干扰。样品保存剂如酸、碱或其他试剂在采样前应进行空白试验，其纯度和等级必须达到分析的要求。

4. 特殊样品的保存

有些待测组分，不需或不能采用向样品中加入化学试剂的方法来保存。在目前不具备冷冻或深冻保存的条件下，只能控制从采样到测定的时间间隔。

（1）测定亚硝酸根、游离二氧化碳、pH 等项目的样品，要求采集后立即送实验室。实验室在收到水样的当天，开瓶立即测定，并在 1 d 内全部测定完毕。

（2）测定氨、耗氧量（COD）的样品，采好后应尽快送实验室（最多不超过 3 d），实验室收样后，必须在 3 d 内测定完毕。

（3）测定溴、碘、氟、氯根、重碳酸根、碳酸根、氢氧根、硫酸根、硝酸根、硼、钾、钠、钙、镁、砷、钼、硒、铬（六价）及可溶性二氧化硅（小于 100 mg/L）等项目的样品，采好样后应在 10 d 内送到实验室，实验室必须在 15 d 内分析完毕。常见水样的保存技术见表 9-6。

表 9-6　常见水样的保存技术

测定项目	容器材质	保存方法	最长保存时间	备注
温度	P.G	—	—	现场测定
悬浮物	P.G	2~5℃冷藏	—	尽快测定
色度	P.G	2~5℃冷藏	24 h	最好现场测定
浊度	P.G	—	—	最好现场测定
pH	P.G	低于水体温度	6 h	最好现场测定
电导率	P.G	2~5℃冷藏	24 h	最好现场测定
硬度	P.G	2~5℃冷藏	7 d	—
酸度或碱度	P.G	2~5℃冷藏	24 h	最好现场测定
溶解氧	G	加硫酸锰和碱性碘化钾试剂	4~8 h	现场固定、避免气泡
氨氮、凯氏氮、硝酸盐氮	P.G	加 H_2SO_4 酸化至 pH<2，2~5℃冷藏	24 h	—
亚硝酸盐氮	P.G	2~5℃冷藏	—	立即分析
Cl^-	P	2~5℃冷藏	28 d	—
COD	P.G	加 H_2SO_4 酸化至 pH<2，2~5℃冷藏	7 d	最好尽快测定

（三）样品运输

（1）水样应在允许的保存期之内启运，并给检测预留足够的时间。

（2）为防止水样在运输过程中因震动、碰撞而导致样品瓶破损，无论自行运输或委托运输，样品瓶皆应装箱并采取必要的减震措施。塑料瓶应避免挤压；玻璃瓶应避免碰撞。

（3）水样在装运前应逐件检查样品标签，确保其不会脱落；应与采样记录进行核对，确认无误后方可装箱。

（4）需冷藏保存的水样，应配备专用隔热容器，放入的制冷剂数量应能保证运输期间温度保持的需要。

（5）检测细菌和溶解氧的样品除应冷藏运输外，应用较厚的泡沫塑料等软物填充包装箱，以免因强烈震动引起曝气。

（6）冬季运输应采取保温措施，以避免水样结冰。

（7）委托运输应在箱体上粘贴"易碎"和指示放置顶面的标志。

（8）委托运输应指定专人接收，自行运输应有专人押送。

（四）样品的接收

水样送至实验室时，收样人首先要检查水样是否冷藏，冷藏温度是否保持 1~5℃。其次要验明标签，清点样品数量，确认无误时签字验收。送样人应填写样品交接记录表，见表 9-7，要求书写工整，字迹清晰。

实验室如果不能立即进行分析，应尽快采取合理保存措施，防止水样被污染。

表 9-7　样品交接记录表

样品编号	采样时间	样品名称	监测项目	保存方法	送样人员	采样记录及样品运输检查
备注	采样容器：G－玻璃　　　P－塑料 保存方法：1. 低温冷藏；2. 加硝酸至 pH<2；3. 加硫酸至 pH<2；4. 加氢氧化钠至 pH<8～9；5. 加氢氧化钠至 pH>12；6. 加磷酸至 pH<4，加硫酸铜（1 g/L）；7. 加硫酸锰和碱性碘化钾；8. 每升水样加入 10 ml 氯仿，2～5℃冷藏；9. 加氢氧化钠至中性，每升水样加 2 ml 1 mol/L 的乙酸锌、1 ml 1 mol/L 的氢氧化钠；10. 加盐酸 10 ml/L；11. 加盐酸至 pH<2					

收样人员：　　审核人员：　　　日期：　　年　月　日　　　　　　　共　页　第　页

（五）样品的分析测试

采样人员将按计划规定采集的具有代表性的有效样品传输到实验室并由专人接收后，其分析测试主要在实验室内进行，为取得满足质量要求的监测结果，必须在分析测试过程中实施各项控制分析质量的技术方法和管理规定。由此可见，实验室质量控制是环境监测质量保证的重要组成部分。

环境监测质量保证是环境监测中十分重要的技术工作和管理工作。质量保证和质量控制，是一种保证监测数据准确可靠的方法，也是科学管理实验室和监测系统的有效措施，它可以保证数据质量，使环境监测建立在可靠的基础之上。环境监测质量保证是整个监测过程的全面过程管理，包括制订计划；根据需要和可能确定监测指标及数据的质量要求；规定相应的分析监测系统，其内容包括：采样、样品预处理、储存、运输、实验室供应、仪器设备、器皿的选择和校准，试剂、溶剂和基准物质的选用，统一测量方法，质量控制程序，数据的记录和整理，各类人员的要求和技术培训，实验室的清洁和安全，以及编写有关的文件、指南和手册等。

实验室监测质量保证是贯穿监测全过程的质量保证体系，包括：人员素质、监测分析方法的选定、布点采样方案和措施、实验室内的质量控制、实验室间的质量控制、数据处理和报告审核等一系列质量保证措施和技术要求。

1. 监测人员的素质要求

（1）监测人员技术要求

具备扎实的环境监测基础理论和专业知识；正确熟练地掌握环境监测中操作技术和质量控制程序；熟知有关环境监测管理的法规、标准和规定；学习和了解国内外环境监测新技术、新方法。

（2）监测人员持证上岗制度

凡承担监测工作，报告监测数据者，必须参加合格证考核（包括基本理论，基本操作技能和实际样品的分析三部分）。考核合格，取得（某项目）合格证，才能报出（该项目）监测数据。

2．管理与定期检查

（1）为保证监测数据的准确可靠，达到在全国范围内的统一可比，必须执行计量法，对所用计量分析仪器进行计量检定，经检定合格，方准使用。

（2）计量器具在日常使用过程中的校验和维护。如天平的零点，灵敏性和示值变动性；分光光度计的波长准确性、灵敏度和比色皿成套性；pH 计的示值总误差；以及仪器调节性误差，应参照有关计量检定规程定期校验。

（3）新购置的玻璃量器，在使用前，首先对其密合性、容量允许差、流出时间等指标进行检定，合格方可使用。

3．水质监测分析方法的选用和验证

（1）对不同的监测分析对象所选用的分析方法要遵循《地表水和污水监测技术规范》中选择分析方法所确定的原则。

（2）当实验室不具备采用标准方法或统一方法的条件时，或者水样十分复杂，采用标准方法或统一方法不能得到合格的测定数据，必须做方法验证和比对实验，证明该方法的主要特性参数：方法检出浓度、精密度、准确度、干扰影响等与标准方法有等效性、可靠性，并报省级以上环境监测部门审批、核准。

4．实验室分析测试的内部质量控制

实施实验室内质量控制的目的在于控制监测分析人员的实验误差，使之达到容许限的范围，以保证测试结果的精密度和准确度能在给定的置信水平下，使分析数据合理、可靠，达到规定的质量要求。

实验室内质量控制是实验室分析人员对测试过程进行自我控制的过程。目前，在我国各部门、各实验室还没有统一的质量控制标准程序，通常使用的质量控制技术有平行样分析、加标回收率分析、密码样和密码样加标样分析、标准物质（或质控样）对比分析、室内互检、室间外检、方法比较分析和试验允许差以及质量控制图等。不同的控制技术各有其特点和适用范围。

（1）全程序空白试验值控制

全程序空白试验值又叫空白测定。是指用蒸馏水代替试样的测定，其他所加试剂和操作步骤与试样测定完全相同的操作过程。空白实验的目的是为了了解分析中的其他因素，如试剂中杂质、环境及操作进程的沾污等对试样测定的综合影响，以便在分析中加以扣除。

（2）平行样分析

平行样分析是指将同一样品的两份或多份子样在完全相同的条件下进行同步分析。进行平行样测定有助于减小随机误差，有助于估计同批测定的精密度。

在日常工作中，可按样品的复杂程度、所用方法和仪器的精密度以及分析操作的技术水平等因素安排平行样的数量。使用经过验证的分析方法进行平行样测定时，其结果的精密度应符合方法给定的室内标准差（或相对标准偏差）的要求，或按照方法的允许差进行

判断。无论用哪种指标衡量，凡不符合要求时，即应找出原因之所在，并重新分析原样品。

（3）加标回收

加标回收法，即在样品中加入标准物质，通过测定其回收率以确定测定方法准确度的方法。回收率＝（加标试样测定值－试样测定值）×100%/加标量。

（4）标准物质的对比分析

标准物质的对比分析的意义：

① 量值传递；②仪器标定；③对照分析；④质量考核。

（5）质量控制图的应用

经常性的分析项目常用控制图来控制质量。质量控制图的基本原理由 W.A.Shewart 提出的。实验室内质量控制图是监测常规分析过程中可能出现误差，控制分析数据在一定的精密度范围内，保证常规分析数据质量的有效方法。

（6）环境监测质量控制样品

质量控制样品对每个实验室的质量控制都能起到质量保证作用，尤其适用于控制实验室的精密度。它可以检查校准曲线、技术方法、仪器、分析人员等方面的工作。

质量控制技术包括从试样的采集、预处理到数据处理的全过程的控制操作和步骤，质量控制的基本要素有：人员的技术能力、合适的仪器设备、好的实验室和好的测量操作、合适的测量方法、标准的操作规程、合格的试剂及原材料、正确的采样及样品处理、合乎要求的原始记录和数据处理、必要的检查程序等。

分析测试的质量评定是对测量过程进行监督的方法。

① 实验室内部质量评定采用的方法

a. 用重复测定试样的方法来评价测试方法的精密度。

b. 用测量标准物质或内部参考标准中组分的方法来评价测试方法的系统误差。

c. 利用标准物质，采用交换操作者、交换仪器设备的方法来评价测试方法的系统误差，可以评价系统误差是来自操作者还是仪器设备。

d. 利用标准测量方法或权威测量方法和现用的测量方法，测得的结果比较，可用来评价方法的系统误差。

② 实验室外部质量评定方法

测试分析质量的外部评定是很重要的，它可以避免实验室内部的主观因素，评价测量系统的系统误差的大小，它是实验室水平的鉴定、认可的重要手段，外部评定可采用实验室之间共同分析一个试样，实验室间交换试样以及分析从其他实验室得到的标准物质或质量控制样品等方法。

③ 提高分析结果准确度的方法

要提高分析结果的准确度，必须考虑在分析中可能产生的各种误差，采取有效措施，将这些误差减到最小，提高精密度、校正系统误差，就能提高分析结果的准确度。

a. 选择合适的分析方法。各种分析方法的准确度和灵敏度有所不同，质量法与容量法的准确度高，但通常灵敏度较差，适宜常量组分的测定。仪器分析其测定灵敏度高，但通常准确度低，适宜微量组分的测定。

b. 减少测量误差。为了保证分析结果的准确度，必须尽量减少测量过程每一步的误差，如在称量过程中要根据允许的测量误差，选择合适的天平及称量的质量；在滴定过程中要确定消耗标液的适宜体积等。

c. 增加平行测定次数。增加平行测定次数，可以减少随机误差，一般分析测定，平行做 4～6 次即可。

d. 消除测定过程中的系统误差

为了检查分析过程中有无系统误差，作对照试验是最有效的方法，可采用方法有以下三种：i. 标准物质样品法。选择其组成与试样相近的标准物质来测定，将测定结果与标准值比较，用统计检验方法确定有无系统误差。ii. 标准方法。采用标准方法和选用的方法同时测定某一试样，由测定结果作统计检验。iii. 已知标准物质加入法。采用加入法做对照实验，即称取等量试样两份，在一份试样中加入已知量的欲测组分，平行进行两份试样的测定，由加入被测组分量是否完全回收判断有无系统误差。

若对照试验有系统误差存在，则应设法找出产生系统误差的原因，并加以消除，通常消除系统误差采用如下方法：

① 做空白试验消除试剂、蒸馏水、仪器引入杂质所造成的系统误差。具体方法是，在不加试样的情况下，按照试样分析步骤和条件进行分析实验，所得结果称为空白值，从试样结果中扣除此空白值。

② 校准仪器，以消除仪器不准引起的系统误差。如对砝码、移液管、容量瓶、滴定管、分光光度计的波长等进行校准。

③ 引用其他方法作校正。如用质量法测定时，滤液中的硅可用光度发测定，然后加到质量法结果中去。

5. 监测分析实验室间质量控制

实验室间质量控制包括分发标准样对诸实验室的分析结果进行评价、对分析方法进行协作实验验证、加密码样进行考察等。它是发现和消除实验室间存在的系统误差的重要措施。它一般由通晓分析方法和质量控制程序的专家小组承担。

实验室间质量控制主要是对实验室间分析的精密度和准确度进行评估，控制实验室的偶然误差和系统误差，使各实验室对同一项目不同样品的分析值具有可比性。通过均分试样或其他控制样品，不定期地对各实验室进行误差测验，对实验室定期进行质量检查，如果发现问题，应及时采取措施对已测样品进行可能的校正，如果无法校正应追回已报出的分析单进行重测或慎重使用这些数据。

（1）均分样品的应用

实验室间分析的精密度和准确度（偏差）可以用平分样品（Split Samples）的方法来估测。均分样品可以是常规样品。用一个稳定的单一的样品均分，让每个实验室分析，如果实验室之间的偏差忽略不计（即分析平均数之间差异不明显），而且实验室间的精密度没有明显差异，其数据是可比的。如果分析平均值之间差异明显，但实验室内精密度差异不明显，则来自均分样品的统计数据可用于获得校正数据，以便在进一步评估前使常规数据标准化。如果从均分样品获得的数据与同一时间从实验室中测得的标准参考物质数据相关，除了实验室偏差外，整个实验室分析准确度都可以被测定。

均分样品对生产性实验室可以联合一个参比实验室操作。当用参比实验室时，原来的实验室为这个参比实验室提供一个均分样品，这个参比实验室必须用获得原来常规数据相同的分析方法，根据实验室间精密度目标来估测来自原来的和参比实验室的数据。不能满足两个实验室标准的数据归因于误差。如果一组生产性实验室用的是同一个参比实验室，就可以解释有关实验室之间的偏差或生产性实验室之间数据的可比性。即使实验室间的偏差不能精确地测定出来，也能观察到数据的走向。

如果用一个熟练的测定项目来检查实验室间偏差，向不同实验室分发同一物质的均分样品，除非项目要求用同一方法分析，所有参加实用验室，可能用不同的方法分析。报告的数据在一定时间内送给鉴定人，然后由鉴定人对这些数据进行统计、分析。用统一的统计学方法对实验室水平进行评估。如果提出的数据用图表示，可说明有关实验室间的偏差。

（2）方差分析法

定期发给各实验室一定量的已知某成分含量的控制样品（均分样品），要求每个实验室上报同次数的测定数据，收齐后进行方差分析。方差分析的步骤为：

① 设被检查的实验室数为 k；② 设每个实验室的测试数据数为 n；③ 计算每个实验室测定值的总和=T；④ 计算全部测定值的总和=G；⑤ 计算校正因子 $CF=G^2/kn$；⑥ 计算总平方和 $Q=\sum x^2-CF$；⑦ 计算实验室间平方和 $Q_1=1/n \sum T^2-CF$；⑧计算实验室内平方和 $Q_2=Q-Q_1$；⑨ 实验室间平均平方 $MS_1=Q/(k-1)$；⑩实验内（误差）平均平方 $MS_2=Q_2/k(n-1)$；$F=MS_1/MS_2$；查 F 表，当 $F>F_a$，说明总体差异显著或极显著。凡与控制样品已知值相差大的，应找出原因，予以纠正。

（3）实验室间质量控制中标准物质的应用

在实验室分析过程中，质量控制的方法很多，而比较简便可靠的方法是在分析中使用标准物质。在有条件的实验室应该引入标准物质对实验室质量进行控制，无论实验室内或实验室间都可以用标准物质进行质量控制。

① 用标准物质作分析标准

在用标准曲线法进行样品分析时，通常都是用纯试剂、纯水溶液作为标准的，这样的标准常因基体效应而产生很大的误差。如果用标准物质作标准，由于它的组成和样品的组成非常相似，因而可以避免基体效应所产生的误差。在光谱法或色谱法分析时，基体效应特别敏感，用标准物质作为标准的效果会更明显。

② 用标准物质控制分析质量

在样品分析中随机插入几个标准物质同时测定，如果标准物质的分析结果在标准值的允许限（X±2Sx）之内，就表明这批样品分析结果是可靠的；若标准物质的分析结果超出了标准值的允许限，说明这批样品分析结果不可靠，该批分析结果应当作废，待查明原因后重新测定。

③ 用标准物质评价新的分析方法的可靠性

只用加标回收率来衡量分析方法的准确度是不可靠的，有时回收率可能很好，但测定结果却不准确。因为加标回收只反映了样品处理过程中的某些环节（如损失情况、检测情况等），而对另一些环节（如样品的分解、提取、萃取、待测成分转化等）不能反映。用标准物质作为分析样品则方法过程的反应同样经受作用，可靠性较大，方法的评判就不会发生困难。只要标准物质若干次测定的平均值在允许限之内，就可以加以肯定。

④ 用标准物质作仲裁的依据

当不同实验室对同一样品分析结果不一致时，可利用标准物质作为密码样品而进行仲裁，同时也可以反映实验的水平和分析人员的水平。

⑤ 使用标准物质的条件

大多数标准物质比较昂贵，各实验室应该根据各自条件选择使用。一般的质量控制活动可以用实验室控制样品或常规质量检查样品，特别需要时再选择标准物质。

a. 标准物质的选择

根据分析样品的性质选用适当的标准物质，使其化学组成尽可能与分析样品一致。因为样品种类繁多，不可能都有对应的标准物质，因此，也只能选用性质近似的标准物质。例如分析各类土壤样品时可选用相应的或接近的土壤类型土壤标准物质；分析各种植物样品时选用果树叶标准物质等。此外，在有多个标准物质可供选择时，应选择所测成分的含量比较适合的标准物质。如果选用的标准物质中所需测定的成分太低，则必然使测定结果的误差增大。

b. 标准物质的使用

标准物质使用前要按证书的规定进行干燥。使用时要严格按规定操作，要遵守证书指定的最小取样量，如果取样量低于最小取样量时，将不能保证取样的均匀度而影响分析结果。注意标准物质的保存和有效期，超期使用要慎重。

（六）数据处理

1. 有效数字

（1）有效数字的定义

一个近似数据的有效位数是该数中有效数字的个数，指从该数左方第一个非零数字算起到最末一个数字（包括零）的个数，它不取决于小数点的位置。

（2）有效数字的正确表示

① 有效数字中只应保留一位欠准数字，因此，在记录测量数据时，只有最后一位有效数字是欠准数字。

② 在欠准数字中，要特别注意 0 的情况，0 在数字之间与末尾时均为有效数字。

③ π 等常数，具有无限位数的有效数字，在运算时可根据需要取适当的位数。

（3）有效数字的修约

修约按照国家标准 GB1.1—81 附录《数字修约规则》进行修约，通常称"四舍六入五成双"法则，具体应用如下：

① 被舍的第一位数大于 5，则其前一位数字加 1，被舍的第一位数小于 5，则其前一位数字不加 1。

② 被舍的第一位数等于 5 若其后面的数字全部为 0。当被保留的末尾数字是奇数则进 1，偶数（0 为偶数）则舍弃。若其后面的数字不舍为 0，无论前面数字是偶还是奇则都进 1。

③ 若被舍弃的数字包括几位数字时，不得对该数进行连续修改，而应根据以上规则仅作一次处理。

（4）有效数字的运算规则

一般来讲，有效数字的运算过程中，有很多规则。为了应用方便，我们本着实用的原则，加以选择后，将其归纳整理为如下两类。

① 一般规则

a. 可靠数字之间的运算结果为可靠数字。

b. 可靠数字与存疑数字，存疑数字与存疑数字之间运算的结果为存疑数字。

c. 测量数据一般只保留一位存疑数字。

d. 运算结果的有效数字位数不由数学或物理常数来确定，数学与物理常数的有效数字位数可任意选取，一般选取的位数应比测量数据中位数最少者多取一位。

e. 运算结果将多余的存疑数字舍去时应按照"四舍六入五凑偶"的法则进行处理，即小于等于四则舍；大于六则入；等于五时，根据其前一位按奇入偶舍处理（等几率原则）。例如，3.625 化为 3.62，4.235 则化为 4.24。

② 具体规则

a. 有效数字相加（减）的结果的末位数字所在的位置应按各量中存疑数字所在数位最前的一个为准来决定。

b. 乘（除）运算后的有效数字的位数与参与运算的数字中有效数字位数最少的相同。由此规则可推知：乘方，开方后的有效数字位数与被乘方和被开方之数的有效数字的位数相同。

c. 指数、对数、三角函数运算结果的有效数字位数由其改变量对应的数位决定。

d. 有效数字位数要与不确定度位数综合考虑。一般情况下，表示最后结果的不确定度的数值只保留 1 位，而最后结果的有效数字的最后一位与不确定度所在的位置对齐。如果实验测量中读取的数字没有存疑数字，不确定度通常需要保留两位。

（5）化验分析工作中有效数字及其计算法则的正确运用

① 正确地记录测量数据。记录的数据一定要如实地反映实际测量的准确度。

② 正确确定样品用量和选用适当的仪器。常量组成的分析测定常用质量分析或容量分析，其方法的准确度一般可达到 0.1%，用分析天平称量试样时，试样量一般都应大于 0.1 g，才能使称量误差小于 0.1%。

③ 正确报告分析结果。分析结果的准确度要如实地反映各测定步骤的准确度。分析结果的准确度不会高于各测定步骤中误差最大的那一步的准确度。

④ 正确掌握对准确度的要求。化验分析中的误差是客观存在的，对准确度的要求要根据需要和客观可能而定，常量组分的测定，常用重量与容量法，其方法误差约 1%，一般取 4 位有效数字，对于微量物质的分析分析结果的相对误差能够在±2%～±30%，就已满足实际需要。

⑤ 用计算器运算结果时，须按照有效数字的修约和计算法则来决定计算器计算结果的数字位数的取舍。

（6）有效数字的使用注意事项

使用有效数字时，应注意以下几点。

① 记录测量所得数据时，应当只允许保留一位可疑数字。除特殊规定，如：当用 250 ml 容量瓶配溶液时所配溶液体积应记作 250.0 ml。用 50 ml 容量瓶时，则应记为 50.00 ml。这是根据容量瓶质量的国家标准所允许容量误差决定的。

② 有效数字的位数反映了测量的相对误差。

③ 有效数字位数与量的使用单位无关。

④ 数据中的"0"要作具体分析。数字中间、数字后边尤其是小数点后的"0"都是

有效数字，数字前边的"0"不是有效数字，只起定位作用。

⑤ 计算有效数字的位数时，若第 1 位数字等于或大于 8 时，其有效数字应多算一位。

⑥ 简单的计数、分数或倍数，属于准确数或自然数，其有效位数是无限的。

⑦ 分析化学中常遇到 pH、pK 等，其有效数字的位数仅取决于小数部分的位数，其整数部分只说明原数值的方次。

2．误差

（1）误差的种类

系统误差：系统误差又称可测误差，它是由化验操作过程中某种固定原因造成的。它具有单向性，即正负、大小有一定的规律性。当重复进行化验分析时会重复出现，若找出原因，即可设法减小到可忽略的程度。产生的原因有：①方法误差；②仪器误差；③试剂误差；④操作误差。

校正方法：采用标准方法与标准样品进行对照实验；根据系统误差产生的原因采取相应的措施，如进行仪器的校正以减小仪器的系统误差；采用纯度高的试剂或进行空白实验，校正试剂误差；严格训练与提高操作人员的技术业务水平，以减少操作误差。

偶然误差：偶然误差也称随机误差，它是由某些难以控制、无法避免的偶然因素造成的，其大小与正负值都是不固定的。有以下特点：服从正态分布规律；在一定的条件下，在有限次的测量值中，其误差的绝对值不会超过一定界限；同样大小的正负值的偶然误差，几乎有相等的出现概率；小误差出现的概率大，大误差出现的概率小。消除方法：多次平行实验并取结果的平均值，测试的次数通常为 4～6 次。

过失误差：由于操作人员的粗心大意或未按操作规程办事造成的误差，如：溶液溅出、加错试剂、读错或记错数据、计算错误等。这些都是不应该有的现象，只要操作人员养成良好的工作作风，这种过失是能避免的。

（2）误差的表示方法

① 准确度

指实测值与真实值之间相符合的程度，准确度的高低，常以误差的大小来衡量，即误差越小，准确度越高；误差越大，准确度越低。准确度的高低常用绝对误差与相对误差来衡量。

$$绝对误差（E）=测得值-真实值$$

$$相对误差（E\%）=\frac{测得值-真实值}{真实值}$$

实际工作中往往用"标准值"或"标准样品值"代替真实值，来检查分析方法的准确度。

② 精密度

指在相同条件下，几次重复测定结果彼此相符合的程度。精密度的表示方法如下所示。

a. 绝对偏差与相对偏差

$$绝对偏差（d）=x-\bar{x}$$

$$相对偏差（E\%）=\frac{d}{x}\times100\%$$

式中：x ——单次测定结果；

$\overline{x}$ —— n 次测定结果的算术平均值。

b. 平均偏差与相对平均偏差

$$平均偏差（\overline{d}）= \frac{|d_1|+|d_2|+\cdots+|d_n|}{n} = \frac{\sum|d_i|}{n}$$

$$相对平均偏差（\overline{d}\%）= \frac{\overline{d}}{\overline{x}}\times100\% = \frac{\sum|d_i|}{n\overline{x}}$$

式中：n —— 测试次数；

$\overline{x}$ —— n 次测定结果的算术平均值；

d_i —— 第 i 次测定结果与平均值的绝对偏差。

在一般的化验工作中常用平均偏差来表示测定结果的精密度。

c. 极差与相对极差

$$极差（R）= x_{max} - x_{min}$$

$$相对极差（R\%）= \frac{R}{\overline{x}}\times100\%$$

式中：x_{max} —— 一组测定值中的最大值；

x_{min} —— 一组测定值中的最小值；

$\overline{x}$ —— 几次测定值的算术平均值。

极差也称全距，用极差表示测定数据的精密度不够贴切，但是计算简单，在食品分析中有时应用。

d. 标准偏差与相对标准偏差

$$标准偏差（S）= \sqrt{\frac{\sum_{i=1}^{n}(x_i-\overline{x})^2}{n-1}} = \sqrt{\frac{\sum_{i=1}^{n}d_i^2}{f}}$$

$$相对标准偏差（CV）= \frac{S}{\overline{x}}\times100\%$$

式中：f —— 自由度。

相对标准偏差又称变异系数。标准偏差是对有限的测定次数而言。表示无限次数测定时，要使用总体标准偏差。

$$总体标准偏差（\delta）= \sqrt{\frac{\sum_{i=1}^{n}(x_i-\overline{x})^2}{n}}$$

e. 平均值的标准偏差

$$平均值标准偏差（S_{\overline{x}}）= \frac{S}{\sqrt{n}}$$

式中：n —— 测定次数。

从式中可见，测定次数 n 越多，$S_{\overline{x}}$ 就越少，即 $\overline{x}$ 值越可靠。所以增加测定次数可以提高测定的精密度。$S_{\overline{x}}$ 与 S 的比值随 n 的增加减少很快，但当 $n>5$ 后，$S_{\overline{x}}$ 与 S 的比值就变化缓慢了，因此，实际工作中测定次数无须过多，通常为 4～6 次就可以了。

③ 公差

公差是生产部门对允许误差的一种表示方法。公差范围的大小可是根据生产需要和实际可能确定的，所以可能就是依照方法的准确度、试样的组成情况而确定允许误差的大小。另外，试样组成越复杂，测定时干扰的可能越大，这样只能允许较大的误差。

3．原始数据与分析结果的判断

（1）原始数据的有效数字位数须与测定仪器的精度一致。

原始数据的每一个数字都代表一定的量及其精密度，不能任意改变其位数，记录的原始数据的位数必须与仪器的测量精度相一致。

（2）原始数据必须进行系统误差的校正。校正的方法通常有：

① 校正测量仪器。如天平、容量器皿等在使用前的校正。

② 使用标准方法或可靠的分析方法，对照所用的测量仪器，对同一样品进行分析化验。如两种方法化验结果一致，说明所用的测量仪器没有系统误差。

③ 在与测试样品相同的条件下，用选用的仪器和分析方法测定标准样品，将测试结果与标准物质中的标准值进行比较，若测量结果在标准物质的标准值及其误差的范围内，说明试样的测定数据不存在系统误差，否则须进行系统误差的校正。

（3）分析结果的判断。

如果在消除了系统误差之后，所测出的数据出现显著的大值与小值，这样的数据是值得怀疑的，称为可疑值，对可疑值应做如下判断。

① 确定原因的可疑值应弃去。操作过程中有明显的过失，如称样品时的损失，溶样有溅出，滴定时滴定剂有泄漏等。

② 不知原因的可疑值，应按 4d 法或 Q 检验法进行判断，决定取舍。

（4）分析数据的取舍。

① 4d 法

4d 法适用于 4～6 个平行数据的取舍。

步骤如下：

a. 除了可疑值外，将其余数据相加求算术平均值 $\bar{x}$ 及平均偏差 $\bar{d}$ 。b. 将可疑值与平均值 $\bar{x}$ 相减。

若可疑值 $-\bar{x} \geqslant 4\bar{d}$ ，则可疑值舍去。

若可疑值 $-\bar{x} < 4\bar{d}$ ，则可疑值应保留。

② Q 检验法

步骤如下：

a. 将所有测定数据按大小顺序排列。

$$x_1 < x_2 < \cdots < x_n$$

b. 计算 Q 值。

$$Q = \frac{|x_? - x|}{x_{max} - x_{min}}$$

式中：$x_?$——可疑值；

x——与 $x_?$ 相邻值；

x_{max} ——最大值；

x_{min} ——最小值。

c. 查 Q 表。比较由 n 次测量求得的值，与表中所列的相应测量次数的 Q 0.90 的大小。Q 0.90 表示 90% 的置信度。

若 $Q \geqslant Q$ 0.90，则 $x_?$ 舍取。

若 $Q < Q$ 0.90，则 $x_?$ 保留。

舍弃商 Q 值表（置信度 90% 和 95%）见表 9-8。

表 9-8 舍弃商 Q 值表（置信度 90% 和 95%）

测定次数 n	3	4	5	6	7	8	9	10
（90%）	0.94	0.76	0.64	0.56	0.51	0.47	0.44	0.41
（95%）	1.53	1.05	0.86	0.76	0.69	0.64	0.60	0.58

（5）分析结果的报告

平行测定的次数不同，化验结果的报告也不同。

例行分析中，一般一个试样做 2 个平行测定，如果两次测定结果不超过平行双样的相对偏差要求，则取平均值报告最终的测定结果；如果超过相对偏差要求，则须再做一次实验，直到满足平行双样的相对偏差要求，最后以平均值报出测定结果。

多次测量结果：多次测量结果通常可用两种方式报告结果。一种是采用测量值的算术平均值及算术平均偏差；另一种是采用测量值的算术平均值及标准偏差。

参考文献

[1]　科技知识讲座文集[M]. 北京：中共中央党校出版社，2003.

[2]　陈玲，赵建夫. 环境监测[M]. 北京：化学工业出版社，2008.

[3]　杨光. COD 在线分析仪使用中的几个问题[J]. 环境监测管理与技术，2006，18（3）：43.

[4]　陈建江. 对我国环境自动监测的思考[J]. 环境监测管理与技术，2007，19（1）：1-3.

[5]　孙海林，李巨峰，等. 水污染在线监测系统的运营管理[J]. 中国环保产业，2008，11（3）：50-54.

[6]　陆晓华，成官文. 环境污染控制原理[M]. 武汉：华中科技大学出版社，2010.

[7]　薛进军，赵忠秀，戴彦德. 中国低碳经济发展报告，2011.

[8]　孙希君. 水污染及污水处理[J]. 哈尔滨学院学报，2002，8.

[9]　黄秉维. 现代自然地理[M]. 北京：科学出版社，2004：7.

[10]　环境保护部科技标准司. 水污染连续自动监测系统运行管理[M]. 北京：化学工业出版社，2008.

[11]　周发武，鲍建国. 环境自动监控系统——技术与管理[M]. 北京：中国环境科学出版社，2007.

[12]　国家环保总局科技标准司. 水污染源在线监测系统安装技术规范（试行）（HJ/T353—2007）[S]. 北京：中国环境科学出版社，2007.

[13]　国家环保总局科技标准司. 水污染源在线监测系统验收技术规范（试行）（HJ/T 354—2007）[S]. 北京：中国环境科学出版社，2007.

[14]　国家环保总局科技标准司. 固定污染源烟气排放连续监测技术规范（试行）（HJ/T 75—2007）. 北京：中国环境科学出版社，2007.

[15]　环境保护部环境监测司. 国家重点监控企业污染源自动监测数据有效性审核教程[M]. 北京：中国环境科学出版社，2010.

[16]　温丽云，范朝，袁倬斌，等. 我国环境监测中的氨氮分析方法[J]. 中国环境监测，2005，21（4）.

[17]　国家环境保护总局《水和废水监测分析方法》编委会. 水和废水监测分析方法（第 4 版）[M]. 北京：中国环境科学出版社，2002.

[18]　湖南省国家环境监理信息系统及污染源在线监控技术培训资料.

[19]　哈希、WTW、广东伊创、先河、武汉宇虹等厂家自动监控设备说明书.

[20]　张新莉，张承民. 浅谈监测站实验室规范化管理的实践与认识. 黄委宁夏青铜峡水文水资源局.

[21]　国家环境保护总局. 地表水和污水监测技术规范（HJ/T 91—2002）[S]. 北京：中国环境科学出版社，2002.

[22]　国家环境保护总局. 环境空气质量自动监测技术规范（HJ/T 193—2005）[S]. 北京：中国环境科学出版社，2005.

[23]　全国环境统计公报（2010 年）.

[24]　2010 年环境统计年报.

[25]　全国环境监测站建设标准. 环发[2007]号.

[26]　国家认证认可监督管理委员会. 实验室资质认定工作指南. 2010.

[27]　实验室环境条件控制. 豆丁网.

[28]　国家认证认可监督管理委员会. 实验室资质认定评审准则，2010.

[29] 环境保护部环境监测司. 国家重点监控企业污染源自动监测数据有效性审核. 2010, 3（1）: 44-67.

[30] 中国环境监测总站,《环境水质监测质量保证手册》编写组. 环境水质监测质量保证手册[M]. 北京: 化学工业出版社, 1994.

[31] 误差、有效数字、数据处理与分析中的质量保证. 百度文库, 2011.